全国特种作业人员安全技术培训考核统编教材(新版)

高处作业

(登高架设作业和高处安装、维护、拆除作业)

《全国特种作业人员安全技术培训考核统编教材》编委会

内容提要

本书根据高处作业的培训大纲和考核标准编写而成，包括通用部分、建筑登高架设作业、安装维修登高架设作业和高处悬挂作业四个部分，主要介绍了各种高处作业的基本安全知识、安全技术要求、安全防护装置、安全检查等知识。

本书针对高处作业人员培训与复审的特点编写，通俗易懂，深入浅出，每章后都附有思考题，适合高处作业人员培训和专门学习之用。

图书在版编目(CIP)数据

高处作业/《全国特种作业人员安全技术培训考核统编教材》编委会编著. —北京：气象出版社，2011.1(2019.5 重印)

全国特种作业人员安全技术培训考核统编教材：新版

ISBN 978-7-5029-5160-3

Ⅰ.①高… Ⅱ.①全… Ⅲ.①高空作业-安全技术-技术培训-教材 Ⅳ.①TU744

中国版本图书馆 CIP 数据核字(2011)第 010751 号

出版发行：气象出版社

地　　址：北京市海淀区中关村南大街 46 号　**邮政编码**：100081

电　　话：010-68407112(总编室)　010-68408042(发行部)

网　　址：http://www.qxcbs.com　**E-mail**：qxcbs@cma.gov.cn

责任编辑：彭淑凡　**终　　审**：章澄昌

封面设计：燕　彤　**责任技编**：吴庭芳

印　　刷：三河市百盛印装有限公司

开　　本：850 mm×1168 mm　1/32　**印　　张**：11

字　　数：286 千字

版　　次：2011 年 1 月第 1 版　**印　　次**：2019 年 5 月第 7 次印刷

定　　价：22.00 元

前言

特种作业是指容易发生人员伤亡事故，对操作者本人、他人的安全健康及设备、设施的安全可能造成重大危害的作业。特种作业人员是指直接从事特种作业的从业人员。国内外有关资料统计表明，由于特种作业人员违规违章操作造成的生产安全事故，占生产经营单位事故总量的比例约80%。目前，全国特种作业人员持证上岗人数已超过1200万人。因此，加强特种作业人员安全技术培训考核，对保障安全生产十分重要。

为保障人民生命财产的安全，促进安全生产，《安全生产法》、《劳动法》、《矿山安全法》、《消防法》、《危险化学品安全管理条例》等有关法律、法规作出了一系列的强制性要求，规定特种作业人员必须经过专门的安全技术培训，经考核合格取得操作资格证书，方可上岗作业。1999年，原国家经贸委发布了《特种作业人员安全技术培训考核管理办法》(国家经贸委主任令第13号)，对特种作业人员的定义、范围、人员条件和培训、考核、管理作了明确规定，提出在全国推广和规范使用具有防伪功能的IC卡《中华人民共和国特种作业操作证》，并实行统一的培训大纲、考核标准、培训教材及资格证书。本套教材是与之相配套并由原国家经贸委安全生产局直接组织编写的。

2001年，原国家经贸委安全生产局的职能划入国家安全生产监督管理局，这套教材的有关工作随之转入新的机构，并在2002年经国家安全生产监督管理局《关于做好特种作业人员安全技术培训教材相关工作的通知》中加以确认。近年来，国家安全生产监督管理总局相继颁布实施了《特种作业人员安全技术培训考核管理规定》(国家安全生产监督管理总局第 30 号令,自 2010 年 7 月 1 日起施行)等一系列规章和规范性文件,重申了“特种作业人员必须接受专门的安全技术培训并考核合格,取得特种作业操作资格证书后,方可上岗作业”这一基本原则,同时对特种作业的范围、培训大纲和考核标准进行了必要的调整。

为了适应新的形势和要求,在总结经验并广泛征求各方面意见的基础上,我们根据国家安全生产监督管理总局第 30 号令,对这套教材进行了全新改版。新版的教材基本包括了全部的特种作业,共 30 余种教材,具有广泛的适用性。本次改版既充分考虑了原有教材的体系和完整性,保留了原有教材的特色,又根据新的情况,从品种和内容方面做了必要的修改和补充,力争形式新颖,技术先进,如增加了冶金煤气安全作业、危险化学品安全作业、烟花爆竹生产安全作业等新的品种,对于一些在新的特种作业目录中没有提到的原有品种及特种设备作业人员的培训教材,也予以保留。为了便于各地特种作业人员的培训和考核,还开发与之相配套的复审教材和考试题库供各地选用。本套教材不仅可供特种作业人员、特种设备作业人员及有关的管理人员、维修人员培训选用,也可供有关职业技术学校选用。

本套教材历经多次修订、编审和改版,曲世惠、王红汉、徐晓航、张静等为代表的一大批作者和以闪淳昌、杨富、任树奎、罗音宇等为代表的一大批专家为此套教材的出版作出了巨大贡献。本书原版由黄昆仑、丁远、曹丽霞、陈敏华等人主编,参与本书修订改版工作的是王庆、钮英建等人,限于篇幅,这里恕不一一列举,谨表衷心的谢意。

本书编委会
2010 年 10 月

致　谢

本书在编写和修订改版的过程中，先后得到了以下单位（排名不分先后）的大力支持，在此表示衷心的感谢。

中国机械工业安全卫生协会
上海柴油机股份有限公司
一汽解放汽车有限公司
东风汽车有限公司
太原重型集团公司
上海安科企业管理有限公司
兰州通用机电技术研究所
武汉钢铁公司
齐重数控装备股份有限公司
邯郸新兴重型机械有限公司
厦门 ABB 开关有限公司
安徽合力股份有限公司
福田雷沃国际重工股份有限公司
斗山工程机械（中国）有限公司
山东普利森集团有限公司
安徽江淮汽车股份有限公司

石家庄强大泵业股份有限公司
武汉安全环保研究院
天津市劳动保护教育中心
河南省劳动保护教育中心
北京市事故预防中心
首都经济贸易大学
河南省安全生产监督管理局
青岛市安全生产监督管理局
武钢矿业公司
大冶有色金属公司
鲁中冶金矿业公司
淮南矿务局
大冶铁矿
铜录山铜矿
梅山铁矿
马钢南山铁矿
南芬铁矿
鸡冠咀金矿
……

目　录

第一编　通用部分

第二编　建筑登高架设作业

第三编　安装维修登高架设作业

第四编　高处悬挂作业

附　录

第一编　通用部分

第一章 高处作业的基本知识

第一节 高处作业及登高架设作业的定义与种类

国家标准GB/T 3608—93《高处作业分级》中规定:“凡在坠落高度基准面2 m以上(含2 m)有可能坠落的高处进行作业,都称为高处作业。”根据这一规定,高处作业范围是相当广泛的,建筑、安装维修以及电力架线等施工中涉及的作业都是高处作业。习惯上人们把架子工从事的登高架设或拆除作业,专指为登高架设作业,实际上是高处作业中的一种。

按照建筑、安装维修等施工的特点,人们把不同高度、不同作业环境对作业人员带来的不同危险程度进行分级,以便于采取不同方式对作业人员进行保护。

一、高处作业的定义及种类

定义:凡在坠落高度基准面2 m以上(含2 m)有可能坠落的高处进行的作业,均称为高处作业。

基准面:指由高处坠落达到的底面。底面可能高低不平,所以对基准面的规定是最低坠落着落点的水平面。

最低坠落着落点:在作业位置可能坠落到的最低点。如果处在四周封闭状态,那么即使在高空,例如在高层建筑的居室内作业,也不能称为高处作业。

高处作业高度:作业区各作业位置至相应坠落高度基准面之间的垂直距离中的最大值。

1. 高处作业的级别

①一级高处作业:作业高度在 2～5 m 时。

②二级高处作业:作业高度在 5 m 以上至 15 m 时。

③三级高处作业:作业高度在 15 m 以上至 30 m 时。

④特级高处作业:作业高度在 30 m 以上时。

2. 高处作业的种类

高处作业的种类分为一般高处作业和特殊高处作业两种。特殊高处作业包括以下类别:

①强风高处作业:在阵风六级(风速 10.8 m/s)以上的情况下进行的高处作业。

②异温高处作业:在高温或低温环境下进行的高处作业。

③雪天高处作业:降雪时进行的高处作业。

④雨天高处作业:降雨时进行的高处作业。

⑤夜间高处作业:室外完全采用人工照明时进行的高处作业。

⑥带电高处作业:在接近或接触带电体条件下进行的高处作业。

⑦悬空高处作业:在无立足点或无牢靠立足的条件下进行的高处作业。

⑧抢救高处作业:对突然发生的各种灾害事故进行抢救的高处作业。

3. 标记

高处作业的分级以级别、类别和种类进行标记。

一般高处作业标记时,写明级别种类。特殊高处作业标记时,写明级别和种类,种类也可省略不写。

例:一级,强风高处作业。

二级,异温、悬空高处作业。

三级,一般高处作业。

4. 坠落半径

人、物体由高处坠落时,因高度不同其可能坠落范围半径也不同。

不同高度 h 其坠落半径 R 分别为:

当高度 h 为 2～5 m 时,坠落半径 R 为 2 m;

当高度 h 为 5 m 以上至 15 m 时,坠落半径 R 为 3 m;

当高度 h 为 15 m 以上至 30 m 时,坠落半径 R 为 4 m;

当高度 h 为 30 m 以上时,坠落半径 R 为 5 m。

二、登高架设作业的定义及种类

(一)登高架设作业的定义

登高架设是指搭设钢管或竹、木杆件构成的施工作业操作架子。在我国,不同地区、不同企业对架子工划定的操作范围是有区别的。随着施工机械化,建筑、安装维修等登高架设的材料、设备、工艺要求等,都在变化和进步。架子工完全靠手工作业的状况也在不断改善和变化。架子工不仅应该熟练掌握扣件式钢管脚手架,竹或木脚手架的搭设工艺和高空作业安全技术规定,而且,对自制的、定型的、专用的其他架设工具,也应有所了解,能够正确、安全地使用,如果要单独承担搭设作业或操作使用,必须先接受相应的工艺和安全技术方面的培训和考核,做到持证上岗。

总之,架子工从事的登高架设或拆除作业,是高处作业的一种,主要通过攀登与悬空作业方式完成搭设或拆除登高脚手架。所以,架子工的作业有极大的危险性,不仅要保证自身的作业安全,还必须保证使用脚手架进行操作的其他工种人员以及施工现场场地周围人员的安全。

(二)登高架设的种类

登高脚手架按不同用途、位置部位与状态、杆配件材料和连接方法等划分类别。

1. 按脚手架的用途划分，可分为四类：

(1)用于结构施工作业面搭设的脚手架，称为结构脚手架，俗称“砌筑脚手架”。结构工程完成后，可用于装修施工作业。一般要承受较大荷载。

(2)用于装修施工作业而搭设的脚手架，称为装修脚手架。拆除工程、荷载较小的设备安装工程使用的，一般也属此类脚手架。

(3)为支撑模板及其荷载或其他承重要求搭设的脚手架，称为支撑和承重脚手架。实际施工中，支撑模板脚手架常常由木工或混凝土工完成，以保障使用时的工艺要求。

(4)高压线、通道等旁边搭设的，起安全保护作用的脚手架，称为防护脚手架。

2. 按脚手架设置部位划分，可分为两类：

(1)搭设在建构物外围的脚手架，称为外脚手架。房屋建筑中结构施工和外部装修与安装时使用的主要脚手架。外脚手架的用途非常广泛，而且，一般是悬空攀登操作，危险性很大，搭设时必须特别注意安全。

(2)搭设在建构物内部的脚手架，称为内脚手架。内脚手架主要用于室内装修、安装设备等，例如，棚顶装修用的满堂脚手架。随着科学技术的进步，新颖、简易、活动的登高用具大量出现，室内脚手架的搭设也在逐步减少。

3. 按脚手架的设置状态划分，可分为五类：

(1)落地式脚手架：这种脚手架是从地面、楼面、平屋面或其他一定面积的结构物表面为搭设支撑面。脚手架荷载通过立杆传给相应的支撑面。落地式脚手架有单排架、双排架、三排架、满堂架等。这是最为常见的登高脚手架。

(2)悬挑式脚手架：从建筑物内伸出的或固定与工程结构外侧的悬挑型钢或悬挑架上搭设起来的脚手架。脚手架荷载通过悬挑梁(结构)传给工程结构承受。这种脚手架一般用于高层建筑施工或局部维修施工作业。

(3)附着式脚手架：指不落地的支托于建筑物(或构筑物)的屋顶或墙面上的脚手架。有挂脚手架、吊篮、附着式升降脚手架等形式。这种脚手架是装配而成的，架设高度大，构成的操作过程是装配锚合，与采用钢管、竹或木杆搭设脚手架工艺有明显区别。

(4)桥式脚手架：由桥式工作台及两端支柱构成的脚手架，是装配或施工脚手架。广泛用于多层建筑，也适用于14层以下的高层建筑，可作为结构砌筑施工和装修安装作业的脚手架。

(5)移动式脚手架：用扣件钢管搭成或型钢装配而成，底部带移动装置的平台架。用于室内装饰、局部处理的装修安装工程施工。

4. 按脚手架杆配件材料和连接方式划分，可分为六类：

(1)木脚手架；

(2)竹脚手架；

(3)扣件式钢管脚手架；

(4)碗扣式钢管脚手架；

(5)型钢式脚手架；

(6)连接式脚手架。

第二节　高处作业力学常识

一、力的平衡

在两个或两个以上的力的作用下，物体保持静止或匀速直线运动状态，这种情况就叫做力的平衡。作用在处于平衡状态的物体上的力必须满足平衡条件。例如对于汇交力系，平衡条件为所有力的合力等于零。生活中的拔河运动，当双方势均力敌时，就会出现绳两端受力的暂时平衡状态；一根大梁放在两根立柱上，由于两根立柱的向上支承力平衡了大梁向下的重力，所以梁处于静止状态。

二、杆件的变形

杆件在外力作用下将产生变形。由于外力作用的方式不同，杆件的变形也不一样。

“拉伸”：杆件在两端受到大小相等方向相反的两个向外的力作用时，杆件将被拉长，这种变形称为拉伸变形。

“压缩”：杆件在两端受到大小相等方向相反的两个向内的力作用时，杆件将被压缩，这种变形称为压缩变形。

“弯曲”：杆件受到垂直于轴线方向的外力作用时所产生的变形，称为弯曲变形。

“剪切”：杆件受到两个大小相等、方向相反、作用线距离很近的力的作用，在平行外力之间的截面，会发生相对错动变形，这种滑移变形就叫做剪切变形。如铆钉铆住的两块钢板，在方向相反的两个外力作用下使铆钉所产生的变形，即为剪切变形。如图 1-1 所示。

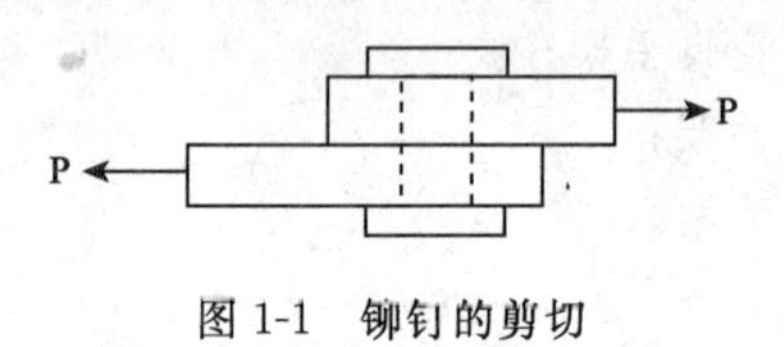

图 1-1　铆钉的剪切

三、荷载

建筑物在施工中和在使用中所受到的各种力称为荷载。有静荷载（永久荷载）和动荷载（临时荷载）两种。静荷载就是长期作用在结构上的不变的荷载，像自重荷载包括各种墙体材料及构件等；动荷载是指作用在结构上可以变化的荷载，像人、家具、设备、风、雪等荷载。一幢厂房的受力结构是由屋架、梁、柱子、基础等部分组成。力是自上而下传递，从屋面板到屋架包括屋架自重，把力传递给支承屋架的柱子，柱子最后把所有的力传给基础。这些所有作用在结构上的力，统称为荷载,支承这些荷载而起承重作用的部分就称为结构。我们使用的脚手架,像立杆、大横杆、小横杆以及连墙杆等杆件都是受力杆件,如图 1-2 所示,也就是脚手架的结构部分,脚手架的自重叫永久荷载,上面的作业人员、放置的建筑材料、各种设备以及风、雪等都叫临时荷载。

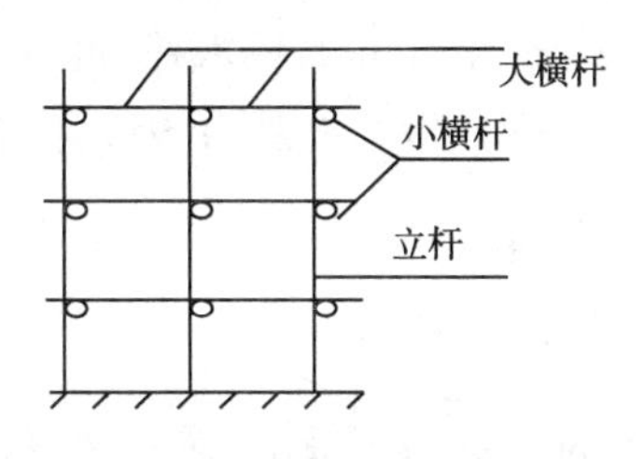

图 1-2　脚手架的杆

荷载由于作用的形式不同,又可分为均布荷载和集中荷载。像雪荷载均匀分布在结构表面所以称均布荷载,均布荷载是连续作用的,各处所受力的大小基本均匀,通常以 N/m^2 表示;而集中荷载受力的范围很小,与均布荷载相比较,可视为只是一个受力点。

四、内力

物体在外力作用下产生变形,材料内部各部分之间的相对位置发生了改变,其相互作用力也发生了改变。这种由外力引起的材料内部各部分之间相互作用力的改变量,称为内力,也称为附加内力。这种内力随外力的增加而增大,到达某一限度时,物体就会被破坏,因而它与杆件的承载能力密切相关。由此可见,进行内力计算是很有必要的。

五、应力与强度极限

根据经验可知,杆件受力时,在材料相同的情况下,杆件越粗强度越大。这种情况就说明杆件的强度大小与杆件的截面面积大小有关。应力就是单位面积上所受的力，是表示杆件截面上某点受力强弱程度的量，应力的国际单位是 Pa，1 Pa＝1 N/m^2，常用单位为 MPa 和 GPa，1 MPa＝10^6 Pa，1 GPa＝10^9 Pa。

杆件截面上所能承受的最大应力，也就是物体开始被破坏时的应力，就是杆件的强度极限。例如当木材受压强度极限为 300 N/cm^2 时，若有一横截面为 1 cm×2 cm 的短木杆，可以支承 600 N 的力而不会被破坏，但力再增加时，短木杆就会被破坏，这 600 N 就是这根短木杆的强度极限。

六、允许应力与安全系数

所有的材料都有自己的强度极限，像木材、钢材、混凝土、钢丝绳等，如果作用中应力达到强度极限就将产生变形而被破坏或断裂。为了保证使用安全，必须根据材料的种类和受力情况，规定出材料的允许承受的最大应力，这个规定的应力就叫做允许应力，它应低于强度极限若干倍，这个倍数就是安全系数，安全系数的大小，应根据不同材料和不同的使用情况通过试验来确定。

强度极限、允许应力、安全系数三者关系可用公式表示：

$$\text{允许应力}=\frac{\text{强度极限}}{\text{安全系数}}$$

七、稳定性与丧失稳定性

什么是稳定性？在外力作用下，构件维持其原有平衡状态的能力称为稳定性，可以通俗地理解为在外力作用下，构件能保持自己的形状和位置不变。在强度极限内，如一根横截面 1 cm×2 cm 的短木杆，可以支承 600 N 的力而不被破坏，但是如果木杆的横截面尺寸不变，木杆加长，例如加到 1.4 m 高时，这时的“长”木杆，只要用手来压，当施加的压力接近 10 N 时，便可以压弯，但如果继续压下去，木杆就会因弯曲过度而被破坏。横截面相同的两根木杆，仅因长短不同，能承受的压力相差却如此悬殊，为什么呢？这说明杆件受压时的承载能力不能单由强度来决定，而主要由强度和稳定性来决定。一根细长的杆受压时，应力虽远没达到强度极限，但由于轴线的弯曲而被破坏，所以长杆的承载能力主要由稳定条件来决定。这种产生纵向弯曲的杆件，由于不能使杆件轴线继续稳定原来直线形状，称为压杆丧失稳定性。

我们建筑施工中搭设的脚手架，都是由细长的杆件连接而成，特别是脚手架的立杆，要尽量减少它的长细比，避免承载后发生压弯变形。在搭设脚手架中的大横杆，脚手架与建筑结构的连墙杆都是必要的受力杆件，由于绑扎了这些杆件，从而限制了立杆的纵向弯曲，提高了脚手架的稳定性，如果在施工中随意拆除，无形中加大了立杆的长细比，立杆会过早发生变形，使整体脚手架失稳而遭破坏。

八、几何组成及稳定性

脚手架是由一些杆件组成的，要想在承受外力荷载后不变形，首先必须从自身构造组成上保证它固有的稳定性，也就是如何组成才能使脚手架的几何形状保持不变。

我们仔细观察建筑结构上的各类屋架，可以看到多数屋架是由若干三角形组成的，因为铰接三角形是最基本的几何不变的形式，或者说它是最稳定的几何形式。如果组成四边形，当在某个节点处作用一外力时，虽然四根杆件的长短尺寸不变，但几何形式便由矩形变成平行四边形，如图 1-3 所示。所以这种情况称为几何可变或几何不稳定，在构造上是不允许的。如果在四边形中间再加一根斜杆，几何图形改由三角形组成，即为几何稳定形式，如图 1-4 所示。脚手架外形正是由一些主杆和横杆组成了许多矩形的架体，所以为了增加其自身的几何稳定性，还要加绑剪刀撑也是这个道理。

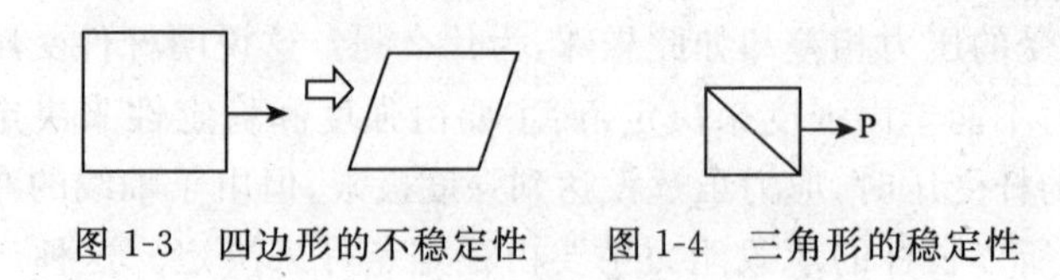

图 1-3　四边形的不稳定性　　图 1-4　三角形的稳定性

第三节　高处坠落和物体打击的预防

一、脚手架坠落事故的原因

登高脚手架在搭设和拆除过程中，架子工是主要坠落对象。脚手架完成交付使用之后，高处坠落主要发生在相关作业人员之中。常见的坠落类型如下。

1. 身体失稳坠落

架子工搭设拆除脚手架时，一般在狭窄、光滑的横杆上站立、行走、两杆之间跳动进行操作，如果操作不熟练，掌握不住身体平衡，手的抓握不准或不牢固，以及持重在横杆上移动等，都会发生因身体失去平衡跌倒或脚底滑动后坠落。

2. 架子失稳坠落

一种是未作基础处理的地面上或者是悬挑支架设置不牢固，搭设脚手架时，立杆的垂直度得不到保证，操作人员在架子上的作业会使架子发生晃动，如果没有按规定做好必要的临时支撑和拉结，就会发生脚手架倾斜倒塌、人员坠落事故。另一种是违章在架体上搭设挑排，形成“上大下小”、“头重脚轻”，使脚手架重心失衡，发生倒塌伤人事故。

3. 杆件脱开坠落

各杆件之间的绑扎不紧或扣件未紧固，作业人员站立到横杆上或脚手片上后，绑扎的篦条或扣件下滑，或者架子散开，导致作业人员坠落。

4. 维护残缺坠落

没有按规定设置防护栏杆、踢脚杆和挂安全网、架层间作业脚手片和防护脚手片少铺、间隙过大、不平、不稳、有探头、固定不牢等；脚手架距墙面大于200 mm，未铺设防护脚手片等。作业人员一旦行为失误或操作失误，就会因无防护或防护不到位而坠落。

5. 操作失误坠落

搭拆架子时用力过猛，身体失去平衡或两人操作配合不默契，突然失手等。在架子作业层上操作的人员，拉车倒退踩空、被构件拉钩失稳、接收吊运材料被碰撞等，都会造成坠落事故。

6. 违章操作坠落

在脚手架上睡觉、打闹、攀登杆件上下、跳跃；搭设凌空状态时不用安全带；饮酒后作业；未扎紧裤腿口、袖口；在不宜作业的大风、雨雪天上架子操作；在石棉瓦等易碎轻型屋面、棚顶上踩踏等。

7. 架子塌垮坠落

这种倒塌造成群死群伤，损失特别巨大，主要原因有：脚手架上荷载严重超出允许承载值，或荷载过于集中，引起扣件断裂或绑扎崩裂；任意撤去或减少连墙拉结、抛撑、缆风绳等；支撑地面沉陷，脚手架倾斜失稳；悬挑式脚手架没有进行分段卸荷；不同性质的支架连在一起；起重机的吊臂挂、碰脚手架；车辆碰撞脚手架等。

8.“口”、“边”失足坠落

施工现场的预留孔口、电梯井口、通道口、楼梯口、上料口、框架楼层周边、层面周边、阳台周边等没有设置围栏或加盖板以及警示标志，操作人员因滑、碰、用力过猛等踩空坠落。

9. 梯上作业坠落

梯子是一种常用扶助登高攀登或直接作为登高作业的工具。如果依靠不稳、斜度过大，或者梯脚无防滑措施，或垫高物倒塌造成梯子倾倒而人员坠落。另外，使用缺档梯子，或者负荷过重使梯档断裂，人字梯中间没有用绳子拉牢，也会造成坠落事故。

二、物体打击事故的原因

物体打击事故是脚手架施工中常见的多发性事故，不仅会伤害架子工和现场其他施工人员，而且还可以危害行人等非施工人员，主要有：

1. 失手坠落打击伤害

架子工在攀登或搭、拆操作时，扳手、钢丝钳等手用工具失手后坠落或在工具袋中滑脱坠下击伤他人。其他作业人员失手伤人，如泥工砌筑时砍砖头，断砖坠落；木工手中的榔头等工具不慎掉下，击伤他人。

2. 堆放不稳坠落伤人

脚手架上防护不严或没有防护措施，堆放的砖头、模板、钢材等材料不平稳或没有垫平，被人碰倒或搬动时坠落下去，击伤他人。

3. 违章抛投物料伤人

有的作业人员图快，不按规定向下顺递或吊下，将高处拆下的钢管、扣件、脚手片或者模板、多余砖头、垃圾等物，从高处向下抛投，结果发生直接击中他人或被抛下物反弹间接伤人事故。

4. 吊运物体坠落伤人

使用起重机吊运物体时，没有捆紧，或者大、小物体夹杂，或者起重操作不规范等，造成物体散落击伤他人。

从上面列举的脚手架上坠落事故和物体打击事故中可以看到，脚手架预防必须从准备工作开始，贯穿于搭设、使用和拆除的全过程。脚手架的施工方案设计者、脚手架的搭设与拆除的作业人员、安全检查验收人员，所有使用脚手架的人员都应承担保证脚手架安全的责任，但作业的架子工是关键责任人。有关预防措施将在各有关章节中叙述。

三、预防坠落打击的安全技术

建筑施工过程中，施工人员在不同的部位、不同的高度、不同的工序同时作业，称交叉作业。

交叉作业人员应注意尽量不在同一垂直方向上操作，使上部与下部作业人员的位置错开，使下部作业人员的位置处于上部落物的坠落半径范围以外。当不能满足要求时，应设置隔离层，隔离层的防穿透能力，不应小于安全平网的防护能力。

在拆除模板、脚手架等作业时，其下方不得有其他作业人员，防止落物伤人。拆下的模板、支撑等堆放时，也不能过于靠近临边，应留出不小于1 m的安全距离，码放高度也不能超过1 m。

当建筑结构层施工到二层及二层以上时，必须架设安全网防护。楼层继续升高时，每隔四层设一道固定平网（或用立网封闭），作为对交叉作业人员的安全防护。

通道口、出入口的上部应搭设防护棚（护头棚），防护棚顶部应用50 mm厚木板或相当于50 mm厚木板强度的其他材料。防护棚的尺寸，应视建筑物防护的高度而定，大小不小于坠落半径。

思考题

1. 什么叫高处作业？什么叫登高架设作业？
2. 什么叫脚手架丧失稳定性？
3. 简述脚手架坠落事故的原因。
4. 简述建筑施工中预防坠落打击事故的安全技术措施。

第二章 高处作业的安全基本要求

第一节 基本规定

(1)施工单位在制定施工方案时,必须将预防高处坠落列为安全技术措施的重要内容。安全技术措施实施后,由工地技术负责人组织有关人员进行验收,凡不符合要求的,待修整合格后方可投入使用。

(2)凡经医生诊断患有高血压、心脏病、严重贫血、癫痫病以及其他不宜从事高处作业的病症的人员,不得从事高处作业。高处作业人员应每年进行一次体检。

(3)高处作业人员必须经过三级安全教育,经安全技术培训和考核,取得《特种作业操作证》后,方准上岗操作。

(4)高处作业人员必须按规定穿戴合格的防护用品,禁止赤脚、穿拖鞋或硬底鞋作业。使用安全带时,必须系挂在作业上部的牢靠处。

(5)高处作业人员应从规定的通道上下,不得攀爬井架、龙门架、脚手架,更不能乘坐非载人的垂直运输设备上下。

(6)禁止在防护栏杆、平台和孔洞边缘坐、靠,不得躺在脚手架上或在脚手架下方休息。

(7)禁止站在阳台栏杆、钢筋骨架、模板及支撑上操作。禁止在作业时,沿屋架上弦、檩条以及未固定的构件上行走和作业。

(8)在外墙高处进行安装玻璃及油漆等装饰工作时,应搭设防护设施或系好安全带。

(9)超过六级以上强风或暴雨浓雾等恶劣天气时,应停止露天高处作业。

(10)夜间及光线不足高处作业时,应针对作业环境条件设置照明,使作业人员工作范围内视线清楚。

第二节　脚手架的作用与要求

脚手架又名架子,建筑、安装维修施工离不了它。工人在上面进行施工操作,堆放材料,有时还要在上面进行短距离水平运输。

架子的搭设质量对施工人员的人身安全、工程进度和工程质量有着直接影响。

脚手架是建筑、安装维修施工中不可缺少的空中作业工具,它随工程进度而搭设,工程完毕即拆除。因为是临时设施,往往忽视搭设质量。脚手架虽是临时设施,但在基础、主体、装修以及设备安装等作业,都离不开脚手架,如堆放材料、人员操作和短距离的运输。所以脚手架设计、搭设得是否合理,不但直接影响着工程的总体施工,同时也直接关系着作业人员的生命安全。

一、基本要求

脚手架应满足以下要求:

(1)有足够的作业面,能满足工人操作、材料堆放和运输的需要。

(2)要坚固、稳定、保证施工期间在所规定的荷载作用下,或在气候条件的影响下,不变形、不摇晃、不倾斜,能保证使用安全。

(3)构造合理简单,搭设、拆除和搬运要方便。

(4)因地制宜,就地取材,节约用料。

(5)脚手架使用时不允许超载。

二、使用荷载

1. 荷载传递

脚手架上的荷载传递，一般是由脚手板传递给小横杆，由小横杆传递给大横杆，再由大横杆通过扣件或绑扎点传递给立杆，最后通过立杆底部传递到基座和地基上。

2. 施工荷载

承重脚手架：原规定脚手架上的施工荷载不得超过 2700 N/m²，但近年来在做了大量调查研究和通过计算及试验，最后在脚手架安全技术规范中确定为 3000 N/m²。

装修脚手架：施工荷载值不得超过 2000 N/m²。

3. 静荷载与动荷载

静荷载：包括立杆、大横杆、小横杆、剪刀撑、脚手板、扣件（绑扎材料）等各构件的自重。

动荷载：包括堆放材料、安装件、运输车辆（含所装载的物料）、作业人员、安全网和防护栏杆等重量。

三、一般规定

(1)搭设多立杆式脚手架前，应制定搭设方案，根据建筑物的平面形状、尺寸、高度及施工工艺确定搭设形式。

(2)搭设脚手架应选择同一种类材料，不能钢木混搭。钢管脚手架的节点应使用扣件扣牢，不准使用铅丝绑扎。

(3)木脚手架的立杆应埋入地下 300～500 mm，埋杆前先挖土坑，坑底垫砖石。当不能埋杆时，应沿立杆底部加绑扫地杆。

(4)钢管脚手架的立杆应垂直放在金属底座下，下面再垫厚 50 mm的木板，并在立杆底部加扫地杆用扣件扣牢。

(5)立杆的相邻接头、大横杆的相邻接头都应错开。立杆和大横杆的节点处必须设置小横杆，在脚手架拆除之前，节点处小横杆不能拆除。

(6)脚手架搭到3～4步时应设置支撑(压栏子),支撑与地面成60°夹角,间距不得大于7根立杆。当高度超过7 m不便设支撑时,应在每高4 m,水平每隔7 m设置连墙杆与建筑结构连接,不得与脚手架、门窗等部位连接。

(7)应在脚手架的尽端、转角处和中间每隔9～15 m的地方设置剪刀撑。剪刀撑与地面呈45°～60°夹角,从下到上连续设置。

(8)铺脚手板时,必须按照脚手架的宽度满铺,板应垫平铺稳挤严,板与墙面的空隙不得大于200 mm。脚手板接头采用搭接时,必须搭在小横杆上,板端头超过小横杆长度不应小于200 mm,搭接方向应顺重车运输方向;采用对接时,接头下面应设两根小横杆,板端头距小横杆不大于200 mm。禁止出现探头板。作业时,操作层下步应留有一层脚手板,防止人、物从高处坠落。

(9)二步架以上应设两道护身栏杆,并设180 mm高的挡脚板。

(10)脚手架应沿建筑物周围连续、同步搭设,形成封闭结构。如因条件所限不能封闭时(如:呈“一”字形、“∩”形等),应在脚手架尽端设置连墙杆,以增加稳定性。

(11)单排脚手架不能用于半砖墙、180 mm墙、轻质墙、土坯墙等墙体施工。在空斗墙上留脚手眼时,小横杆下应实砌两层砖。

(12)在下列部位时不能留脚手眼:

①砖过梁的上部,与过梁呈60°角的三角形范围内;

②砖柱或宽度小于740 mm的窗间墙;

③梁垫下及其左右各370 mm范围内;

④门窗洞口两侧240 mm和转角处240 mm范围内。小横杆入脚手眼的长度一般不应小于240 mm。

第三节　脚手架构架的组成及安全技术

不同的脚手架系列均有其自身的构架特点、使用性能和应用方面的限制，在它们之间有共同性、也有差异性；不同的建筑安装工程对脚手架的设置要求也有共同性和差异性；不同的建筑安装施工企业在架设工具的配备、技术和管理水平方面的差异性则更大一些。因此，在解决施工中脚手架的设置问题时，就必须综合考虑各种条件和因素，解决实际存在的各种问题，以满足施工的需要和确保安全。

脚手架的构架由构架基本结构、整体稳定和抗侧力杆件、连墙件和卸载装置、作业层设施、其他安全防护设施等五部分组成。其基本要求分别叙述如下。

一、构架基本结构

脚手架构架的基本结构为直接承受和传递脚手架垂直荷载作用的构架部分。在多数情况下，构架基本结构由基本结构单元组合而成。

1. 基本结构单元的类型

基本结构单元为构成脚手架基本结构的最小组成部分，由可以承受或传递荷载作用的杆件组成，包括毗邻基本结构单元的共用杆件。

基本结构单元大致有 8 种类型，见表 2-1。

表 2-1　脚手架基本结构单元

序　号	基本结构单元类型的名称	构架名称和形式	构架组合	
			方式	作用
1	平面框格	单排脚手架	双向	整体作用
		防(挡)护架		

续表

<table>
<tr><th rowspan="2">序　号</th><th rowspan="2">基本结构单元类型的名称</th><th rowspan="2">构架名称和形式</th><th colspan="2">构架组合</th></tr>
<tr><th>方式</th><th>作用</th></tr>
<tr><td rowspan="2">2</td><td rowspan="2">立体格构</td><td>双排脚手架</td><td>双向</td><td rowspan="2">整体作用</td></tr>
<tr><td>满堂脚手架</td><td>三向</td></tr>
<tr><td rowspan="2">3</td><td rowspan="2">门形架</td><td>双排脚手架</td><td>双向</td><td rowspan="2">并列作用</td></tr>
<tr><td>满堂脚手架</td><td>三向</td></tr>
<tr><td>4</td><td>其他专用平面框格</td><td>抱挑脚手架</td><td>单向</td><td>并列作用</td></tr>
<tr><td rowspan="2">5</td><td rowspan="2">三角形平面支架</td><td>单层挑(挂)脚手架</td><td rowspan="2">单向</td><td rowspan="2">并列作用</td></tr>
<tr><td>悬挑支架,卸载架</td></tr>
<tr><td rowspan="2">6</td><td rowspan="2">平面桁架</td><td>桥式脚手架</td><td>单向</td><td>并列作用</td></tr>
<tr><td>栈桥梁</td><td colspan="2">单独使用</td></tr>
<tr><td>7</td><td>“片”形架</td><td>靠墙里脚手架</td><td>单向</td><td>并列作用</td></tr>
<tr><td>8</td><td>支柱</td><td>模板支撑架</td><td>单独使用或高度方向组合</td><td>并列作用</td></tr>
</table>

注:①单向组合:沿一个方向扩展;双向组合:沿高度和宽度(或长度)两个方向扩展;三向组合:沿高度、宽度和长度三个方向扩展。

②整体作用:与毗邻单元杆件共用,形成整体承受荷载作用;并列作用:以直立式片式构架承受垂直荷载作用,其间连系杆则主要起连系、约束和分配荷载作用。

2. 基本结构单元的构造和承载特点

①全部为刚性杆件,没有柔性杆件,且杆件的长细比不能过大,以使其受稳定性和变形控制的承载性能得到保证。

②主要承受和传递垂直荷载作用。

③节点一般都具有一定的抗弯能力,即节点为刚性或半刚性,但在计算时则按不利的情况考虑。

3. 基本结构单元组合的特点和要求

(1)组合形式

单向组合——基本结构单元沿一个方向组合,构成“单条式”架、组合柱或塔架。

双向组合——基本结构单元沿两个方向组合、构成“板（片）式”架，例如单排和双排脚手架。

三向组合——基本结构单元沿三个方向组合，构成“块式”架，例如满堂脚手架。

(2)组合的承载特点

整体作用组合——基本结构单元组成一个整体结构，毗连基本结构单元的杆件共用，没有不是基本结构单元杆件的联系杆件，通常的多立杆式脚手架都属于这种情况。

并联作用组合——为平行的平面结构的组合。基本结构单元之间的联系杆件只起一定的约束作用，而不直接承受和传递垂直荷载作用。像门式钢管脚手架（在门架之间仅设有交叉支撑）就属于这种情况。

混合作用组合——既有整体作用，也有并联作用的组合。

4. 对构架基本结构的一般要求

①杆部件的质量和允许缺陷应符合规范和设计的要求；

②节点构造尺寸和承载能力应符合规定；

③具有稳定的结构；

④具有可满足施工要求的整体、局部和单肢的稳定性；

⑤具有可将脚手架荷载传给地基基础或支承结构的能力。

二、整体稳定和抗侧力杆件

这是附加在构架基本结构上的加强整架稳定和抵抗侧力作用的杆件，如剪刀撑、斜杆、抛撑以及其他撑拉杆件。

此外，“一”字形脚手架的整体稳定性较差。设置周边交圈脚手架，在角部相接处加强整体性连接措施，是增强脚手架的整体稳定性和抗侧力能力的重要措施。而其中增设的连接杆也属于这类杆件。

这类杆件设置的基本要求为：

①设置的位置和数量应符合规定和需要；

②必须与基本结构杆件进行可靠连接，以保证共同作用；

③抛撑以及其他连接脚手架体和支承物的支、拉杆件，应确保杆件和其两端的连接能满足撑、拉的受力要求；

④撑拉杆的支承物应具有可靠的承受能力。

三、连墙件、挑挂和卸载设施

1. 连墙件

采用连墙件实现的附壁联结，对于加强脚手架的整体稳定性，提高其稳定承载能力和避免出现倾倒或坍塌等重大事故具有很重要的作用。

(1)连墙件构造的形式：

①柔性拉结件采用细钢筋、绳索、双股或多股铁丝进行拉结，只承受拉力和主要起防止脚手架外倾的作用，而对脚手架稳定性能(即稳定承载力)的帮助甚微。此种方式一般只能用于10层以下建筑的外脚手架中，且必须相应设置一定数量的刚性拉结件，以承受水平压力的作用。

②刚性拉结采用刚性拉杆或刚性结构件。即采用既可承受拉力、又可承受压力的连接构造，其连接固定方式(指附墙端)可视工程条件确定，一般有：

a. 拉杆穿过墙体，并在墙体两侧固定；

b. 拉杆通过门窗洞口，在墙两侧用横杆夹持和背楔固定；

c. 在墙体结构中设预埋铁件，与装有花篮螺栓的拉杆固接，用花篮螺栓调节拉结间距和脚手架的垂直度；

d. 在墙体中设预埋铁件，与定长拉杆固结。

(2)对附墙连接的基本要求如下：

①确保连墙点的设置数量，一个连墙点的覆盖面为20～50 m^2。脚手架越高，则连墙点的设置应越密。连墙点的设置位置遇到洞口、墙体构件、墙边或窄的窗间墙、砖柱等时，应在近处补设，不得取消。

②连墙件及其两端连墙点，必须满足抵抗最大计算水平力的需要。

③在设置连墙件时，必须保持脚手架立杆垂直，避免产生不利的预加侧向变形。

④设置连墙件处的建筑结构必须具有可靠的支持力。

2. 挑、挂设施

(1)悬挑设施的构造形式一般有三种：

①上拉下支式：即简单的支挑架，水平杆穿墙后锚固，承受拉力；斜支杆上端与水平杆连接、下端支在墙体上，承受压力；

②双上拉底支式：常见于插口架，它的两根拉杆分别从窗洞的上下边沿伸入室内，用竖杆和别杠固定于墙的内侧。插口架底部伸出横杆支顶于外墙面上；

③底锚斜支拉式：底部用悬挑梁式杆件(其里端固定到楼板上)，另设斜支杆和带花篮螺栓的拉杆，与挑脚手架的中上部联结。

(2)靠挂式设施即靠挂脚手架的悬挂件，其里端预埋于墙体中或穿过墙体后予以锚固。

(3)悬吊式设施用于吊篮，即在屋面上设置的悬挑梁，用绳索或吊杆将吊篮悬吊于悬挑梁之下。

(4)挑、挂设施的基本要求：

①应能承受挑、挂脚手架所产生的竖向力、水平力和弯矩；

②可靠地固结在工程结构上，且不会产生过大的变形；

③确保脚手架不晃动(对于挑脚手架)或者晃动不大(对于挂脚手架和吊篮)。吊篮需要设置定位绳。

3. 卸载设施

卸载设施是指将超过搭设限高的脚手架荷载部分地卸给工程结构的措施，即在立杆连续向上搭设的情况下，通过分段设置支顶和斜拉杆件以减小传至立杆底部的荷载。

当将立杆断开，设置挑支构造以支承其上部脚手架的办法，实际上即为挑脚手架，它不属于卸载措施的范围。

(1)卸载设施的种类有：

①无挑梁上拉式，仅设斜拉(吊)杆；

②无挑梁下支式，仅设斜支顶杆；

③无挑梁上拉、下支式，同时设置拉杆和支杆。

(2)对卸载设施的基本要求为：

①脚手架在卸载措施处的构造常需予以加强；

②支拉点必须可靠；

③支承结构应具有足够的支承能力。

卸载措施的实际承受荷载难以准确判断，在设计时须按较小的分配值考虑。

4. 作业层设施

作业层设施包括扩宽架面构造、铺板层、侧面防(围)护设施(挡脚板、栏杆、围护板网)以及其他设施，如梯段、过桥等。

作业层设施的基本要求：

①采用单横杆挑出的扩宽架面的宽度不宜超过300 mm，否则应进行构造设计或定型扩宽构件。扩宽部分一般不堆物料并限制其使用荷载。外立杆一侧扩宽时，防(围)护设施应相应外移。

②铺板一定要满铺，不得花铺，且脚手板必须铺放平稳，必要时还要加以固定。

③防(围)护设施应按规定的要求设置，间隙要合适、固定要牢固。

建筑、安装维修脚手架在搭设、使用和拆除过程中发生的安全事故，一般都会造成程度不同的人员伤亡和经济损失，甚至出现导致伤亡3人以上的重大事故，带来严重的后果和不良的影响。在屡发不断、为数颇多的事故中，反复出现的事故占了很大的比重。这些事故给予我们的教训是深刻的，从对事故的分析中可以得到许多有益的启示，帮助我们改进技术和管理工作，以防止或减小事故的发生。

第四节　脚手架工程中的事故及预防措施

一、脚手架工程多发事故的类型

(1)整架倾倒或局部垮架;

(2)整架失稳、垂直坍塌;

(3)人员高空坠落;

(4)落物伤人(物体打击);

(5)不当操作事故。

二、引发事故的直接原因

在造成事故的原因中,有直接原因和间接原因。这两方面原因都很重要,都要查找。在直接原因中有技术方面的,也有操作和指挥方面的,以及自然因素的作用。

诱发以下两类多发事故的主要直接原因为:

1. 整架倾倒、垂直坍塌或局部垮架

(1)构架缺陷:构架缺少必需的杆件,未按规定数量和要求设连墙件等;

(2)在使用过程中任意拆除必不可少的杆件和连墙件;

(3)严重超载;

(4)地基出现过大的不均匀沉降。

2. 人员高空坠落

(1)作业层未按规定设置防护;

(2)作业层未满铺脚手板或架面与墙之间的间隙过大;

(3)脚手板和杆件因搁置不稳、扎结不好或发生断裂而坠落;

(4)不当操作产生的碰撞和闪失。不当操作大致有以下情形:

①用力过猛,致使身体失去平衡;

②拉车退着行走；

③拥挤碰撞；

④集中多人搬运重物或安装较重的构件；

⑤架面上的冰雪未清除，造成滑跌。

三、脚手架工程事故实例

从以下有代表性的脚手架工程事故实例中，可以大致了解在脚手架上发生的事故的基本类型、特点和后果。

实例 1：1981 年 5 月 30 日，某综合办公楼工地上的 27 m 高（共有 15 排纵向水平杆）承插式钢管脚手架。发生事故时，长 30 m 的南墙面中部第 4～5 排纵向水平杆向外拱出并下沉了 200～300 mm，听到断裂响声，脚手架随之向下坍塌。当时在架上作业的共有 17 人，5 人听到响声后跳入窗内，1 人抱住就近的铸铁落水管，其余 11 人随坍塌的脚手架坠落至地面，造成了 2 人死亡、2 人重伤和 11 人轻伤的重大事故。

这是一起较为典型的整架失稳坍塌事故。引起事故的原因是多方面的：立杆垂直偏差过大，缺少刚性拉结、连墙点设置数量不够以及还剪断了一部分拉结铁丝等。在整个南墙面 810 m^2 脚手架上，只有 5 个刚性连墙点，合 160 m^2 一个点，仅为最小设置量的四分之一。设置 8 号铁丝柔性附墙拉结，只能起防止向外倾倒的作用，而对提高脚手架整体失稳承载力的作用甚微。事后查出，第 3 排和第 4 排原设的 8 根拉结铁丝只剩下了 2 根。过大的自由长度，过大的荷载和过大的偏心受力情况，导致了整体失稳破坏。

实例 2：1985 年 3 月 27 日，在某工地两幢塔楼的施工中，同时进行装修作业。在两塔楼之间搭设了长 13 m、宽 6 m、高 24 m 的 8 层井架运料平台架，并与两塔楼的外脚手架相连接。没有经过设计计算，也未对使用荷载加以限制。在各层平台上分别堆放着水泥、花砖和砂浆等材料，总重近 40 t。且前一天又下了雨，脚手板、溜槽等均增加了重量，形成了严重超载。在立杆间距过大(达 3 m)的情况下，导致了立杆失稳。砂浆运至第 6 层平台时，平台倒塌，并将两塔楼外脚手架拉垮，垮架面积达 2119 m^2，正在 4～8 层平台上作业的 20 名工人随架坠落，造成 2 人死亡、3 人重伤和 15 人轻伤的重大事故。

这是一起不进行设计计算，因严重超载造成垮架的典型事故。

实例 3：1985 年 5 月 17 日，在某锅炉房工地上，脚手架作业层没有满铺脚手板，1 木工站在仅铺 2 块脚手板处锯木方时，从 13 m 高处坠落至离地 3.5 m 高的混凝土平台上死亡。

这是一起作业条件不符合安全要求造成的事故。

实例 4：1987 年 12 月 26 日，某办公楼工地，架子工在外补设七、八两层的护身栏杆，随手拿了两个未经检查的扣件，其中一个已断裂 2/3，且使用两根短的钢管，一根用断裂扣件与立杆连接，另一端与另一根短管相接，在拧紧扣件时，扣件断裂，致使架工与两根钢管一起坠落，造成死亡。

这是一起因杆配件缺陷造成的事故。

实例 5：1986 年 9 月 9 日，在某电站主控楼工地拆除扣件式钢管井架，当拆至 18.5 m 高时，一架子工在拆除导轨立杆中，因拔管用力过猛，且手握持处以上的钢管过长，难以把持，后脚急踩左侧的钢脚手板，板滑至井架边缘，两腿叉开过大(达 1.2 m)身体失去平衡，又没有佩挂安全带，结果摔落于井架吊盘中死亡。

在某建港指挥部宿舍工程施工中，采用三角形金属附墙挂架作外装修作业，在转移工作面翻架子时，一位瓦工班长又回到该段架子的端头，在转角处蹲下用托灰板刮掉灰杠上的灰浆。架工告诉他要拆栏杆了，请他小心，他回答说："拆吧，我不要紧。"当拆开第 1 根栏杆准备往下放时，本来蹲着的瓦工班长在站起来的一瞬间，因失去自制力而去抓已经松开绑扣的护栏杆，结果坠落死亡。

这是两起缺乏自我防护意识引起的事故。

实例 6：1987 年 5 月 2 日某肉联厂工地上，一临时工把从井架运上来的料桶向混凝土手推车倾倒时，由于用力将料桶在右边车沿上磕碰，使小车倾翻、车把碰到身体，导致连人带车一起坠落地面死亡。

这是一起使用手推车不当造成的事故。

事故的例子还很多，但从上述例子中已可看出，事故的发生有其共同的规律性：思想麻痹、措施不力、管理松懈、违章指挥和违章作业，缺少防护措施以及自我保护的能力差等，事故给予我们许多极为深刻的教训和有益的启示。

四、事故教训为我们提供的启示和预防事故发生的措施

(1)必须确保脚手架的构架和防护设施达到承载可靠和使用安全的要求。在编制施工组织设计、技术措施和施工应用中，必须考虑以下方面并作出明确的安排和规定：

①对脚手架杆配件的质量和允许缺陷的规定；

②脚手架的构架方案、尺寸以及对控制误差的要求；

③连墙点的设置方式、布点间距，对支持物的加固要求(需要时)以及某些部位不能设置时的弥补措施：

④在工程体形和施工要求变化部位的构架措施；

⑤作业层铺板和防护的设置要求；

⑥脚手架中荷载大、跨度大、高空间部位的加固措施；

⑦对实际使用荷载(包括架上人员、材料机具以及多层同时作业)的限制；

⑧对施工过程中需要临时拆除杆部件和拉结件的限制以及在恢复前的安全弥补措施；

⑨安全网及其他防(围)护措施的设置要求；

⑩脚手架地基或其他支承物的技术要求和处理措施。

以上十个方面，必须严格、细致地按实际情况加以考虑、设计和安排。只有这样，才能确保达到脚手架构架稳定，承载和防护可靠，才能确保使用安全。

(2)必须严格地按照规范、设计要求和有关规定进行脚手架的搭设、使用和拆除,大力制止乱搭、乱改和乱用情况。在这方面出现的问题很多,难以全面地归纳起来,大致归纳如下:

有关乱改和乱搭问题:

①任意改变构架结构及其尺寸;

②任意改变连墙件设置位置、减少设置数量;

③使用不合格的杆配件和材料;

④任意减少铺板数量、防护杆件和设施;

⑤在不符合要求的地基和支持物上搭设;

⑥不按质量要求搭设,立杆偏斜,连接点松弛;

⑦不按规定的程序和要求进行搭设和拆除作业。在搭设时未及时设置拉撑杆件;在拆除时过早地拆除拉结杆件和连接件;

⑧在搭、拆作业中未采取安全防护措施,包括不设置防(围)护和使用安全防护用品;

⑨不按规定要求设置安全网。

有关乱用问题:

①随意增加上架的人员和材料,引起超载;

②任意拆去构架的杆配件和拉结;

③任意抽掉、减少作业层脚手板;

④在架面上任意采取加高措施,增加了荷载,加高部分无可靠固定、不稳定,防护设施也未相应加高;

⑤站在不具备操作条件的横杆或单块板上操作;

⑥搭设和拆除作业不按规定使用安全防护用品;

⑦在把脚手架作为支撑和拉结的支持物时,未对构架采用相应的加强措施;

⑧在架上搬运超重构件和进行安装作业;

⑨在不安全的天气条件(六级以上大风,雷雨和下雪天气)下继续施工;

⑩在长期搁置以后未作检查的情况下重新启用。

(3)必须健全规章制度、加强规范管理、制止和杜绝违章指挥和违章作业。

(4)必须完善防护措施和提高施管人员的自我保护意识和能力。

思考题

1. 高处作业的基本安全要求有哪些?
2. 脚手架应满足的基本安全要求有哪些?
3. 简述脚手架工程多发事故的类型及引发事故的原因。

第三章 常用安全防护装置和用具

第一节 防护装置的安全技术

建设部于1991年颁发了行业标准《建筑施工高处作业安全技术规范》(JCJ 80—91)。标准主要针对工业与民用建筑和一般构筑物施工中的临边、洞口、攀登、悬空、平台及交叉作业六个方面进行了规定。

一、临边作业

在建筑安装施工中,由于高处作业工作面的边缘没有围护设施或虽有围护设施,但其高度低于800 mm时,在这样的工作面上的作业统称临边作业。例如沟边作业,阳台、平台周边在栏板尚未安装时的作业,尚未安装栏杆的楼梯段以及楼层周边尚未砌筑围护墙等处的作业都属于临边作业;此外,施工现场的坑槽作业、深基础作业,对地面上的作业人员也构成临边作业。

在进行临边作业时,必须设置防护栏杆、安全网等防护设施,防止发生坠落事故。对于不同的作业条件,采取的措施要求也不同。

例如基坑周边、尚未安装栏板的阳台、没安装扶手栏杆的楼梯段、上料平台的周边、没砌围护墙的楼层周边及屋顶边缘,都必须设置防护栏杆并挂立网封闭。又如:建造楼房采用里脚手施工时,二层楼面(高度超过3.2 m时)的周边,必须在外围架设安全平网。当临边外侧靠近街道时，除设置防护栏杆外，立面还应采取密目安全网封闭措施，防止施工中的垃圾污染和落物伤人。

二、洞口作业

在建筑安装施工过程中，由于管道、设备以及工艺的要求，设置预留的各种孔与洞，都给施工人员带来一定危险。在洞口附近的作业，统称为洞口作业。孔与洞的意思是一样的，只是大小不同。规范中规定：在水平面上短边尺寸小于 250 mm 的，在垂直面上高度小于 750 mm 的均称为孔；在水平面上短边尺寸等于或大于 250 mm 的，在垂直面上高度等于或大于 750 mm 的均称为洞。

洞口作业的防护措施，主要有设置防护栏杆、用遮盖物盖严、设置防护门以及张挂安全网等多种形式。

各种楼板的洞口及垃圾道口应设置牢固的盖板，并采取措施加以固定，防止挪动或移位。较大的洞口如天井施工，也可用平网张挂、周边设置栏杆等防护方法。

电梯井口应用固定的钢制防护门或用防护栏杆，同时在电梯井内每隔两层(不大于 10 m)设一道平网。

坑槽、桩孔的上口，均应按洞口的防护要求盖严。施工现场、通道附近的洞口及坑槽处，除有牢靠的防护措施外，夜间还应设置红灯示警。

三、攀登作业

在施工现场，借助于登高工具或登高设施，在攀登条件下进行的高处作业称攀登作业。攀登作业因作业面窄小，且处于高空，故危险性更大。攀登作业主要是利用梯子、高凳、脚手架和结构上的条件进行作业和上下的。所以对这些用具和设施，在使用前应进行检查，认为符合要求时方可使用。

例如，使用移动式梯子时，应按照国家关于移动式梯子的安全标准对梯子进行质量检查。梯脚底部应坚实并有防滑措施，不能垫高使用。梯子上端应有固定措施，梯子的角度不能过大，以 75°为宜，踏板上下间距不大于 300 mm，不能有缺档。如果梯子要接长使用，必须对连接处进行认真检查，强度不能低于原梯子的强度，且接头不能超过一处。人字折梯使用时，其夹角不能过大，以 35°～45°为宜，上部铰链要牢固，下部两单梯之间应有可靠的拉撑措施。

配合构件吊装的登高作业人员，在安装大梁时，应在梁的两端设置挂梯或搭设脚手架。需在梁上行走时，其一边应有临时护栏或设置水平钢丝绳，作业人员在一边行走时，可将安全带的另一辅扣挂在钢丝绳上。

四、悬空作业

悬空作业是指在周边临空状态下，无立足点或无牢靠立足点的条件下进行的高处作业。因此，进行悬空作业时，需要建立牢固的立足点，并视具体情况配置防护栏杆等安全措施。

此处的悬空作业主要是指建筑安装工程中的构件吊装、悬空绑扎钢筋、混凝土浇筑以及安装门窗等多种作业。但不包括机械设备及脚手架、龙门架等临时设施搭设、拆除时的悬空作业，对这些作业要求有专门的安全技术规定。

构件吊装及管道安装：钢结构吊装时，应尽量先在地面进行组装，减少悬空状态下的作业。对高空需要固定、电焊、连接的工作处，应预先搭设安全设施。在安装管道时，管道上面不允许站立和行走，以防踏滑发生事故。

绑扎钢筋：在高处作业时，应搭设操作平台和挂安全网，不能站在钢筋骨架上作业和沿骨架攀登上下。

浇筑混凝土：需搭设操作台，作业人员不能站在模板上或支撑杆上操作。

安装门窗及油漆工作：在门窗固定封填材料尚未达到强度时，作业人员不能攀拉门窗。操作时一定要系好安全带，将保险钩挂在操作人员上方牢固的物体上。

五、操作平台作业

施工现场有时为了弥补脚手架的不足而搭设了各种操作台或操作架，以供人员作业或堆放材料、大型工具。操作平台有移动式平台和悬挑式平台。当平台高度超过 2 m 时，应在四周装设防护栏杆。

移动式操作平台的轮子与平台的结合处应牢固，立柱底端与地面的距离不能超过 0.5 m，以便使用时将立柱底部垫实，不使轮子受力。平台面积不能过大，一般不超过 10 m^2，高度不超过 5 m。台面脚手板要钉牢铺满。平台移动时，人员必须下到地面，不得在平台上随台一起移动。

悬挑式平台不能与脚手架拉接，应与建筑结构部位相连。悬挑平台也可预制成钢平台，焊接吊环，周围安装防护栏杆，用起重机吊装。平台的制作与安装须经设计计算，吊装后，应检验支撑点的稳固以及钢丝绳、吊点处的可靠程度。平台上要严格控制荷载，应在平台上标明限定操作人员和物料的总重量，不允许超过设计规定值。

六、防护栏杆

在高处作业的防护措施中，许多地方要采用防护栏杆作为操作人员在临边工作的防护。

防护栏杆由立柱和上下两道横杆组成，上横杆通常称扶手。栏杆的材料应尽量选用与脚手架同一种材料，如果采用钢管脚手架时，就应避免使用木杆、毛竹等作防护栏杆。因为木杆、毛竹与钢管不同材料构成的结点不牢固，之间受力不合理，容易产生变形。

防护栏杆应能承受可能的突然冲击，阻挡住人员可能状态下的下跌和防止物料坠落，所以必须满足以下要求：

(1)防护栏杆上杆离底面高度 1～1.2 m，下杆离底面 0.5～0.6 m。

横杆大于 2 m 时，必须扣设立杆。

(2)沿地面设防护栏杆时，立杆应埋入土中 0.5～0.7 m，立杆距坑槽边的距离应不小于 500 mm。在砖结构和混凝土楼面上固定时，可采用预埋铁件或预埋底脚螺栓的方法，进行焊接，用螺栓紧固。

(3)防护栏杆的结构，整体应牢固，能经受任何方向的 1000 N 的外力。

(4)防护栏杆自上而下用密目安全网封闭或在栏杆下边加设挡脚板。

(5)当临边外侧靠近街道或人行通道时，除设置防护栏杆外，还要沿建筑物脚手架外侧，满挂密目安全网作全封闭。

第二节　安全网的安全技术

1997 年国家颁发的《安全网》(GB 5725—97)及《安全网力学性能试验方法》(GB 5726—97)标准，对有关安全网技术要求、使用规则及试验方法进行了规定。

一、安全网的构造

安全网主要分平网和立网两种。平网是指安装后接近水平，呈外边高里边低有一定倾斜度的网，主要用来承接人和物的坠落；立网是指安装后与作业面呈垂直的网，主要用来阻挡人和物的坠落。

1. 材料

制作安全网的材料要求强度高，耐磨性好，受潮后强度下降不大(湿干强力比不低于 75%)。目前制网材料采用锦纶、维纶较好，由于丙纶性能不稳定强度达不到要求，一般不使用。制成后每张网重量不超过 150 N。

2. 构造

安全网由网绳、筋绳、边绳和系绳组成。

网绳的断裂强力不小于1500 N。

边绳的直径至少为网绳直径的两倍。

平网边绳的断裂强力不小于7500 N。

立网边绳的断裂强力不小于3000 N。

筋绳的作用是作为缓冲和吸收能量而设置的，所以规定其强度不能过大，断裂强力不大于3000 N。当安全网承受额定冲击荷载时，筋绳受力到一定程度时断开，达到缓冲荷载冲击力的目的。

系绳是固定安全网用的构造绳，其直径和强度要求与边绳相同。系绳决不能与筋绳等同直径合编为一根绳。

安全网除以上受力绳之外，国标中还规定了要设置试验绳，试验绳是提供判断安全网材料老化变质情况试验而设置的绳，试验绳用网绳制作，每根长度大于1.5 m，每张网上不少于8根试验绳。

3. 尺寸

国标《安全网》(GB 5725—97)中规定：平网的宽度不小于3 m，立网的高度不小于1.2 m。网目边长不得大于100 mm。相邻两根筋绳的最小距离不小于300 mm。

4. 冲击试验

采用砂袋自由坠落对安全网进行冲击的方法。将模拟人形沙包一个，重1000 N(长100 cm，底面积28000 cm^2)自由落下，对架好的平网进行冲击。冲击后检查网绳、边绳、系绳都不允许断裂(允许筋绳断裂)。

冲击高度为平网10 m，立网2 m。

5. 密目安全网

为适应高层建筑和临街建筑全封闭的要求，既达到防止物体坠落又防止建筑尘对环境的污染，一些地区使用了密目安全网作立网封闭。密目式安全立网规格及要求应符合《密目式安全立网》(GB 16909—1997)的规定。密目安全网的网目规格，在100 mm×100 mm范围内形成有2000目，除满足冲击试验外还满足耐贯穿试验，即用长 1.8 m、重 50 N 的钢管，从 3 m 高处自由落下，冲击倾斜面为 30°角的安全网体中心，网体受冲击后不得有明显损伤或贯穿。

二、安全网的架设与拆除

1. 架设

(1)选网：架设前应根据使用的条件进行选择，立网不能代替平网使用。根据负载高度选择平网的架设宽度。新网必须有产品检验合格证；旧网应在外观检查合格的情况下，进行抽样检验，符合要求时方准使用。

(2)支撑：支撑物应有足够的强度和刚度，同时系网处无尖锐边缘。可采用钢管、木杆等强度可靠的杆件和钢丝绳。钢管 ϕ48 mm，壁厚 3 mm，圆木梢径不小于 70 mm，边绳钢丝绳直径不小于 9.5 mm。

(3)平网架设：架设平网应外高里低与平面成 15°角，网片不要绷紧(便于能量吸收)，网片之间应将系绳连接牢固不留空隙。

首层网：脚手架施工的建筑工程，沿建筑物外围四周架设平网，距地面第一道网叫首层网，当砌墙高度达 3.2 m 时应架首层网。首层网架设的宽度，视建筑的防护高度而定，当建筑总高较高时，应增大架设宽度，以加大保护范围。对高层建筑和烟囱、水塔等高的构筑物施工时，首层网应采用双层网，以加大防护高度增加抗冲击能力。首层网在建筑工程主体及装修的整个施工期间不能拆除。

随层网：随施工作业层逐层上升搭设的安全网称为随层网，主要用于作业层人员的防护。外脚手架施工的作业层脚手板下必须再搭设一层脚手板作为防护层。当大型工具不足时，也可在脚手板下架设一道随层平网，作为防护层。

层间网：在首层网与随层网之间搭设的固定安全网称为层间网。自首层开始、每隔四层建筑架设一道层间网。

(4)立网架设：立网应架设在防护栏杆上，上部高出作业面不小于 1.2 m。立网距作业面边缘处，最大间隙不得超过 100 mm。立网的下部应封闭牢靠，扎结点间距不大于 500 mm。小眼立网和密目安全网都属于立网，视不同要求采用。

当由于施工条件所限不能架设平网的部位（如建筑物临塔吊行走作业的立面）时，也可采用立网防护。

2. 拆除

拆除安全网时，必须待所防护区域内无坠落可能的作业时，方可进行，并经工程负责人同意才能拆除。

因特殊需要临时拆除的，应视时间长短，拆除后要有补救措施，或在重新架网前上部不准作业。

拆除安全网应自上而下依次进行。拆除过程中要设专人监护。作业人员必须系好安全带，要注意网内杂物的清理。拆除过程中应根据程序采取有效措施，防止高处坠落和物体打击事故的发生。

3. 管理

（1）施工过程中，对安全网及支撑系统，要定期进行检查、整理、维修。检查支撑系统杆件、间距、结点以及封挂安全网用的钢丝绳的松紧度，检查安全网片之间的连接、网内杂物、网绳磨损以及由于电焊作业等损伤情况。对施工期较长的工程，安全网应每隔 3 个月按批号对其试验绳进行强力试验一次，每年抽样安全网，做一次冲击试验。

（2）拆除下来的安全网，要由专人作全面检查，经验收合格方准入库。

安全网要存放在干燥通风无化学物品腐蚀的仓库中，存放应分类编号定期检验。

第三节　安全帽

一、安全帽的构造

安全帽是用来保护安装维修登高架设使用者的头部不受伤害

的。安全帽由帽壳(帽外壳、帽舌、帽檐)、帽衬(帽箍、顶衬、后箍等)、下颏带三部分组成。制造安全帽的材料有很多种,帽壳可用玻璃钢、塑料、藤条等制作,帽衬可用塑料或棉织带制作。安全帽所用塑料,以高密度低压聚乙烯为好。

二、安全帽的规格要求

(1)垂直间距:即在戴帽情况下,头顶最高点与帽壳内表面之间的轴向距离(不包括顶筋的空间)即为垂直距离。其规定值按照《安全帽测试方法》(GB/T 2812—2006)中规定的方法测量。

(2)水平间距:即在戴帽情况下,帽箍与帽壳内每一侧面在水平面上的径向距离。其规定值应在5～20 mm之间。

(3)佩带高度:在戴帽情况下,帽箍底边至头模(试验安全帽时,使用的木质人头模型)顶端的垂直间距。其规定值按照《安全帽测试方法》(GB/T 2812—2006)中规定的方法测量,其值应在80～90 mm之间。

(4)帽箍尺寸:分下列三个号码:小号为510～560 mm,中号为570～600 mm,大号为610～640 mm。

(5)帽的质量:根据帽型在430～460 g之间,防寒安全帽不超过690 g。

(6)帽的颜色:一般以浅色或醒目的颜色为宜,如白色、浅黄色等。

(7)每顶安全帽上,都应有以下三项永久性标记:

①制造厂名称及商标、型号;

②制造年月;

③生产许可证编号。

三、安全帽的基本性能

安全帽的防护性能,主要是指对外来冲击的缓冲效果和耐穿透性能。

(1)冲击吸收性能:将安全帽正常地戴在试验头模上从上部给予冲击负荷,测量头模所受的最大冲击力。这个值越小,则受试安全帽防护冲击的性能就越好。GB/T 2812—2006 规定,用三顶安全帽分别在50±2℃、−10±2℃及浸水三种情况下处理。然后用5 kg 重钢锤,自1 m 高度自由或导向平稳落下进行冲击试验。头模所受冲击力的最大值均不得超过500 kgf[①]。

(2)耐穿透性能:就是要求安全帽帽壳应具有一定的强度,以便能挡住外来冲击物体。一旦受到冲击作用时,也不致发生过大的变形,说明帽壳和帽衬共同起到缓冲分散冲击力的作用。标准规定:根据安全帽的材质选用50±2℃、−10±2℃及浸水三种方法中的一种进行处理,然后用3 kg 重钢锥(钢锥的几何形状在GB/T 2812—2006《安全帽测试方法》有具体规定)自1 m 高度自由平稳下落进行试验,钢锥不应与头模接触。

(3)其他性能要求:根据特殊用途和实际需要也可以增加一些其他性能要求,GB/T 2812—2006 中规定了耐低温性能、耐燃烧性能、电绝缘性能、侧向刚性性能等。

第四节　安全带

一、安全带的构造

安全带是用来保护安装维修登高架设使用者在高处作业时预防坠落的防护用品,由带子、绳子和金属配件组成。登高作业人员由于环境的不安全状态或人的不安全行为,会造成坠落事故的发生。但如果有安全带的保护,就能避免造成严重伤害。

登高作业人员常用的安全带根据国家标准《安全带》(GB

① kgf 单位名称为千克力,1 kgf=9.80665 N。

6095—85)规定有两种:一种是J1XY—登高作业Ⅰ型悬挂单腰带式(大挂钩);另一种是J2XY—登高作业Ⅱ型悬挂单腰带式(小挂钩)。

二、安全带的规格要求

(1)腰带必须是整根,其宽度为40～50 mm,长度为1300～1600 mm,腰带上附加一个小袋。

(2)护腰带宽度不小于80 mm,长度为600～700 mm。带子接触部分垫有柔软材料,外层用织带或轻皮包好,边缘圆滑无棱角。

(3)带子缝合线的颜色和带子一致。带子颜色主要有深绿、草绿、橘红、深黄,其次为白色。

(4)围杆带折头缝线方形框中,用直径为4.5 mm的金属铆钉一个,下垫皮革或金属垫圈,铆面要光滑。

(5)安全带绳子直径不小于13 mm,捻度为8.5～9/100(花/mm)。

(6)金属钩必须有保险装置。金属舌弹簧有效复原次数不少于两万次。钩体和钩舌的咬口必须平整,不得偏斜。

(7)安全带的带子和绳子必须用锦纶、维纶、蚕丝料。包裸绳子的套要用皮革、轻革、维纶或橡胶。

三、安全带的基本性能

1. 安全带的破断拉力

在正常温度下受静拉力(绳下端挂15 kg重物)锦纶绳的破断拉力为1726 kgf,摩擦万次后(在100 mm圆柱上往复摩擦)受静力锦纶绳的破断拉力为1700 kgf,受静拉力潮湿浸水(浸水每次24 h,晒干后继续浸水,共5次)后的破断拉力为1690 kgf,受静拉力霉烂后的破断拉力为1484 kgf,自然老化1498 h后的破断拉力1450 kgf,在高温120℃超过30分钟的破断拉力为1365 kgf,在低温－21℃超过680 h的破断拉力为1171 kgf。安全带腰带的破断拉力1200 kgf,安全带的围杆带和绳的破断拉力为1200 kgf,围腰带的破断拉力为

1500 kgf，背带的破断拉力为1000 kgf，安全绳的破断拉力1500 kgf。安全带挂钩的破断拉力为1200 kgf，安全带圆环和半圆环的破断拉力为1200 kgf，安全带活梁卡子的破断拉力(5.9×38)为1120 kgf，(3.9×30)为600 kgf。

2. 安全绳的冲击负荷

如表3-1所示。

表3-1　安全绳的冲击负荷

名称	规格	绳径(mm)	冲击物重量(kg)	冲击负荷(kg)			
				冲距0.5 m	冲距2 m	冲距3 m	冲距4 m
钢丝绳		6	80	800	2260	2600	—
		8	120	1120	2680	3050	—
		8	140	1456	3120	—	—
合股棉绳	21支	16	80	390	580	650	—
	240	16	120	600	771	810	—
	×4	18	80	350	490	620	—
	×4	18	120	517	650	737	820
锦纶绳	80支×2×2 78×4×4	13	120	570	660	750	—

第五节　高处作业安全标志

高处作业安全标志在保证高处作业安全中起着举足轻重的作用，适当地悬挂合适的安全标志，可以使作业人员增强安全意识，对预防高处作业中可能发生的安全事故起到积极的作用。

安全标志由安全色、几何图形和图形符号构成，有时附以简短的文字警告说明，以表示特定安全信息为目的，有规定的使用范围、颜色和形式。安全标志的设置与使用必须遵照《安全标志使用导则》(GB 16179—1996)的规定。

一、安全色

安全色是表达安全信息含义的颜色，表示禁止、警告、指令和提示等意义。安全标志中还会使用对比色，目的是使安全色更加醒目。

(1)安全色规定为红、蓝、黄、绿 4 种颜色。

①红色表示禁止、停止、消防和危险的意思。禁止、停止和有危险的器件设备或环境涂以红色的标记。如禁止标志、交通禁令标志、消防设备、停止按钮和停车、刹车装置的操纵把手、仪表刻度盘上的极限位置刻度、机器转动部件的裸露部分、液化石油气槽车的条带及文字，危险信号旗等。

②黄色表示注意、警告的意思。需警告人们注意的器件、设备或环境涂以黄色标记。如警告标志、交通警告标志、道路交通路面标志、皮带轮及其防护罩的内壁、砂轮机罩的内壁、楼梯的第一级和最后一级的踏步前沿、防护栏杆及警告信号旗等。

③蓝色表示指令、必须遵守的规定，如指令标志、交通指示标志等。

④绿色表示通行、安全和提供信息的意思。可以通行或安全情况涂以绿色标记。如表示通行、机器启动按钮、安全信号旗、提示标志、安全通道等。

(2)对比色为黑、白两种颜色。如安全色需要使用对比色时，则红色的对比色为白色，蓝色的对比色为白色，黄色的对比色为黑色。

(3)红色和白色、黄色和黑色的间隔条纹，是两种较醒目的标志。

①红色和白色间隔条纹：表示禁止越过，如道路和禁止跨越的临边防护栏杆等。

②黄色和黑色间隔条纹：表示警告危险，如防护栏杆、吊车吊钩的滑轮架等。

二、常用安全标志

安全标志分为禁止标志、警告标志、指令标志和提示标志四大类型。

（1）禁止标志：表示不准或制止人们的某种行动。

常用的禁止标志见图 3-1。

图 3-1　常用的禁止标志

(2)警告标志:使人们注意可能发生的危险。

常用的警告标志见图 3-2。参见《安全标志使用导则》(GB 16179—1996)。

图 3-2　常用的警告标志

(3)指令标志:表示必须遵守,用来强制或限制人们的行为。

常用的指令标志见图 3-3。参见《安全标志使用导则》(GB 16179—1996)。

图 3-3　常用的指令标志

(4)提示标志:示意地点或方向。

常用的提示标志见图 3-4。参见《安全标志使用导则》(GB 16179—1996)。

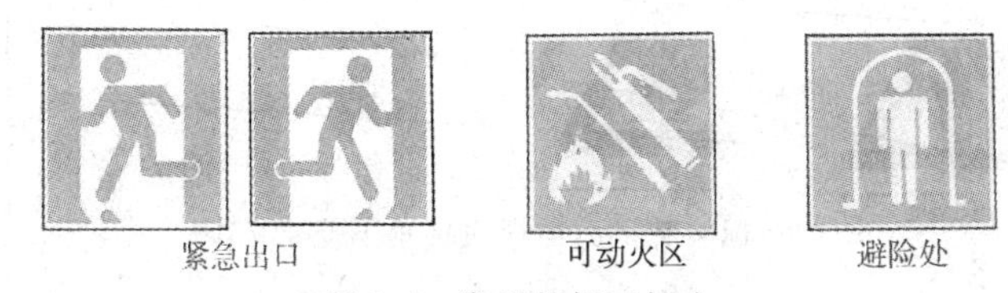

图 3-4　常用的提示标志

三、使用安全标志的要求

(1)标志牌应设在与安全有关的醒目地方,并使大家看见后,有足够的时间来注意它所表示的内容;环境信息标志宜设在有关场所的入口处和醒目处;局部信息标志应设在所涉及的相应危险地点或设备(部件)附近的醒目处。

(2)标志牌不应设在门、窗、架等可移动的物体上,以免这些物体位置移动后,看不见安全标志;标志牌前不得放置妨碍认读的障碍物。

(3)标志牌的平面与视线夹角应接近90°角,观察者位于最大观察距离时,最小夹角不低于75°。如图3-5所示。

(4)标志牌应设置在明亮的环境中。

(5)多个标志牌在一起设置时,应按警告、禁止、指令、提示类型的顺序,先左后右,先上后下地排列。

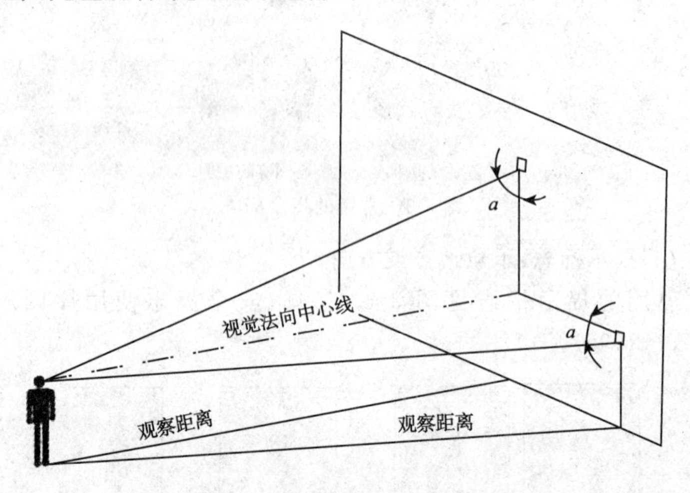

注:标志牌平面与视线夹角不低于75°

图3-5

(6)标志牌的固定方式分附着式、悬挂式和柱式三种,悬挂式和附着式的固定应稳固不倾斜,柱式的标志牌和支架应牢固地连接在一起。

(7)其他要求应符合 GB 15566 的规定。

(8)安全标志应有专人管理,作业条件发生变化或损坏时,应及时更换。

思考题

1. 高处作业常用安全防护装置的种类有哪些?
2. 防护栏杆及安全网的安全技术要求有哪些?
3. 安全标志的使用要求是什么?

第四章 高处作业的安全检查

高处作业包括建筑登高架设作业、安装维修登高架设作业、高处悬挂作业等操作项目。使用的作业设施不同，其安全检查内容也不同，现针对常见作业设施，对其安全检查的内容分述如下。

第一节 落地式外脚手架的安全检查

根据《建筑施工安全检查标准》(JGJ 59—99)，落地式外脚手架的安全检查项目，包括保证项目和一般项目，现详述如下(参见表 4-1)。

表 4-1 落地式外脚手架检查评分表

序号	检查项目		扣分标准	应得分数	扣减分数	实得分数
1	保证项目	施工方案	脚手架无施工方案，扣 10 分 脚手架高度超过规范规定无设计计算书或未经审批的，扣 10 分 施工方案不能指导施工的，扣 5～8 分	10		
2		立杆基础	每 10 延长米立杆基础不平、不实、不符合方案设计要求，扣 2 分 每 10 延长米立杆缺少底座、垫木，扣 5 分 每 10 延长米无扫地杆，扣 5 分 每 10 延长米木脚架立杆不埋地或无扫地杆，扣 5 分 每 10 延长米无排水措施，扣 3 分	10		

续表

序号	检查项目		扣分标准	应得分数	扣减分数	实得分数
3	保证项目	架体与建筑结构拉结	脚手架高度 7m 以上，架体与建筑结构拉结，按规定要求每少一处，扣 2 分 拉结不坚固，每一处扣 5 分	10		
4	保证项目	杆件间距与剪刀撑	每 10 延长米立杆、大横杆、小横杆间距超过规定要求每一处，扣 2 分 不按规定设置剪刀撑的每一处，扣 5 分 剪刀撑未沿脚手架高度连续设置或角度不符合要求，扣 5 分	10		
5	保证项目	脚手板与防护栏杆	脚手板不满铺，扣 7～10 分 脚手板材质不符合要求，扣 7～10 分 每有一处探头板，扣 2 分 脚手架外侧未设置密目安全网或网间不严密的，扣 7～10 分 施工层不设 1.2 m 高防护栏和 180 mm 高挡脚板的，扣 5 分	10		
6	保证项目	交底与验收	脚手架搭设前无交底，扣 5 分 脚手架搭设完毕未办理验收手续，扣 10 分 无量化的验收内容，扣 5 分	10		
小计				60		
7	一般项目	小横杆设置	不按立杆与大横杆交点处设置小横杆的，每有一处扣 2 分 小横杆只固定一端的，每有一处扣 10 分 单排架子小横杆插入墙内小于 240 mm 的，每有一处扣 2 分	10		
8	一般项目	杆件搭接	木立杆、大横杆每一处搭接小于 1.5 m，扣 1 分 钢管立杆采用搭接的，每一处扣 2 分	5		
9	一般项目	架体内封闭	施工层以下每隔 10 m 未用平网或其他措施封闭的，扣 5 分 施工层脚手架内立杆与建筑物之间未进行封闭的，扣 5 分	5		

续表

序号	检查项目		扣分标准	应得分数	扣减分数	实得分数
10	一般项目	脚手架材质	木杆直径、材质不符合要求的，扣4～5分 钢管弯曲、锈蚀严重的，扣4～5分	5		
11		通道	架体不设上下通道的，扣5分 通道设置不符合要求的，扣1～3分	5		
12		卸料平台	卸料平台未经设计计算，扣10分 卸料平台搭设不符合要求，扣10分 卸料平台支撑系统与脚手架连接的，扣8分 卸料平台无限定荷载标牌的，扣3分	10		
	小计			40		
	总计			100		

注：1. 发现脚手架钢木、钢竹混合搭设，检查评分表计零分。

2. 每项最多扣减分数不大于该项应得分数。

3. 保证项目有一项不得分或保证项目小计得分不足40分，检查评分表计零分。

一、施工方案

(1)脚手架搭设之前，应根据工程特点和施工工艺确定搭设方案，内容应包括：基础处理、搭设要求、杆件间距及连墙杆设置位置、连接方法，并绘制施工详图及大样图。

(2)脚手架的搭设高度超过规范规定的要进行计算。

①扣件式钢管脚手架搭设尺寸符合有关规定，相应杆件可不再进行设计计算。但连墙件及立杆地基承载力等仍应根据实际荷载进行设计计算并绘制施工图。

②当搭设高度在25～50 m时，应对脚手架整体稳定性从构造上进行加强。如纵向剪刀撑必须连续设置，增加横向剪刀撑，连墙杆的强度相应提高，间距缩小，以及在多风地区对搭设高度超过40 m的脚手架，考虑风涡流的上翻力，应在设置水平连墙件的同时，还应有抗上升翻流作用的连墙措施等，以确保脚手架的使用安全。

③当搭设高度超过 50 m 时，可采用双立杆加强或采用分段卸荷，沿脚手架全高分段将脚手架与梁板结构用钢丝绳吊拉，将脚手架的部分荷载传给建筑物承担；或采用分段搭设，将各段脚手架荷载传给由建筑物伸出的悬挑梁、架承担，并经设计计算。

④对脚手架进行的设计计算必须符合脚手架的有关规定，并经企业技术负责人审批。

(3)脚手架的施工方案应与施工现场搭设的脚手架类型相符，当现场因故改变脚手架类型时，必须重新修改脚手架方案并经审批后，方可施工。

二、立杆基础

(1)脚手架立杆基础应符合方案要求。

①搭设高度在 25 m 以下时，可素土夯实找平，上面铺 50 mm 厚木板，长度为 2 m 时垂直于墙面放置；长度大于 3 m 时平行于墙面放置。

②搭设高度在 25～50 m 时，应根据现场地耐力情况设计基础作法或采用回填土分层夯实。达不到要求时，可用枕木支垫，或在地基上加铺 200 mm 厚道渣，其上铺设混凝土板，再仰铺 12～16 号槽钢。

③设高度超过 50 m 时，应进行计算并根据地的耐力设计基础做法，或于地面下 1 m 深处采用灰土地基，或浇注 500 mm 厚混凝土基础，其上采用枕木支垫。

(2)扣件式钢管脚手架的底座有可锻铸铁制造与焊接底座两种，搭设时应将木垫板铺平，放好底座，再将立杆放入底座内，不准将立杆直接置于木板上，否则将改变垫板受力状态。底座下设置垫板有利于荷载传递，试验表明：标准底座下加设木垫板（板厚 50 mm，板长≥2m），可将地基土的承载能力提高 5 倍以上。当木板长度大于 2 跨时，将有助于克服两立杆间的不均匀沉陷。

(3)当立杆不埋设时,离地面 200 mm 处,设置纵向及横向扫地杆。设置扫地杆的做法与大横杆的做法及小横杆相同,其作用以固定立杆底部,约束立杆水平位移及沉陷,从试验中看,不设置扫地杆的脚手架承载能力也有下降。

(4)木脚手架立杆埋设时,可不设置扫地杆。埋设深度 300~500 mm,坑底应夯实垫碎砖,坑内回填土应分层夯实。

(5)脚手架基础地势较低时,应考虑周围设有排水措施,木脚手架立杆埋设回填土后应留有土墩高出地面,防止下部积水。

三、架体与建筑结构拉结

(1)脚手架高度在 7 m 以下时,可采用设置抛撑方法以保持脚手架的稳定,当搭设高度超过 7 m 不便设置抛撑时,应与建筑物进行连接。

①脚手架与建筑物连接不但可以防止因风荷载而发生的向内或向外倾翻事故,同时可以作为架体的中间约束,减小立杆的计算长度,提高承载能力,保证脚手架的整体稳定性。

②连墙杆的间距,一般应按规定距离设置。当脚手架搭设高度较高时需要缩小连墙杆间距时,减少垂直间距比缩小水平间距更为有效,从脚手架施工荷载试验中看,连墙杆按二步三跨设置比三步二跨设置时,承载能力提高 7%。

③连墙杆应靠近节点并从底层第一步大横杆处开始设置。

④连墙杆宜靠近主节点设置,距主节点不应大于 300 mm。

(2)连墙杆必须与建筑结构部位连接,以确保承载能力。

①连墙杆位置应在施工方案中确定,并绘制作法详图,不得在作业中随意设置。严禁在脚手架使用期间拆除连墙杆。

②连墙杆与建筑物连接作法可作成柔性连接或刚性连接。柔性连接可在墙体内预埋 $\phi8$ 钢筋环,用双股 8 号($\phi4$)铅丝与架体拉接的同时增加支顶措施,限制脚手架里外两侧变形。当脚手架搭设高度

超过 24 m 时,不准采用柔性连接。

③在搭设脚手架时,连墙杆应与其他杆件同步搭设;在拆除脚手架时,应在其他杆件拆到连墙杆高度时,最后拆除连墙杆。最后一道连墙杆拆除前,应设置抛撑后,再拆连墙杆,以确保脚手架拆除过程中的稳定性。

四、杆件间距与剪刀撑

(1)立杆、大横杆、小横杆等杆件间距应符合规范规定和施工方案要求。当遇到门口等处需要加大间距时,应按规范规定进行加固。

(2)立杆是脚手架主要受力杆件,间距应均匀设置,不能加大间距,否则降低立杆实际承载能力;大横杆步距的变化也直接影响脚手架承载能力,当步距由 1.2 m 增加到 1.8 m 时,临界荷载下降 27%。

(3)剪刀撑是防止脚手架纵向变形的重要措施,合理设置剪刀撑还可以增强脚手架的整体刚度,提高脚手架承载能力 12%以上。

①每组剪刀撑跨越立杆根数为 5~7 根(>6 m),斜杆与地面夹角在 45°~60°之间。

②高度在 24 m 以下的单、双排脚手架,均必须在外侧立面的两端各设置一组剪刀撑,由底部至顶部随脚手架的搭设连续设置;中间部分可间断设置,各组剪刀撑间距不大于 15 m。

③高度在 25 m 以上的双排脚手架,在外侧立面必须沿长度和高度连续设置。

④剪刀撑斜杆应与立杆和伸出的小横杆进行连接,底部斜杆的下端应置于垫板上。

⑤剪刀撑斜杆的接长,均采用搭接,搭接长度不小于 0.5 m,设置 2 个旋转扣件。

(4)横向剪刀撑。脚手架搭设高度超过 24 m 时,为增强脚手架横向平面的刚度,可在脚手架拐角处及中间沿纵向每隔 6 跨,在横向平面内加设斜杆,使之成为“之”字形或“十”字形。遇操作层时可临时拆除，转入其他层时应及时补设。

五、脚手板与防护栏杆

(1)脚手板是施工人员的作业平台，必须按照脚手架的宽度满铺，板与板之间紧靠。采取对接时，接头处下设两根小横杆；采用搭接时，接搓应顺重车方向；竹笆脚手板应按主竹筋垂直于大横杆方向铺设，且采用对接平铺，四角应用 ϕ1.2 mm 镀锌钢丝固定在大横杆上。

(2)脚手板可采用竹、木、钢脚手板，其材质应符合规范要求。竹脚手板采用由毛竹或楠竹制作的竹串片板、竹笆板。竹板必须是穿钉牢固，无残缺竹片的；木脚手板应是 50 mm 厚，非脆性木材(如桦木等)无腐朽、劈裂板；钢脚手板用 2mm 厚板材冲压制成，如有锈蚀、裂纹者不能使用。

(3)凡脚手板伸出小横杆以外大于 200 mm 的称为探头板。由于目前铺设脚手板大多不与脚手架绑扎牢固，若遇探头板有可能造成坠落事故，为此必须严禁探头板出现。当操作层不需沿脚手架长度满铺脚手板时，可在端部采用护栏及立网将作业面限定，把探头板封闭在作业面以外。

(4)脚手架的外侧应按规定设置密目安全网，安全网设置在外排立杆的里面。密目网必须用合乎要求的系绳将网周边每隔 450 mm (每个环扣间隔)系牢在脚手管上。

(5)遇作业层时，还要在脚手架外侧大横杆与脚手板之间，按临边防护的要求设置防护栏杆和挡脚板，防止作业人员坠落和脚手板上物料滚落。

六、交底与验收

(1)脚手架搭设前，施工负责人应按照施工方案要求，结合施工现场作业条件和队伍情况，做详细的交底，并有专人指挥。

(2)脚手架搭设完毕，应由施工负责人组织，有关人员参加，按照施工方案和规范分段进行逐项检查验收,确认符合要求后,方可投入使用。

(3)检验标准:(应按照相应规范要求进行)

①钢管立杆纵距偏差为±50 mm。

②钢管立杆垂直度偏差不大于1/100 H,且不大于100 mm(H为总高度)。

③扣件紧固力矩为:40～50 N·m,不大于65 N·m。抽查安装数量的5%,扣件不合格数量不多于抽查数量的10%。

④扣件紧固程度直接影响脚手架的承载能力。试验表明,当扣件螺栓扭矩为30 N·m时,比40 N·m时的脚手架承载能力下降20%。

(4)对脚手架检查验收按规范规定进行,凡不符合规定的应立即进行整改,对检查结果及整改情况,应按实测数据进行记录,并由检测人员签字。

七、小横杆设置

(1)规范规定应该在立杆与大横杆的交点处设置小横杆,小横杆应紧靠立杆用扣件与大横杆扣牢。设置小横杆的作用有三:一是承受脚手板传来的荷载;二是增强脚手架横向平面的刚度;三是约束双排脚手架里外两排立杆的侧向变形,与大横杆组成一个刚性平面,缩小立杆的长细比,提高立杆的承载力。当遇作业层时,应在两立杆中间再增加一道小横杆,以缩小脚手板的跨度,当作业层转入其他层时,中间处小横杆可以随脚手板一同拆除,但交点处小横杆不应拆除。

(2)双排脚手架搭设的小横杆,必须在小横杆的两端与里外排大横杆扣牢,否则双排脚手架将变成两片脚手架,不能共同工作,失去脚手架的整体性;当使用竹笆脚手板时,双排脚手架的小横杆两端应固定在立杆上,大横杆搁置在小横杆上固定,大横杆间距≤400 mm。

(3)单排脚手架小横杆的设置位置,与双排脚手架相同。不能用于半砖墙、180 mm墙、轻质墙、土坯墙等稳定性差的墙体。小横杆在墙上的搁置长度不应小于240 mm,小横杆入墙过小一是影响支点强度,二是单排脚手架产生变形时,小横杆容易拔出。

八、杆件搭接

(1)木脚手架的立杆及大横杆的接长应采用搭接方法,搭接长度不小于1.5 m并应大于步距和跨距,防止受力后产生转动。

(2)钢管脚手架的立杆及大横杆的接长应采用对接方法。立杆若采用搭接,当受力时,因扣件的销轴受剪,降低承载能力,试验表明:对接扣件的承载力比搭接大2倍以上;大横杆采用对接可使小横杆在同一水平面上,利于脚手架搭设;剪刀撑由于受拉(压),所以接长时应用搭接,搭接长度不小于500 mm,接头处设置扣件不少于两个。考虑脚手架的各杆件接头处传力性能差,所以接头应交错排列不得设置在一个平面内。

九、架体内封闭

(1)脚手架铺设脚手板一般应至少两层,上层为作业层、下层为防护层,当脚手板发生问题而落人落物时,下层有一层起防护作用。当作业层的脚手板下无防护层时,应尽量靠近作业层处挂一平网作防护层,平网不应离作业层过远,应防止坠落时平网与作业层之间小横杆的伤害。

(2)当作业层脚手板与建筑物之间缝隙(≥150 mm)已构成落物、落人危险时,也应采取防护措施,不使落物对作业层以下发生伤害。

十、通道

(1)各类人员上下脚手架必须在专门设置的人行通道(斜道)行走,不准攀爬脚手架,通道可附着在脚手架上设置,也可靠近建筑物独立设置。

(2)通道(斜道)构造要求:

①人行通道宽度不小于1 m,坡度宜用1∶3;运料斜道宽度不小于1.5m,坡度1∶6。

②拐弯处应设平台,通道及平台按临边防护要求设置防护栏杆及挡脚板。

③脚手板横铺时,横向水平杆中间增设纵向斜杆;脚手板顺铺时,接头采用搭接,下面板压住上面板。

④通道应设防滑条,间距不大于300 mm。

十一、卸料平台

(1)施工现场所用各种卸料平台,必须单独专门做出设计并绘制施工图纸。

(2)卸料平台的施工荷载一般可按砌筑脚手架施工荷载3 kN/m^2计算,当有特殊要求时,按要求进行设计。

卸料平台应制作成定型化、工具化的结构,无论采用钢丝绳吊拉或型钢支承式,都应能简单合理的与建筑结构连接。

(3)卸料平台应自成受力系统,禁止与脚手架连接,防止给脚手架增加不利荷载,影响脚手架的稳定和平台的安全使用。

(4)卸料平台应便于操作,脚手板铺平绑牢,周围设置防护栏杆及挡脚板并用密目网封严,平台应在明显处设置标志牌,规定使用要求和限定荷载。

第二节　悬挑式脚手架的安全检查

悬挑式脚手架一般有两种:一种是每层一挑,将立杆底部顶在楼板、梁或墙体等建筑部位,向外倾斜固定后,在其上部搭设横杆、铺脚手板形成施工层,施工一个层高,待转入上层后,再重新搭设脚手架,提供上一层施工；另外一种是多层悬挑，将全高的脚手架分成若干段，每段搭设高度不超过 25 m，利用悬挑梁或悬挑架作脚手架基础，分段悬挑、分段搭设脚手架，利用此种方法可以搭设超过 25 m 以上的脚手架。根据《建筑施工安全检查标准》(JGJ 59—99)，其检查项目详述如下(参见表 4-2)。

表 4-2　悬挑式脚手架检查评分表

序号	检查项目		扣分标准	应得分数	扣减分数	实得分数
1	保证项目	施工方案	脚手架无施工方案、设计计算书或未经上级审批的，扣 10 分 施工方案中搭设方法不具体的，扣 6 分	10		
2		悬挑梁及架体稳定	外挑杆件与建筑结构连接不牢固的，每有一处扣 5 分 悬挑梁安装不符合设计要求的，每有一处扣 5 分 立杆底部固定不牢的，每有一处扣 3 分 架体未按规定与建筑结构拉结的，每一处扣 5 分	20		
3		脚手板	脚手板铺设不严、不牢，扣 7～10 分 脚手板材质不符合要求，扣 7～10 分 每有一处探头板，扣 2 分	10		
4		荷载	脚手架荷载超过规定，扣 10 分 施工荷载堆放不均匀，每有一处扣 5 分	10		
5		交底与验收	脚手架搭设不符合方案要求，扣 7～10 分 每段脚手架搭设后，无验收资料，扣 5 分； 无交底记录，扣 5 分	10		
小计				60		
6		杆件间距	每延长 10m 立杆间距超过规定，扣 5 分 大横杆间距超过规定，扣 5 分	10		

续表

序号	检查项目		扣分标准	应得分数	扣减分数	实得分数
7	一般项目	架体防护	施工层外侧未设置1.2m高防护栏杆和未设180mm高的挡脚板，扣5分 脚手架外侧不挂密目式安全网或网间不严密，扣7～10分	10		
8		层间防护	作业层下无平网或其他措施防护的，扣10分 防护不严的，扣5分	10		
9		脚手架材质	杆件直径、型钢规格及材质不符合要求的，扣7～10分	10		
小计				40		
检查项目合计				100		

注：1. 发现脚手架钢木、钢竹混合搭设，检查评分表计零分。
2. 每项最多扣减分数不大于该项应得分数。
3. 保证项目有一项不得分或保证项目小计得分不足40分，检查评分表计零分。

一、施工方案

(1)悬挑脚手架在搭设之前，应制定搭设方案并绘制施工图指导施工。对于多层悬挑的脚手架，必须经设计计算确定。其内容包括：悬挑梁或悬挑架的选材及搭设方法，悬挑梁的强度、刚度、抗倾覆验算，与建筑结构连接做法及要求，上部脚手架立杆与悬挑梁的连接等。悬挑架的节点应该采用焊接或螺栓连接，不得采用扣件连接做法。其计算书及施工方案应经上级技术部门或总工审批。

(2)施工方案应对立杆的稳定措施、悬挑梁与建筑结构的连接等关键部位，绘制大样详图指导施工。

二、悬挑梁及架体稳定

(1)单层悬挑的脚手架的稳定关键在斜挑立杆的稳定与否，施工中往往将斜立杆连接在支模的立柱上，这种做法不允许。必须采取措施与建筑结构连接，确保荷载传给建筑结构承担。

(2)多层悬挑可采用悬挑梁或悬挑架。悬挑梁尾端固定在钢筋混凝土楼板上，另一端悬挑出楼板。悬挑梁按立杆间距(1.5 m)布置，梁上焊短管作底座，脚手架立杆插入固定，然后绑扫地杆；也可采用悬挑架结构，将一段高度的脚手架荷载全部传给底部的悬挑架承担，悬挑架本身即形成一刚性框架，可采用型钢或钢管制作，但节点必须是螺栓连接或焊接的刚性节点，不得采用扣件连接，悬挑架与建筑结构的固定方法经计算确定。

(3)无论是单层悬挑还是多层悬挑，其立杆的底部必须支托在牢靠的地方，并有固定措施确保底部不发生位移。

(4)多层悬挑每段搭设的脚手架，应该按照一般落地脚手架搭设规定，垂直不大于二步，水平不大于三跨与建筑结构拉接，以保证架体的稳定。

三、脚手板

(1)必须按照脚手架的宽度满铺脚手板，板与板之间紧靠，脚手板平接或搭接应符合要求，板面应平稳，板与小横杆插放牢靠。

(2)脚手板的材质及规格应符合规范要求。

(3)不允许出现探头板。

四、荷载

(1)悬挑脚手架施工荷载一般可按装饰架 2 kN/m^2 计算，有特殊要求时，按施工方案确定，施工中不准超载使用。

(2)在悬挑架上不准存放大量材料、过重的设备，施工人员作业时，尽量分散脚手架的荷载，严禁利用脚手架穿滑车做垂直运输。

五、交底与验收

(1)脚手架搭设之前,施工负责人必须组织作业人员进行交底;搭设后组织有关人员按照施工方案要求进行检查验收,确认符合要求方可投入使用。

(2)交底、检查验收工作必须严肃认真进行,要对检查情况、整改结果填写记录内容,并有签字。

六、杆件间距

(1)立杆间距必须按施工方案规定,需要加大时必须修改方案,立杆的倾斜角度也不准随意改变。

(2)单层悬挑脚手架的立杆,应该按 1.5～1.8 m 步距设置大横杆,并按落地式脚手架作业层的要求设置小横杆。

(3)多层悬挑每段脚手架的搭设要求按落地式脚手架立杆、大横杆、小横杆及剪刀撑的规定进行。

七、架体防护

(1)悬挑脚手架的作业层外侧,应按照临边防护的规定设置防护栏杆和挡脚手板,防止人、物的坠落。

(2)架体外侧用密目网封严。

①单层悬挑架包括防护栏杆及斜立杆部分,全部用密目网封严。

②多层悬挑架上搭设的脚手架,仍按落地式脚手架的要求,用密目网封严。

八、层间防护

(1)按照规定作业层下应有一道防护层,防止作业层人及物的坠落。

①单层悬挑架一般只搭设一层脚手板为作业层,故须在紧贴脚

手板下部挂一道平网作防护层，当在脚手板下挂平网有困难时，也可沿外挑斜立杆的密目网里侧斜挂一道平网，作为人员坠落的防护层；

②多层悬挑搭设的脚手架，仍按落地式脚手架的要求，不但有作业层下部的防护，还应在作业层脚手板与建筑物墙体缝隙过大时增加防护，防止人及物的坠落。

(2)安全网作防护层必须封挂严密牢靠，密目网用于立网防护，水平防护时必须采用平网，不准用立网代替平网。

第三节　挂脚手架的安全检查

挂脚手架是采用型钢焊制成定型钢架，用挂钩等措施挂在建筑结构内埋设的钩环或预留洞中穿设的挂钩螺栓，随结构施工往上逐层提升。挂脚手架制作简单、用料少，主要用于多层建筑的外墙粉刷、勾缝等作业，但由于稳定性差，如使用不当易发生事故。根据《建筑施工安全检查标准》(JGJ 59—99)，其安全检查项目详述如下(参见表 4-3)。

表 4-3　挂脚手架检查评分表

序号	检查项目		扣分标准	应得分数	扣减分数	实得分数
1	保证项目	施工方案	脚手架无施工方案、设计计算书，扣 10 分 施工方案未经审批，扣 10 分 施工方案措施不具体、指导性差，扣 5 分	10		
2		制作组装	架体制作与组装不符合设计要求，扣 17～20 分 悬挂点部件及埋设不符合设计要求，扣 15 分 悬挂点间距超过 2 m，每有一处扣 20 分	20		
3		材质	材质不符合设计要求，杆件严重变形、局部开焊，扣 10 分 杆件部件锈蚀未刷防锈漆，扣 4～6 分	10		

续表

序号	检查项目		扣分标准	应得分数	扣减分数	实得分数
4	保证项目	脚手板	脚手板铺设不满、不牢的，扣 8 分 脚手板材质不符合要求的，扣 6 分 每有一处探头板的，扣 8 分	10		
5		交底与验收	脚手架进场无验收手续，扣 10 分 第一次使用前未经荷载试验，扣 8 分 无交底记录，扣 5 分	10		
小计				60		
6	一般项目	荷载	施工荷载超过 1 kN/m^2 的，扣 5 分 每跨（不大于 2 m）超过 2 人作业的，扣 10 分	15		
7		架体防护	施工层外侧未设置 1.2 m 高、180 mm 的挡脚板，扣 5 分 脚手架外侧未用密目安全网封闭或封闭不严，扣 12～15 分 脚手架底部封闭不严密，扣 10 分	15		
8		安装人员	安装脚手架人员未经专业培训，扣 10 分 安装人员未系安全带，扣 10 分	10		
小计				40		
检查项目合计				100		

注：1. 发现脚手架钢木、钢竹混合搭设，检查评分表计零分。
2. 每项最多扣减分数不大于该项应得分数。
3. 保证项目有一项不得分或保证项目小计得分不足 40 分，检查评分表计零分。

一、施工方案

(1)使用挂脚手架应视工程情况编制施工方案。挂脚手架设计的关键是悬挂点，对预埋钢筋环或采用穿墙螺栓方法都必须有足够强度和使用安全。由于外挂脚手架对建筑结构附加了较大的外荷载，所以也要验算建筑结构的强度和稳定。脚手架在投入使用前应按2 kN/m^2 均布荷载试压不少于 4 h，对悬挂点及挂架的焊接情况进行检查确认。

(2)施工方案应详细、具体,有针对性,其设计计算及施工详图应经上级技术负责人审批。

二、制作组装

(1)架体选材及规格必须按施工方案要求进行,应按设计要求选用焊条、焊缝并按规范规定检验。

(2)悬挂点的具体作法及要求应有施工详图和制作要求,施工现场要对所有悬挂点逐个检验,符合设计要求时,方可使用。

(3)由于挂脚手架脚手板的支承点即为挂架,所以挂脚手架间距不得大于 2 m,否则脚手板跨度过大承受荷载后,变形大容易发生断裂事故。

三、材质

(1)使用钢材及焊条应有材质证明书。重复使用的钢架应认真检查,往往因拆除时,钢架从高处往下扔,造成局部开焊或变形,必须修复后再使用。

(2)钢材应经防锈处理,经检查发现锈蚀,在确认不影响材质时方可继续使用。

四、脚手板

(1)铺设脚手板时,首先检查挂脚手架确实挂牢后才可进行。脚手板必须使用 50 mm 厚木板,不得使用竹脚手板。应该认真挑选无枯节、无腐朽、韧性好的木板,板必须长出支点 200 mm 以上。

(2)脚手板要铺满铺严,沿长度方向搭接后与脚手架绑扎牢固。

(3)禁止出现探头板,当遇拐角处应将挂架子用立网封闭,把探头板封在外面;或另采取可靠措施,将脚手板顺长交错铺严,避免探头板。

五、交底与验收

(1)脚手架进场搭设前，应由施工负责人确定专人按施工方案的质量要求逐片检验，对不合格的挂架进行修复，修复后仍不合格者应报废处理。

(2)正式使用前，先按要求进行荷载试验，确认脚手架符合设计要求。

(3)对检验和试验都应有正式格式和内容要求的文字资料，并由负责人签字。

(4)正式搭设或使用前，应由施工负责人进行详细交底并进行检查，防止发生事故。

六、荷载

(1)挂脚手架属工具式脚手架，施工荷载为 1 kN/m^2，不能超载使用。

(2)一般每跨不大于 2 m，作业人员不超过 2 人，也不能有过多存料，避免荷载集中。

七、架体防护

(1)每片挂脚手架外侧应同时装有立杆，用以设置两道防护栏杆，其下部设置挡脚板。

(2)挂脚手架外边必须用密目网密封，脚手架下部的建筑如有门窗等洞口时，也应进行防护。

(3)脚手板底部应设置防护层，防止作业层发生坠落事故。可采用平网紧贴脚手板底部兜严，或同时采用密目网与平网双层网兜严，防止落人落物。

八、安装人员

(1)挂脚手架的安装与拆除作业较危险,必须选用有经验的架子工和参加专门培训挂脚手架作业的人员,防止工作中发生事故。

(2)在挂脚手架及铺设脚手板时,由于底部无平网防护,作业人员必须系牢安全带。

第四节　吊篮脚手架的安全检查

吊篮主要用于高层建筑施工的装修作业,用型钢预制成吊篮架子,通过钢丝绳悬挂在建筑物顶部的悬挑梁(架)上,吊篮可随作业要求进行升降;其动力有手动与电动葫芦两种。吊篮脚手架简易实用,大多根据工程特点自行设计。根据《建筑施工安全检查标准》(JGJ 59—99),将其安全检查项目详述如下(见表 4-4)。

表 4-4　吊篮脚手架检查评分表

序号	检查项目		扣分标准	应得分数	扣减分数	实得分数
1	保证项目	施工方案	无施工方案、设计计算书或未经上级审批,扣 10 分 施工方案措施不具体、指导性差,扣 5 分	10		
2		制作组装	挑梁锚固或配重等抗倾覆装置不合格,扣 10 分 吊篮组装不符合设计要求,扣 7~10 分 电动(手板)葫芦使用非合格产品,扣 10 分 吊篮使用前未经荷载试验,扣 10 分	10		
3		安全装置	升降葫芦无保险卡或失效,扣 20 分 升降吊篮无保险绳或失效,扣 20 分 无吊钩保险,扣 8 分 作业人员为系安全带或安全带挂在吊篮升降用的钢丝绳上,扣 17~20 分	20		

续表

序号	检查项目		扣分标准	应得分数	扣减分数	实得分数
4	保证项目	脚手板	脚手板铺设不满、不牢,扣5分 脚手板材质不合要求,扣5分 每有一处探头板,扣2分	5		
5		升降操作	操作升降的人员不固定和未经培训,扣10分 升降作业时有其他人员在吊篮内停留,扣10分 两片吊篮连在一起同时升降无同步装置或虽有但达不到同步,扣10分	10		
6		交底与验收	每次提升后未经验收上人作业,扣5分 提升及作业未经交底,扣5分	5		
小记				60		
7	一般项目	防护	吊篮外侧防护不符合要求,扣7～10分 外侧立网封闭不整齐,扣4分 单片吊篮升降两端头无防护,扣10分	10		
8		防护顶板	多层作业无防护顶板,扣10分 防护顶板设置不符合要求,扣5分	10		
9		架体稳定	作业时吊篮未与建筑结构拉牢,扣10分 吊篮钢丝绳斜拉或吊篮离墙空隙过大,扣5分	10		
10		荷载	施工荷载超过设计规定,扣10分 荷载堆放不均匀,扣5分	10		
小计				40		
检查项目合计				100		

一、施工方案

(1)使用吊篮脚手架应结合工程情况编制施工方案:

①吊篮脚手架的设计制作应符合JG/T 5032《高处作业吊篮》及

《编制建筑施工脚手架安全技术标准的统一规定》,并经企业技术负责人审核批准。

②当使用厂家生产的产品时,应有产品合格证书及安装、使用、维护说明书等有关资料。

(2)吊篮平台的宽度 0.8～1 m,长度不宜超过 6 m。

(3)吊篮脚手架的设计计算:

①吊篮及挑梁应进行强度、刚度和稳定性验算,抗倾覆系数比值≥2。

②吊篮平台及挑梁结构按概率极限状态法计算,其分项系数,永久荷载 y_G 取 1.2,可变荷载 y_Q 取 1.4,荷载变化系数 y_2(升降情况)取 2。

③提升机构按允许应力法计算,其安全系数:钢丝绳 $K=1.0$,手扳葫芦 $K\geqslant 2$(按材料屈服强度值)。

(4)施工方案中必须对阳台及建筑物转角处等特殊部位的挑梁、吊篮设置予以详细说明,并绘制施工详图。

二、制作组装

(1)悬挑梁挑出长度使吊篮钢丝绳垂直地面,并在挑梁两端分别用纵向水平杆将挑梁连接成整体。挑梁必须与建筑结构连接牢靠;当采用压重时,应确认配重的质量,并有固定措施,防止配重产生位移。

(2)吊篮平台可采用焊接或螺栓连接,不允许使用钢管扣件连接方法组装,吊篮平台组装后,应经 2 倍的均布额定荷载试压(不少于 4 h)确认,并标明允许载重量。

(3)吊篮提升机应符合 JG/T 5033—93《高处作业吊篮用提升机》的规定。当采用老型手扳葫芦时,按照《HSS 钢丝绳手扳葫芦》的规定,应将承载能力降为额定荷载的 1/3。提升机应有产品合格证及说明书,在投入使用前应逐台进行动作检验,并按批量做荷载试验。

三、安全装置

(1)保险卡(闭锁装置)

手扳葫芦应装设保险卡,防止吊篮平台在正常工作情况下发生自动下滑事故。

(2)安全锁

①吊篮必须装有安全锁,并在各吊篮平台悬挂处增设一根与提升钢丝绳相同型号的保险绳(直径≥12.5 mm),每根保险绳上安装安全锁。

②安全锁应能使吊篮平台在下滑速度大于25 m/min时动作,并在下滑距离100 mm以内停住。

③安全锁的设计、制作、试验应符合JG 5043—93《高处作业吊篮用安全锁》的规定。并在规定时间(一年)内对安全锁进行标定,当超过标定期限时,应重新标定。

(3)行程限位器

当使用电动提升机时,应在吊篮平台上下两个方向装设行程限位器,对其上下运行位置、距离进行限定。

(4)制动器

电动提升机构一般应配两套独立的制动器,每套均可使带有额定荷载125%的吊篮平台停住。

(5)保险措施

①钢丝绳与悬挑梁连接应有防止钢丝绳受剪措施。

②钢丝绳与吊篮平台连接应使用卡环。当使用吊钩时,应有防止钢丝绳脱出的保险装置。

③在吊篮内作业人员应配安全带,不应将安全带系挂在提升钢丝绳上,防止提升绳断开。

四、脚手板

(1)吊篮属于定型工具式脚手架,脚手板也应按照吊篮的规格尺寸采用定型板,严密平整与架子固定牢靠。

(2)脚手板材质应按一般脚手架要求检验,木板厚度不小于50 mm;采用钢板时,应有防滑措施。

(3)不能出现探头板,当双层吊篮需设孔洞时,应增加固定措施。

五、升降操作

(1)吊篮升降作业应由经过培训的人员专门负责,并相对固定,如有人员变动则必须重新培训以熟悉作业环境。

(2)吊篮升降作业时,非升降操作人员不得停留在吊篮内;在吊篮升降到位固定之前,其他作业人员不准进入吊篮内。

(3)单片吊篮升降(不多于两个吊点)时,可采用手动葫芦,两人协调动作控制防止倾斜;当多片吊篮同时升降(吊点在两个以上)时,必须采用电动葫芦,并有控制同步升降的装置,使吊篮同步升降不发生过大变形(同步平差不应超过50 mm)。

(4)吊篮在建筑物滑动时,应设护墙轮。升降过程中不得碰撞建筑物,临近阳台、洞口等部位,可设专人推动吊篮,升降到位后吊篮必须与建筑物拉牢固定。

六、交底与验收

(1)吊篮脚手架安装拆除和使用之前,由施工负责人按照施工方案要求,针对队伍情况进行详细交底、分工并确定指挥人员。

(2)吊篮在现场安装后,应进行空载安全运行试验,并对安全装置的灵敏可靠性进行检验。

(3)每次吊篮提升或下降到位固定后,应进行验收确认,符合要求时,方可上人作业。

七、防护

(1)吊篮脚手架外仍应按临时防护的规定,设高度 1.2 m 以上的两道防护栏杆及挡脚板。靠建筑物的里方应设置高度不低于800 mm的防护栏杆。

(2)吊篮脚手架外必须用密目网或钢板网封闭,建筑物如有门窗等洞口时,也应进行防护。

(3)当单片吊篮提升时,吊篮的两端也应加设防护栏杆并用密目网封严。

八、防护顶板

(1)当有多层吊篮同时作业,或建筑物各层作业有落物危险时,吊篮顶部应设置防护顶板,其材料应采用 50 mm 厚木板或相当于 50 mm 木板强度的其他材料。

(2)防护顶板是吊篮脚手架的一部分,应按照施工方案中的要求同时组装同时验收。

九、架体稳定

(1)吊篮升降到位须确认与建筑物固定拉牢后方可上人操作,吊篮与建筑物水平距离不应大于 200 mm,当吊篮晃动时,应及时采取固定措施,人员不得在晃动中继续工作。

(2)无论在升降过程中还是在吊篮定位状态下,提升钢丝绳必须与地面保持垂直,不准斜拉。若吊篮需横向移动时,应将吊篮下放到地面,放松提升钢丝绳,改变屋顶悬挑梁位置固定后,再起升吊篮。

十、荷载

(1)吊篮脚手架是工具式脚手架,其施工荷载为 1 kN/m^2,吊篮内堆料及人员不应超过规定。

(2)堆料及设备不得过于集中,防止超载。

第五节 附着式升降脚手架的安全检查

附着式升降脚手架为高层建筑施工的外脚手架,可以进行升降作业,从下至上提升一层、施工一层主体,当主体施工完毕,再从上至下装饰一层下降一层,直至将底层装修施工完毕。由于它具有良好的经济效益和社会效益,现今已被高层建筑施工广泛采用。目前使用的主要形式有导轨式、主套架式、悬挑式、吊拉式等。根据《建筑施工安全检查标准》(JGJ 59—99),其检查项目详述如下(参见表4-5)。

表4-5 附着升降脚手架(整体提升架或爬架)检查评分表

序号	检查项目		扣分标准	应得分数	扣减分数	实得分数
1	保证项目	使用条件	未经建设部门组织鉴定并发放生产和使用许可证的产品,扣10分 不具有当地安全监督管理部门发放的准用证,扣10分 无专项施工组织设计,扣10分 安全施工组织设计未经上级技术部门审批的,扣10分	10		
2		设计计算	无设计计算书的,扣10分 设计计算书未经上级技术部门审批的,扣10分 设计荷载未按承重架3.0 kN/m²,装饰架2.0 kN/m²,升降状态0.5 kN/m²取值的,扣10分 压杆长细比大于150,受拉杆件的长细比大于300的,扣10分 主框架、支撑框架(桁架)各节点的各杆件轴线不汇交于一点的,扣6分 无完整的制作安装图的,扣10分	10		

续表

序号	检查项目		扣分标准	应得分数	扣减分数	实得分数
3	保证项目	架体构造	无定型(焊接或螺栓连接)的主框架的,扣10分 相邻两主框架之间的架体无定型(焊接或螺栓连接)的支撑框架(桁架)的,扣10分 主框架间脚手架的立杆不能将荷载直接传递到支撑框架上的,扣10分 架体未按规定的构造搭设的,扣10分 架体上部悬臂部分大于架体高度的1/3,且超过4.5 m的,扣8分 支撑框架未将主框架作为支座的,扣10分	10		
4		附着支撑	主框架未与每个楼层设置连接点的,扣10分 钢挑架与预埋钢筋环连接不严密的,扣10分 钢挑架上的螺栓与墙体连接不牢固或不符合规定的,扣10分 钢挑架焊接不符合要求的,扣10分	10		
5		升降装置	无同步升降装置或有同步升降装置但达不到同步升降的,扣10分 索具、吊具达不到6倍安全系数的,扣10分 有两个以上吊点升降时,使用手拉葫芦(导链)的,扣10分 升降时架体只有一个附着支撑装置的,扣10分 升降时架体上站人的,扣10分	10		
6		防坠落、防倾斜装置	无防坠装置的,扣10分 防坠装置设在与架体升降的同一个附着装置上,且无两处以上的,扣10分 无垂直导向和防止左右、前后倾斜的防护装置的,扣10分 防坠装置不起作用的,扣7~10分	10		
小计				60		
7	一般项目	分段验收	每次提升前,无具体的检查记录的,扣6分 每次提升、使用前无验收手续或资料不全的,扣7分	10		

续表

序号	检查项目		扣分标准	应得分数	扣减分数	实得分数
8	一般项目	脚手板	脚手板铺设不严不牢的，扣3～5分 离墙空隙未封严的，扣3～5分 脚手板材质不符合要求的，扣3～5分	10		
9		防护	脚手架外侧使用的密目安全网不合格的，扣10分 操作层无防护栏杆的，扣8分 外侧封闭不严的，扣5分 作业层下方封闭不严的，扣5～7分	10		
10		操作	不按施工方案组织设计搭设的，扣10分 操作现场技术人员和工人未进行安全交底的，扣10分 作业人员未经培训，未持证上岗又未定岗位的，扣7～10分 安装、升降、拆除时无安全警戒线的，扣10分 荷载堆放不均匀的，扣5分 升降时架体上有超过2000 N重的设备的，扣10分	10		
小计				40		
检查项目合计				100		

注：1. 每项最多扣减分数不大于该项应得分数。

2. 保证项目有一项不得分或保证项目小计得分不足40分，检查评分表计零分。

一、使用条件

(1)附着式升降脚手架的使用具有比较大的危险性，它不单纯是一种单项施工技术，而且是形成定型化反复使用的工具或载人设备，所以应该有足够的安全保障，必须对使用和生产附着式升降脚手架的厂家和施工企业实行认证制度。

①对生产或经营附着式升降脚手架产品的，要经建设主管部门组织鉴定并发放生产和使用证，只有具备使用证后，方可向全国各地

提供使用此产品。

②在持有建设主管部门发放的使用证的同时，还需要经使用本产品的当地安全生产监督管理部门审查认定，并发放当地的准用证后，方可向当地使用单位提供此产品。

③施工单位自己设计、自己使用不作为产品提供其他单位的，不需报建设主管部门鉴定，但必须在使用前，向当地安全生产监督管理部门申报，并经审查认定。申报单位应提供有关设计、生产和技术性能检验合格资料（包括防倾、防坠、同步、起重机具等装置）。

④附着式升降脚手架处于研制阶段和在工程上试用前，应提出该阶段的各项安全措施，经使用单位的上级部门批准，并到当地安全生产监督管理部门备案。

⑤对承包附着式升降脚手架工程任务的专业施工队伍进行资格认证，合格者发给证书，不合格者不准承接工程任务。

以上规定说明，凡未经过认证或认证不合格的，不准生产制造整体提升脚手架。使用整体提升脚手架的工程项目，必须向当地安全监督管理机构登记备案，并接受监督检查。

（2）使用附着式升降脚手架必须按规定编制专项施工组织设计。由于附着式升降脚手架是一种新型脚手架，可以整体或分段升降，依靠自身的提升设备完成。不但整体组装需要严格按照设计进行，同时整个施工过程中，在每次提升或下降之前以及上人操作前，都必须严格按照设计要求进行检查验收。

由于施工工艺的特殊性，所以要求不但要结合施工现场作业条件，同时还要针对提升工艺编制专项施工组织设计，其内容应包括：附着脚手架的设计、施工及检查、维护、管理等全部内容。施工组织设计必须由项目施工负责人组织编写，经上级技术部门或总工审批。

（3）由于此种脚手架的操作工艺的特殊性，原有的操作规程已不完全适用，应该针对此种脚手架施工的作业条件和工艺要求进行具体编写，并组织学习贯彻。

(4)施工组织设计还应对如何加强附着式升降脚手架使用过程中的管理作出规定,建立质量安全保证体系及相关的管理制度。工程项目的总包单位对施工现场的安全工作实行统一监督管理,对具体施工的队伍进行审查;对施工过程进行监督检查,发现问题及时采取措施解决。分包单位对附着式升降脚手架的使用安全负直接责任。

二、设计计算

(1)确定构造模式。目前由于脚手架构造模式不统一,给设计计算造成困难,为此需首先确定构造模式、合理的传力方式。

①附着式升降脚手架是把落地式脚手架移到了空中(升降脚手架一般搭设四个标准层加一步护身栏杆的高度为总高度),所以要给架体建立一个承力基础、水平梁架,来承受垂直荷载,这个水平梁架以竖向主框架为支座,并通过附着支撑将荷载传递给建筑物。

②一般附着式升降脚手架由四部分组成:架体、水平梁架、竖向主框架、附着支承。脚手架沿竖向主框架上设置的导轨升降,附着于建筑物外侧,并通过附着支撑将荷载传递给建筑物,这就是“附着式”名称的由来。

(2)设计计算方法

①架体、水平梁架、竖向主框架和附着支撑按照概率极限状态设计法进行计算,提升设备和吊装索具按允许应力法进行计算。

②按照规定选用计算系数:静荷载1.2、施工荷载1.4、冲击系数1.5、荷载变化系数2以及6以上的索具安全系数等。

③施工荷载标准值:承重架3 kN/m^2、装修架2 kN/m^2、升降状态0.5 kN/m^2(升降时,脚手架上所有设备及材料要搬走,任何人不得停留在脚手架上)。

(3)设计计算应包括的项目:

①脚手架的强度、稳定性、变形和抗倾覆;

②提升机构和附着支撑装置(包括导轨)的强度与变形;

③连接件包括螺栓和焊缝的计算；

④杆件节点连接强度计算；

⑤吊具索具验算；

⑥附着支撑部位工程结构的验算等。

(4)按照钢结构的有关规定，为保证杆件本身的刚度，规定压杆的长细比不得大于150，拉杆的长细比不得大于300，在设计框架时，要求杆件在满足强度的条件下，同时满足长细比要求。

(5)脚手架与水平梁架及竖向主框架杆件相交汇的各节点轴线，应汇交于一点，构成节点受力后为零的平衡状态，否则将出现附加应力。这一规定往往在图纸上绘制与实际制作后的成品不相一致。

(6)全部的设计计算，包括计算书、有关资料、制作与安装图纸等一同送交上级技术部门或总工审批，确认符合要求。

三、架体构造

(1)架体部分。即按一般落地式脚手架的要求进行搭设，双排脚手架的宽度为0.9～1.1 m。限定每段脚手架下部支承跨度不大于8 m;并规定架体全高与支承跨度的乘积不大于110 m^2。其目的是使架体重心不偏高和利于稳定。脚手架的立杆可按1.5 m设置，扣件的紧固力矩为65 N·m，并按规定加设剪刀撑和连接杆。

(2)水平梁架与竖向主框架。已不属于脚手架的架体，而是架体荷载向建筑结构传力的结构架，必须是刚性的框架，不允许产生变形，以确保传力的可靠性。刚性是指两部分，一是组成框架的杆件必须有足够的强度、刚度；二是杆件的节点必须是刚性，受力过程中杆件的角度不变化。因为采用扣件连接组成的杆件节点是半刚性半铰接的，荷载超过一定数值时，杆件可产生转动，所以规定支撑框架与主框架不允许采用扣件连接，必须采用焊接或螺栓连接的定型框架，以提高架体的稳定性。

(3)在架体与支承框架的组装中，必须牢固地将立杆与水平梁架上弦连接,并使脚手架立杆与框架立杆成一垂直线,节点杆件轴线汇交于一点,使脚手架荷载直接传给水平梁架。此时还应注意将里外两根支承框架的横向部分,按节点部位采用水平杆与斜杆,将两根水平梁架连成一体,形成一个空间框架,此中间杆件与水平梁架的连接也必须采用焊接或螺栓连接。

(4)在架体升降过程中,由于上部结构尚未达到要求强度或高度,故不能及时设置附着支撑而使架体上部形成悬臂,为保证架体的稳定规定了悬臂部分不得大于架体高度的2倍和不超过6.0 m,否则应采取稳定措施。

(5)为了确保架体传力的合理性,要求从构造上必须将水平梁架荷载,传给竖向主框架(支座),最后通过附着支撑将荷载传给建筑结构。由于主框架直接与工程结构连接所以刚度很大,这样脚手架的整体稳定性得到了保障,又由于导轨直接设置在主框架上,所以脚手架沿导轨上升或下降的过程也是稳定可靠的。

四、附着支撑

附着支撑是附着式升降脚手架的主要承载传力装置。附着式升降脚手架在升降和到位后的使用过程中,都是靠附着支撑附着于工程结构上来实现其稳定的。它有三个作用:第一,传递荷载,把主框架上的荷载可靠地传给工程结构;第二,保证架体稳定性确保施工安全;第三,满足提升、防倾、防坠装置的要求,包括能承受坠落时的冲击荷载。

(1)要求附着支撑与工程结构每个楼层都必须设连接点,架体主框架沿竖向侧,在任何情况下均不得少于两处。

(2)附着支撑或钢挑梁与工程结构的连接质量必须符合设计要求。

①做到严密、平整、牢固;

②对预埋件或预留孔应按照节点大样图纸做法及位置逐一进行

检查，并绘制分层检测平面图，记录各层各点的检查结果和加固措施；

③当起用附墙支撑或钢挑梁时，其设置处混凝土强度等级应有强度报告，符合设计规定，并不得小于C10。

(3)钢挑梁的选材制作与焊接质量均按设计要求。连接使用的螺栓不能使用板牙套制的三角形断面螺纹螺栓，必须使用梯形螺纹螺栓，以保证螺纹的受力性能，并由双螺母或加弹簧垫圈紧固。螺栓与混凝土之间垫板的尺寸按计算确定，并使垫板与混凝土表面接触严密。

五、升降装置

(1)目前脚手架的升降装置有四种：手动葫芦、电动葫芦、专用卷扬机、穿芯液压千斤顶。用量较大的是电动葫芦，由于手动葫芦是按单个使用设计的，不能群体使用，所以当使用三个或三个以上的葫芦群吊时，手动葫芦操作无法实现同步工作，容易导致事故的发生，故规定使用手动葫芦最多只能同时使用两个吊点的单跨脚手架的升降，因为两个吊点的同步问题相对比较容易控制。

(2)升降必须有同步装置控制。

①分析附着升降脚手架的事故，其最终多是因架体升降过程中不同步差过大造成的。设置防坠装置是属于保险装置，设置同步装置是主动的安全装置。当脚手架的整体安全度足够时，关键就是控制平稳升降，不发生意外超载。

②同步升降装置应该是自动显示、自动控制。从升降差和承载力两个方面进行控制。升降时控制各吊点同步差在30 mm以内；吊点的承载力应控制在额定承载力的80%，当实际承载力达到和超过额定承载力的80%时，该吊点应自动停止升降，防止发生超载。

(3)关于索具吊具的安全系数。

①索具和吊具都是指起重机械吊运重物时，系结在重物上承受

荷载的部件。刚性的称吊具，柔性的称索具（或称吊索）。

②按照《起重机械安全规程》规定，用于吊挂的钢丝绳其安全系数为6。所以有索具、吊具的安全系数≥6的规定。这里不包括起重机具（电动葫芦、液压千斤顶等）在内，提升机具的实际承载能力安全系数应在3～4之间，即当相邻提升机具发生故障时，此机具不因超载同时发生故障。相当于按极限状态计算时，设计荷载＝荷载分项系数（1.2～1.4）×冲击系数（1.5）×荷载变化系数（2）×标准荷载＝实际承载能力安全系数（3～4）×标准荷载。

（4）脚手架升降时，在同一主框架竖向平面附着支撑必须保持不少于两处，否则架体会因不平衡发生倾覆。升降作业时，作业人员也不准站在脚手架上操作，手动葫芦当达不到此要求时，应改用电动葫芦。

六、防坠落、导向防倾斜装置

（1）为防止脚手架在升降情况下，发生断绳、折轴等故障造成的坠落事故和保障在升降情况下，脚手架不发生倾斜、晃动，所以规定必须设置防坠落和防倾斜装置。

（2）防坠落装置必须灵敏可靠，由发生坠落到架体停住的时间不超过3 s，其坠落距离不大于150 mm。

防坠装置必须设置在主框架部位，由于主框架是架体的主要受力结构又与附着支撑相连，这样就可以把制动荷载及时传给工程结构承受。同时还规定了防坠装置最后应通过两处以上的附着支撑向工程结构传力，主要是防止当其中有一处附着支撑有问题时，还有另一处作为传力保障。

（3）防倾斜装置也必须具有可靠的刚度（不允许用扣件连接），可以控制架体升降过程中的倾斜度和晃动的程度，在两个方向（前后、左右）均不超过3 mm。防倾斜装置的导向间隙应小于5 mm，在架体升降过程中始终保持水平约束，确保升降状态的稳定和安全不倾翻。

(4)防坠装置应能在施工现场提供动作试验,确认可靠灵敏符合要求。

七、分段验收

(1)附着式升降脚手架在使用过程中,每升降一层都要进行一次全面检查,每次升降有每次的不同作业条件,所以每次都要按照施工组织设计中要求的内容进行全面检查。

(2)提升(下降)作业前,检查准备工作是否满足升降时的作业条件,包括:脚手架所有连墙处完全脱离、各点提升机具吊索处于同步状态、每台提升机具状况良好、靠墙处脚手架已留出升降空隙、准备起用附着支撑处或钢挑梁处的混凝土强度已达到设计要求以及分段提升的脚手架两端敞开处已用密目网封闭、防倾、防坠等安全装置处于正常等。

(3)脚手架升降到位后,不能立即上人进行作业,必须把脚手架进行固定并达到上人作业的条件。例如,把各连墙点连接牢靠、架体已处于稳定、所有脚手板已按规定铺牢铺严、四周安全网围护已无漏洞、经验收已经达到上人作业条件。

(4)每次验收应有按施工组织设计规定内容记录检查结果,并有责任人签字。

八、脚手板

(1)附着式升降脚手架为定型架体,故脚手板应按每层架体间距合理铺设,铺满铺严无探头板并与架体固定绑牢,有钢丝绳穿过处的脚手板,其孔洞应规则而不能留空过大,人员上下各作业层应设专用通道和扶梯。

(2)作业时,架体有翻板构造措施的必须封严,防止落人落物。

(3)脚手架板材质应符合要求,应使用厚度不小于 50 mm 的木板或专用钢制板网，不准用竹脚手板。

九、防护

(1)脚手架外边用密目网封闭，安全网的搭接处必须严密并与脚手架绑牢。

(2)各作业层都应按临边防护的要求，设置防护栏杆及挡脚板。

(3)最底部作业层下方应同时采用密目网及平网挂牢封严，防止落人落物。

(4)升降脚手架下部、上部建筑物的门窗及孔洞，也应进行封闭。

十、操作

(1)附着式升降脚手架的安装搭设都必须按照施工组织设计的要求及施工图进行，安装后应经验收并进行荷载试验，确认符合设计要求时，方可正式使用。

(2)由于附着式升降脚手架属于新工艺，有其特殊的施工要求，所以应该按照施工组织设计的规定向技术人员和工人进行全面交底，使参加作业的每人都清楚全部施工工艺及个人岗位的责任要求。

(3)按照有关规范、标准及施工组织设计中制定的安全操作规程，进行培训考核，专业工种应持证上岗并明确责任。

(4)附着式升降脚手架属高处危险作业，在安装、升降、拆除时，应划定安全警戒范围并设专人监督检查。

(5)脚手架的提升机具是按各起吊点的平均受力布置，所以架体上荷载应尽量均布平衡，防止发生局部超载。规定升降时架体上活荷载为 0.5 kN/m^2，是指不能有人在脚手架上停留和不能有大宗材料堆放，也不准有超过 2000 N 重的设备等。

思考题

1. 熟悉各类脚手架的安全检查内容。

第二编　建筑登高架设作业

第五章 建筑登高架设的基础知识

第一节 脚手架杆件材料的种类规格及材质要求

一、木脚手架

(1)材质:应采用质轻坚韧的剥皮松杆或落叶松。因桦木、椴木、油松质地不坚韧、易腐朽、有枯节,杨木、柳木质脆易折等,故不准使用。

立杆、大横杆、小横杆一般采用二等材,不能使用方木。其材质要求:应检查有无腐朽,每个木节的最大尺寸,不得大于所在面宽的1/3。

(2)规格:木脚手架的立杆、横杆的小头直径一般不小于80 mm;木脚手板的厚度一般不小于50 mm。

节点处绑扎采用8号镀锌铁丝,某些受力不大的脚手架,也可用10号镀锌铁丝。无镀锌铁丝时,也可用直径4 mm的钢丝代替,但使用前应进行回火处理。

二、竹脚手架

(1)材质:竹脚手架是由竹竿用竹篾绑扎而成的。竹竿要用生长3年以上的毛竹,不能使用青嫩、枯黄或有裂纹的竹竿。

(2)规格:大竹竿小头有效直径不小于70 mm,小横杆小头有效直径不小于 90 mm。

(3)竹脚手板:竹脚手板型式很多,常见的竹脚手板是用宽 50 mm 的竹片侧叠,用螺栓连接而成,宽度 300～400 mm,螺栓直径 8～10 mm,间距 500～600 mm,离板端部留出 200～250 mm。

(4)竹篾:竹篾用水竹或慈竹劈成,质地应坚韧带青,有断腰、大节疤、霉点等的竹子不能使用。竹篾的宽度应不大于 8 mm 左右,一青一黄配合使用时,提前一天在水中浸泡。

三、钢管脚手架

(1)钢管:材质一般使用 Q235 高频焊接钢管。每批钢管进场应有检验合格证,经抽样检验应符合 GB 3092—82 中对钢的要求。应采用 ϕ48 mm×3.5 mm 或 ϕ51 mm×3.5 mm 的高频焊接钢管。用于立杆、大横杆的钢管长度以 4～6.5 m 为好,其重量在 250 N 以内,适合人员操作。用于小横杆的钢管长度以 2.1～2.3 m 为宜。

(2)扣件:扣件的基本形式有三种:

直角扣件:用于连接两根相互垂直交叉的钢管。

回转扣件:用于连接两根呈任意角度交叉的钢管。

对接扣件:用于将两根钢管对接接长。

扣件是由可锻铸铁 KT-33-8 制成,其抗拉极限强度为 330 N/mm^2。螺栓采用 Q235 制造。扣件内壁圆弧要求与钢管扣紧时,接触面积不少于 30%。试验和使用的结果表明,当扣件螺栓拧紧,扭力矩为 40 N·m,一般扭力矩以 40 N·m 为标准。

(3)钢脚手板:材质应符合 Q235 的有关规定,用板材压制时,板材厚度不小于 2 mm,其表面锈迹斑点直径不大于 5 mm,并沿横截面不能多于三处。不能使用锈蚀脱皮和有裂纹及凹陷严重的脚手板。脚手板的一端压有连接卡口,以便铺设时扣住另一块板的端部,首尾相接,板面冲有圆孔起防滑作用。

第二节　绑扎材料及连接件

一、碗扣式钢管脚手架材质(碗扣)要求

碗扣式钢管脚手架按原建设部有关部门设计的杆配件，共计有23类53种规格，按其用途可分为主构件、辅助构件、专用构件三类，见表5-1。

表5-1　碗扣式脚手架杆配件规格

类别	名称	型号	规格(mm)	单重(kg)	用途
主构件	立杆	LG-180	ϕ48×3.5×1300	10.53	构架垂直承力杆
		LG-300	ϕ48×3.5×300	17.07	
	顶杆	DG-90	ϕ48×3.5×900	5.30	支撑架(柱)顶端垂直承力杆
		DC-150	ϕ48×3.5×1500	8.62	
		DG-210	ϕ48×3.5×2100	11.93	
	横杆	HG-30	ϕ48×3.5×300	1.67	立杆横向连接杆；框架水平承力杆
		HG-60	ϕ48×3.5×600	2.82	
		HG-90	ϕ48×3.5×900	3.97	
		HG-120	ϕ48×3.5×1200	5.12	
		HC-150	ϕ48×3.5×1500	6.82	立杆横向连接杆；框架水平承力杆
		HG-180	ϕ48×3.5×1800	7.43	
		HG-240	ϕ48×3.5×2400	9.73	
	单排横杆	DHG-140	ϕ48×3.5×1400	7.51	单排脚手架横向水平杆
		DHG-180	ϕ48×3.5×1800	9.05	
	斜杆	XC-170	ϕ48×2.2×1697	5.47	1.2 m×1.2 m框架斜撑
		XG-216	ϕ48×2.2×2160	6.63	1.2 m×1.8 m框架斜撑
		XG-234	ϕ48×2.2×2343	7.07	1.5 m×1.8 m框架斜撑
		XG-255	ϕ48×2.2×2546	7.58	1.8 m×1.8 m框架斜撑

续表

类别	名称		型号	规格(mm)	单重(kg)	用途
主构件	斜杆		XG－300	ϕ48×2.2×3000	8.72	1.8m×2.4m 框架斜撑
	立杆底座	立杆垫座	LDZ	150×150×8	1.70	立杆底部垫板
		立杆可调座	KTZ-30	0～300	6.16	立杆底部可调节高度支座
			KTZ-60	0～600	7.86	
		粗细调座	CXZ	0～600	6.10	立杆底部可调高度支座
辅助构件	间横杆		JHG-120	ϕ48×3.5×3000	6.43	水平框架之间连在两横杆间横杆
			JHG-120＋30	ϕ48×3.5×(1200＋300)	7.74	同上,有 0.3m 挑梁
			JHG-120＋60	ϕ48×3.5×(1200＋600)	9.96	同上,有 0.3 m 挑梁
	脚手板		JB-120	1500×270	9.05	用于施工作业屋面的台板
			JB-150	1500×270	11.15	
			JB-180	1800×270	13.24	
			JB-240	2400×270	17.03	
	斜道板		XB-190	1897×540	28.24	用于搭设栈桥或斜道的铺板
	挡土板		DB-120	1200×220	7.18	施工作业层防护板
			DB-150	1600×220	8.93	
			DB-180	1800×220	10.68	
	挑梁	窄挑梁	TL-30	ϕ48×3.5×300	1.68	用于扩大作业面的挑梁
		宽挑梁	TL-60	ϕ48×3.5×600	9.30	
	架梯		JT-255	2546×540	26.32	人员上、下梯子
	立杆连接销		LLX	ϕ10	0.104	立杆之间连接锁定用
	直角撑		ZJC	125	1.62	两相交叉的脚手架之间的连接架

续表

类别	名称		型号	规格(mm)	单重(kg)	用途
辅助构件	连墙撑	碗扣式	WLC	415～625	2.04	脚手架同建筑物之间连接件
		扣件式	KLC	415～625	2.00	
	高层卸荷拉结杆		CLC			高层脚手架卸荷用杆件
	立杆托撑	立杆托撑	LTC	200×150×5	2.39	支撑架顶部托梁座
		立杆可调托撑	KTC-60	0～600	8.49	支撑架顶部可调托梁座
	横托撑	横托撑	HTC	400	3.13	支撑架横向支托撑
		可调横托撑	KHC-30	0～300	6.23	支撑架横向可调支托撑
	安全网支架		AWJ		18.69	悬吊安全网支撑架
专用构件	支撑柱	支撑柱垫座	ZDZ	300×300		支撑柱底部垫座
		支撑柱转角座	ZZZ	0°～10°		支撑柱斜向支撑垫座
		支撑柱可调座	ZKZ-30	0～300		支撑柱可调高度垫座
	提升滑轮		THL		1.55	插入宽挑梁提升小件物料
	悬挑架		XTJ-140	ϕ48×3.5×1400	19.25	用于搭设悬挑脚手架
	爬升挑梁		PTL-90+65	ϕ48×3.5×1500	8.7	用于搭设爬升脚手架

(一)主构件

主构件系用以构成脚手架主体的杆部件，共有6类23种规格：

1. 立杆

立杆是脚手架的主要受力构件，由一定长度的ϕ48 mm×3.5 mm、Q235钢管上每隔0.60 m安装一套碗扣接头、并在其顶端焊接立柱连接管制成。立杆有 3.0 m(LG-300)和 1.8 m(LG-180)长两种规格。

2. 顶杆

顶杆即顶部立杆,其顶端设有立杆连接管,便于在顶端插入托撑、可调整托撑等,有 2.10 m(DG-210)、1.50 m(DG-150)、0.90 m(DG-90)长三种规格。主要用于支撑架、支撑柱、物料提升架等的顶部。

需要说明的是,带齿的碗扣式钢管脚手架自 1987 年正式问世以来,随着研究的不断深入以及推广应用面的扩大,碗扣式脚手架的应用技术有了较大发展,各碗扣架生产厂对碗扣式脚手架的杆配件也有了不同程度的改进,特别是立杆的改进最为突出,原碗扣式脚手架的立杆是在钢管顶端焊接内销管,无法插入托撑,因此,设计了顶杆(顶端无内销管),不但增加了杆件种类,而且立杆、顶杆不通用,杆件的利用率低,易造成脚手架投资的增加。

北京星河模板脚手架工程有限公司经过深入研究,将立杆的内销管改为下套管(该公司专利),取消了顶杆,实现了立杆和顶杆的统一,减少了杆件的种类,增加了杆件的通用性,使用效果很好,改进后立杆规格为 1.2 m、1.8 m、2.4 m、3.0 m。

3. 横杆

组成框架的横向连接杆件,由一定长度的 ϕ48 mm×3.5 mm、Q235 钢管两端焊接横杆接头制成,有 2.4 m(HG-240)、1.80 m(HG-180)、1.5 m(HG-150)、1.2 m(HG-120)、0.9 m(HG-90)、0.6 m(HG-60)、0.3 m(HG-30)长等各种规格。

随着模板早拆技术的发展,对横杆规格进行了改进,原设计横杆长度均为 300 mm 模数,若用碗扣架作模板早拆体系的支撑架,因早拆模板为 300 mm 模数,两早拆模板间一般留 50mm 宽迟拆条,因此,横杆长度为 300 mm 的倍数再加 50 mm,故增加的横杆规格为 950 mm、1250 mm、1550 mm、1850 mm。

4. 单排横杆

主要用作单排脚手架的横向水平横杆，只在 ϕ48 mm×3.5 mm、Q235 钢管一端焊接横杆接头，有 1.4 m(DHG-140)、1.8 m(DHG-180)长两种规格。

5. 斜杆

斜杆是为增强脚手架稳定强度而设计的系列构件，在 ϕ48 mm×3.5 mm、Q235 钢管两端铆接斜杆接头制成，斜杆接头可转动，同横杆接头一样可装在下碗扣内，形成节点斜杆。有 1.69 m(XG-170)、2.163 m(XG-216)、2.343 m(XG-234)、2.546 m(XG-255)、3.00 m(XG-300)长五种规格，分别适用于 1.2 m×1.20 m、1.2 m×1.80 m、1.50 m×1.80 m、1.80 m×1.80 m、1.80m×2.40 m 五种框架平面。

6. 底座

底座是安装在立杆根部，防止其下沉，并将上部荷载分散传递给地基基础的构件。有以下三种。

①垫座有一种规格(LDZ)，由 150 mm×150 mm×8 mm 钢板和中心焊接连接杆制成，立杆可直接插在上面，高度不可调。

②立杆可调座由 150 mm×150 mm×8 mm 钢板和中心焊接螺杆并配手柄螺母制成，有 0.30 m(KTZ-30)和 0.60 m(KTZ-60)两种规格，可调范围分别为 0.30m 和 0.60m。

③立杆粗细调座。基本材料同立杆可调座，只是可调方式不同，由 150 mm×150 mm×8 mm 钢板、立杆管、螺管、手柄螺母等制成。有 0.60 m(CXZ-60)一种规格。

(二)辅助构件

1. 用于作业面的辅助构件

(1)间横杆

为满足其他普通钢脚手板和木脚手板的需要而设计的构件，由 ϕ48 mm×3.5 mm、Q235 钢管两端焊接“∩”型钢板制成，可搭设于主架横杆之间的任意部位，用以减少支撑挑头脚手板。有 1.2 m（JHG-120）、1.2＋0.3 m（JHG-120＋30）、1.2＋0.6（JHG-120＋60）三种规格。

（2）脚手板

脚手板系用作施工的通道和作业层等的台板。为本脚手架配套设计的脚手板由 2 mm 厚钢板制成，宽度为 270 mm，其面板上冲有防滑孔，两端焊有挂钩可挂靠在横杆上，不会滑动，使用安全可靠。有 1.20 m（JB-120）、1.5 m（JB-150）、1.80 m（JB-180）、2.4 m（JB-240）长四种规格。

（3）斜道板

用于搭设车辆和行人栈道，有一种规格（XB-190），坡度为 1∶3，由 2 mm厚钢板制成，宽度为 540 mm，长度为 1897 mm，上面焊有防滑条。

（4）挡土板

挡土板是为保证作业安全而设计的构件，在作业层外侧边缘连于相邻两立杆间，以防止作业人员踏出脚手架。用 2 mm 厚钢板制成。有 1.20 m（DB-120）、1.50 m（DB-150）、1.80 m（DB-180）长三种规格，分别适用于立杆间距 1.20 m、1.50 m 和 1.80 m。

（5）挑梁

为扩展作业平面而设计的构件，有窄挑梁（TL-30）和宽挑梁（TL-60）两种规格。窄挑梁由一端焊有横杆接头的钢管制成，悬挑宽度为 0.30 m，可在需要位置与碗扣接头连接。宽挑梁由水平杆、斜杆、垂直杆组成，悬挑宽度为 0.60 m，也是用碗扣接头同脚手架连成一整体，其外侧垂直杆上可再接立杆。

（6）架梯

用于作业人员上下脚手架通道，由钢踏步板焊接在槽钢上制成。两端有挂钩，可牢固地挂在横杆上，有 JT-255 一种规格。其长度为 2546 mm，宽度为 540 mm，可在 1800 mm×1800 mm 框架内架设。对于普通 1200 mm 廊道宽的脚手架刚好装两组，可成折线上升，并可用斜杆、横杆作栏杆扶手，使用安全。

2. 用于连接的辅助构件

(1)立杆连接销

立杆连接销是立杆之间连接的销定构件，为弹簧钢销扣结构，由 ϕ10 mm 钢筋制成，有一种规格(LLX)。

(2)直角撑

为连接两交叉的脚手架而设计的构件，由 ϕ48 mm×3.3 mm、Q235 钢管一端焊接横杆接头、另一端焊接“∩”型卡制成，有一种规格(ZJC)。

(3)连墙撑

连墙撑是使脚手架与建筑物的墙体结构等牢固连接，加强脚手架抵御风荷载及其他水平荷载的能力，防止脚手架倒塌且增强稳定承载力的构件。为便于施工，分别设计了碗扣式连墙撑和扣件式连墙撑两种型式。其中碗扣式连墙撑可直接用碗扣接头同脚手架连在一起，受力性能好；扣件式连墙撑是用钢管和扣件同脚手架相连，位置可随时设置，不受碗扣接头位置的限制，使用方便。

(4)高层卸荷拉结杆

高层卸荷拉结杆是高层脚手架卸荷专用构件，由预埋件、拉杆、索具螺旋扣、管卡等组成，其一端用预埋件固定在建筑物上，另一端用管卡同脚手架立杆连接，通过调节中间的索具螺旋扣，把脚手架吊在建筑物上，达到卸荷目的。

3. 其他用途辅助构件

(1)立杆托撑

插入顶杆上端，用作支撑架横托，以支撑横梁等承载物。由“∪”型钢板焊接钢管制成，有一种规格(LTC)。

(2)立杆可调托撑

作用同立杆托撑，只是长度可调，有 0.60 m(KTC-60)长一种规格，可调范围为 0～600 mm。

(3)横托撑

用作重载支撑架横向限位，或墙模板的侧向支撑构件。由ϕ48 mm×3.5 mm、Q235钢管焊接横杆接头，并装配托撑组成，可直接用碗扣接头支撑架连在一起，有一种规格(HTC)。其长度为400 mm，可根据需要加工。

(4)可调横托撑

把横托撑中的托撑换成可调托撑(或可调底座)即成可调横托撑，可调范围为0～300 mm，有一种规格(KHC-30)。

(5)安装网支架

安装网支架是固定于脚手架上，用于绑扎安全网的构件，由拉杆和托撑杆组成，可直接用碗扣接头连接固定。有一种规格(AWJ)。

(三)专用构件

专用构件是用作专门用途的构件，共4类6种规格。

1. 支撑柱专用构件

由0.3 m长横杆和立杆、顶杆连接可组成支撑柱，作为承重构件单独使用后组成支撑柱群。为此，设计了支撑柱垫座、支撑柱转角座和支撑柱可调座等专用构件。

①支撑柱垫座是安装于支撑柱底部，均匀传递其荷载的垫座。由底板、筋板和焊于底板的四个坚持柱销制成。可同时插入支撑柱的四个立柱内，从而增强支撑柱的整体受力性能。只有(ZDZ)一种规格。

②支撑柱转角座，可转动，使支撑柱不仅可用作垂直方向支撑，而且可以用作斜向支撑。其可调偏角为+10°。有一种规格(ZZZ)。

③支撑柱可调座。对支撑柱底部和顶部均适用，安装于底部。作用同支撑柱垫座，但高度可调，可调范围为0～300 mm；安装于顶部即为可调托撑，同立杆可调托撑不同的是它作为一个构件需要同时插入支撑柱四根立柱内，使支撑柱成为一体。

2. 提升滑轮

提升滑轮是为提升小物料而设计的构件，与挑梁配套使用。由吊柱、吊架和滑轮等组成，其中吊柱可直接插入宽挑梁的垂直杆中固定，有(THL)一种规格。

3. 悬挑架

悬挑架是为悬挑脚手架专门设计的一种构件，由挑杆和撑杆等组成，挑杆和撑杆用碗扣接头固定在楼内支承架上，可直接从楼内挑出，在其上搭设脚手架，不需要埋设预埋件。挑出脚手架宽度设计为0.90 m，有 XTJ-140 一种规格。

4. 爬升挑梁

爬升挑梁是为爬升脚手架而设计的一种专用构件，可用它作依托，在其上搭设悬空脚手架，并随建筑物升高而爬升。由 ϕ48 mm×3.5 mm、Q235 钢管、挂销、可调底座等组成，爬升脚手架宽度为0.90 m。有 PTL-90＋65 一种规格。

二、扣件式钢管脚手架材质(扣件)要求

扣件为杆件的连接件，有可锻铸铁铸造扣件和钢板压制扣件两种。可锻铸铁扣件已有国家产品标准和专业检测单位，产品质量易于控制管理，但生产厂家较多，其中确有材质和铸造质量较差(扣接不紧以及其他质量缺陷)者，购用时一定要经过严格的检查验收。钢板压制扣件由于尚无国家产品标准，使用应慎重。可参照建设部标准《建筑施工扣件式钢管脚手架安全技术规范》(JGJ130—2001)的规定进行测试、其质量符合标准要求时才能使用。

(一)扣件和底座的基本形式

(1)直角扣件(十字扣)：用于两根呈垂直交叉钢管的连接；

(2)旋转扣件(回转扣)：用于两根呈任意角度交叉钢管的连接；

(3)对接扣件(筒扣、一字扣)：用于两根钢管对接连接；

(4)底座：扣件式钢管脚手架的底座用于承受脚手架立柱传递下来的荷载，是用可锻铸铁制造的标准底座。底座亦可用厚 8 mm、边长150 mm 的正方形钢板做底板，外径 60 mm、壁厚 3.5 mm、长 150 mm

的钢管做套筒焊接而成。

(二)扣件和底座的技术要求

扣件、底座及其附件(T 型螺栓、螺母、垫圈)的技术要求如下:

(1)扣件应采用 GB 978—67《可锻铸铁分类及技术条件》的规定,机械性能不低于 KT 33—8 的可锻铸铁制造。扣件的附件采用的材料应符合 GB 700—88《碳素结构钢》中 Q235 钢的规定;螺纹均应符合 GB 196—81《普通螺纹》的规定;垫圈应符合 GB 96—76《垫圈》的规定。

(2)铸铁不得有裂纹、气孔;不宜有疏松、砂眼或其他影响使用性能的铸造缺陷;并应将影响外观质量的粘砂、浇冒口残余、披缝、毛刺、氧化皮等清除干净。

(3)扣件与钢管的贴合面必须严格整形,应保证与钢管扣紧时接触良好。

(4)扣件活动部位应能灵活转动,旋转扣件的两旋转面间隙应小于 1 mm。

(5)当扣件夹紧钢管时,开口处的最小距离应不小于 5 mm。

(6)扣件表面应进行防锈处理。

(7)可锻铸铁标准底座的材质和加工外观质量与缺陷要求同可锻铸铁扣件。

(8)焊接底座应采用 Q235A 钢,焊条应采用 E4303 型。

三、竹、木脚手架用的绑扎材料规格、强度

(一)竹脚手架绑扎材料要求

竹脚手架各杆件之间依靠绑扎连接,绑扎材料的质量是毛竹脚手架整体稳定的基本条件,是脚手架具备应有的承载能力和安全作业的保障之一。

竹脚手架的绑扎材料主要有两种:竹篾和镀锌铁丝(俗称铅丝)。

1. 竹篾

竹篾应选择强度大、韧性好,质地新鲜、篾片厚薄均匀(一般厚度应在0.6~0.8mm之间)、宽窄比较一致的篾条(宽度在5 mm左右)。不得使用有断腰、霉变、虫蛀、枯脆等毛病的篾材。竹篾使用前一天应浸水泡湿,时间不少于12 h,使其柔软,绑扎时不宜折断。

竹篾的规格参数如表5-2所示。

表5-2 竹篾规格

名称	长度(mm)	宽度(mm)	厚度(mm)
毛竹篾	3500~4000	20	0.8~1.0
水竹慈竹篾	1800	5~45	0.6~4.8

2. 铅丝

铅丝是目前最常用的竹脚手架绑扎材料,竹脚手架一般情况下也可用铅丝绑扎。常用的铅丝为8号和10号镀锌铁丝,其特点是抗拉强度大,表面镀锌,不易腐蚀。铅丝表面应光洁、正品、有出厂合格证明。次品、严重锈蚀、扭结、用火烧过等的不得用作绑扎材料。

铅丝的规格参数如表5-3所示。

表5-3 铅丝规格

名称	直径(mm)	抗拉强度(kN/m)
8# 镀锌铁丝	4	900
10# 镀锌铁丝	3.5	1000

(二)木脚手架绑扎材料要求

木脚手架一般用8号铅丝绑扎,某些受力不大的地方也可使用10号铅丝。脚手架的使用期在三个月以内者,也可用直径10 mm的三股小白麻绳或棕绳绑扎。

四、报废要求

(一)构件

(1)钢管脚手架用的钢管,有弯折裂缝,直径严重变形,锈蚀,壁厚受损等不能再用。

(2)焊接组合式构架,焊接件与焊接件间的焊缝,经数次焊接,焊接件已明显减短的需更换。主件多次焊接或严重锈蚀对截面的有效使用面积有损害者不能再使用。

(3)断裂明显的木杆和弯折破裂的竹竿,特别是跨节破裂的竹竿,都要报废不能再用,若是长杆件,可以断截成短件,如不能满足短件的长度,则彻底报废。

(二)绑扎材料及扣件

(1)使用过的竹篾不能重复使用。

(2)使用过的铅丝经弯折表面已呈裂纹和打过的扣节虽经调直,都不能再用。

(3)钢管脚手架的扣件,凡有裂纹和缺肢的严禁使用。

(4)滑丝的螺栓,螺母必须更换。

第三节　一般金属材料、木材、竹材的特性和使用常识

一、一般金属材料的特性及使用常识

(1)建筑脚手架构架使用的金属材料大致分三类,第一类是Ⅰ级钢,一般用于杆件。第二类是铸钢,一般用于连接件和支承件,有的用于扣件和底座。第三类是有特殊强度的高强钢,一般用于特殊情况下的连接件——螺栓螺帽。

(2)金属材料本身的特性较其他材料而言强度高、承载能力强。建筑脚手架的构架杆件,均制成圆形和方形的空心杆件,这样一是可以节省金属,二是重量轻。金属制成的连接件及扣件强度可靠,连接方便,操作简单。

对于Ⅰ级钢及铸钢构配件,因铸钢件刚度大,但它具有一定的脆性,故在操作使用中,要注意用力适度,否则易断裂而造成生产安全事故,特别是配用高强螺栓操作时应高度注意。

(3)金属材料易于锈蚀,所以在维护管理方面要定期(或视具体情况)除污、刷防锈漆,对于使用期过长的金属脚手架,要根据里、外的锈蚀情况,杆件的使用受损情况,即时报废,以确保构架的安全。

二、竹木材料的特性和使用常识

(1)竹木材料的特点是就地取材,较经济方便。竹木材料均为柔性材料,质地也较轻。它裁割方便,也可以根据需要在规定的范围内随意接长。其使用截面较金属材料大,也易于满足其刚度。

(2)竹、木材料两相比较,竹材中空组成构架较木材轻,竹材韧性较好,竹节相当于在空腹中间增加横肋,刚度也较好。同时具有木材的特点,易于裁割和接长。

(3)竹木材料作脚手架的构架时,其选材和搭设中都必须按规定标准选用同质、同类生长期的材质,满足外形尺寸的要求(见竹木脚手架的材质要求)。

(4)竹木脚手架的架设中,杆件的连接和接长都较金属材料的脚手架的技术难度大,所以在施工中,要按规程要求,选用绑扎材料,其绑扎材料本身的质量必须满足规程要求。

思考题

1. 简述各种脚手架制作材料的特性和使用常识。
2. 简述竹脚手架绑扎材料的性能要求。

第六章 脚手架的构造与搭设技术

第一节 脚手架的构造与搭设的一般常识

一、脚手架的常用术语

1. 脚手架名称

(1)受料架(台):用于存放材料的脚手架(台架);

(2)安装脚手架:用于结构和设备安装的脚手架;

(3)转运栈桥架:用于转运材料和栈桥型脚手架;

(4)模板支撑架:系指用脚手架材料搭设的支撑模板的架了;

(5)安装支撑架:用于安装作业的支撑架;

(6)临时支撑架:用于临时支撑和加固用途的架子;

(7)栏(围)护架:用于安全栏(围)护的脚手架;

(8)插口架:穿过墙体洞口(包括框架结构未砌墙体时)设置挑支和撑拉构造的挑脚手架或挂脚手架;

(9)桥式脚手架:由附着于墙体的支撑柱和桁架梁式作业台组成的脚手架;

(10)敞开式脚手架:仅设有作业层栏杆和挡脚板,无其他安全围护遮挡的脚手架;

(11)局部封闭脚手架:安全围护、遮挡面积小于30%的脚手架;

(12)半封闭脚手架:安全围护、遮挡面积占30%~70%的脚手架；

(13)全封闭脚手架：采用挡风材料、沿脚手架四周外侧全长和全高封闭的脚手架。

2. 脚手架杆配件

(1)立杆：脚手架中垂直于水平面的竖向杆件；

(2)外立杆：双排脚手架中不靠近墙体一侧的立杆；

(3)内立杆：双排脚手架中靠近墙体一侧的立杆；

(4)平杆：脚手架中的水平杆件；

(5)纵向杆件：沿脚手架纵向设置的平杆；

(6)横向杆件：沿脚手架横向设置的平杆；

(7)斜杆：与脚手架立杆或平杆斜交的杆件；

(8)斜拉杆：承受拉力作用的斜杆；

(9)剪刀撑：成对设置的交叉斜杆；

(10)扫地杆：贴近地面、连接立杆根部的平杆；

(11)纵向扫地杆：沿脚手架纵向设置的扫地杆；

(12)横向扫地杆：沿脚手架横向设置的扫地杆；

(13)封口杆：连接首步门架两侧立杆的横向扫地杆；

(14)连墙杆：连接脚手架和墙体结构的构件；

(15)扣件：采用螺栓紧固的扣接件；

(16)直角扣件：用于垂直交叉杆件连接的扣件；

(17)旋转扣件：用于平行或斜交杆件连接扣件；

(18)对接扣件：用于杆件对接连接扣件；

(19)底座：设于立杆底部的垫座；

(20)固定底座：不能调节支垫高度的底座；

(21)可调底座：能够调节支垫高度的底座；

(22)垫板：设于底座之下的支垫板；

(23)垫木：设于底座之下的支垫方木；

(24)脚手板：用于构造作业层架面的板材；

(25)挂扣式定型钢脚手板:两端设有挂扣支搭构造的定型钢脚手板;

(26)门架:门式钢管脚手架的门形构件;

(27)同列门架:平面中线重合、前后平行的一列门架;

(28)同排门架:平面水平投影线重合、左右相邻的一排门架;

(29)门柱:立柱门架两侧的主立杆;

(30)交叉支撑:连接相邻门架的剪刀撑;

(31)水平架:水平挂扣于相邻门架横梁之间的框式构件;

(32)托座:插于立杆或门架立柱顶部的、用于支承模板的撑托件;

(33)固定托座:不能调整支托高度的托座;

(34)可调托座:能够调节支托高度的托座;

(35)平托撑:用于水平支顶的托撑;

(36)脚轮:装于脚手架底部的行走轮;

3. 脚手架的几何参数

(1)步距:上下平杆之间的距离或门架的设置高度;

(2)立杆间距:相邻立杆之间的轴线距离;

(3)立杆纵距:脚手架立杆的纵向间距;

(4)立杆横距:脚手架立杆的横向间距,单排脚手架为立杆轴线至墙面的距离;

(5)门架间距:同排相邻门架毗邻立柱之间的轴线距离;

(6)门架架距:同列相邻门架同侧立柱之间的轴线距离;

(7)脚手架高度:自立杆底座下皮至架顶平杆上皮的垂直距离;

(8)脚手架长度:脚手架纵向两端立杆外皮之间的水平距离;

(9)脚手架宽度:脚手架横向两端立杆外皮之间的水平距离;

(10)连墙点竖距:上下相邻连墙点之间的垂直距离;

(11)连墙点横距:左右相邻连墙点之间的水平距离。

二、脚手架的构造与搭设的一般常识

(一)钢管扣件式脚手架

钢管扣件式脚手架目前得到广泛应用,虽然其一次性投资较大,但其周转次数多,摊销费低,装拆方便,搭设高度大,能适应建筑物平立面的变化。

1. 钢管扣件式脚手架的构造要求

钢管扣件式脚手架由钢管、扣件、脚手板和底座等组成,如图6-1所示。

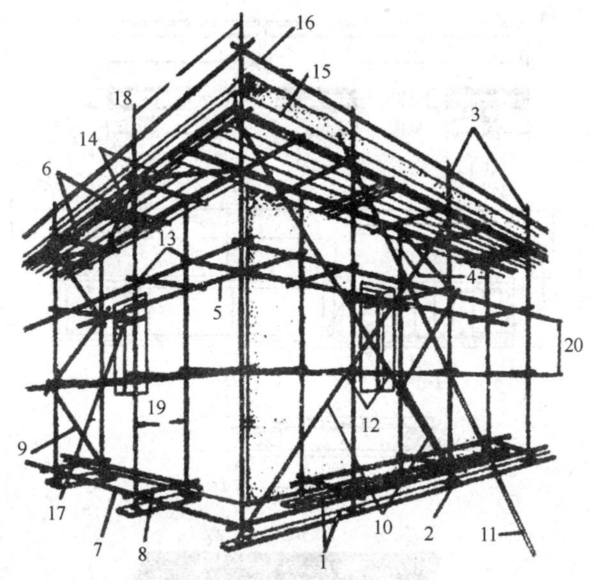

图 6-1 钢管扣件式脚手架构造

1—垫板;2—底座;3—外立柱;4—内立柱;5—纵向水平柱;6—横向水平柱;7—纵向扫地杆;8—横向扫地杆;9—横向斜撑;10—剪刀撑;11—抛撑;12—旋转扣件;13—直角扣件;14—水平斜撑;15—挡脚板;16—防护栏;17—连墙固定件;18—柱距;19—排距;20—步距

钢管一般用 ϕ48 mm 或 ϕ51 mm、壁厚 3.5 mm 的焊接钢管。用于立柱、纵向水平杆和支撑杆（包括剪刀撑、横向斜撑、水平斜撑等）的钢管长宜 4～6.5 m；用于横向水平杆的钢管长度以 2.2 m 为宜。扣件用于钢管之间的连接。立柱底端立于底座上，以传递荷载到地面上。脚手板可采用冲压钢脚手板、钢木脚手板、竹脚手板等，如图 6-2 所示。每块脚手板的重量不宜大于 30 kg。

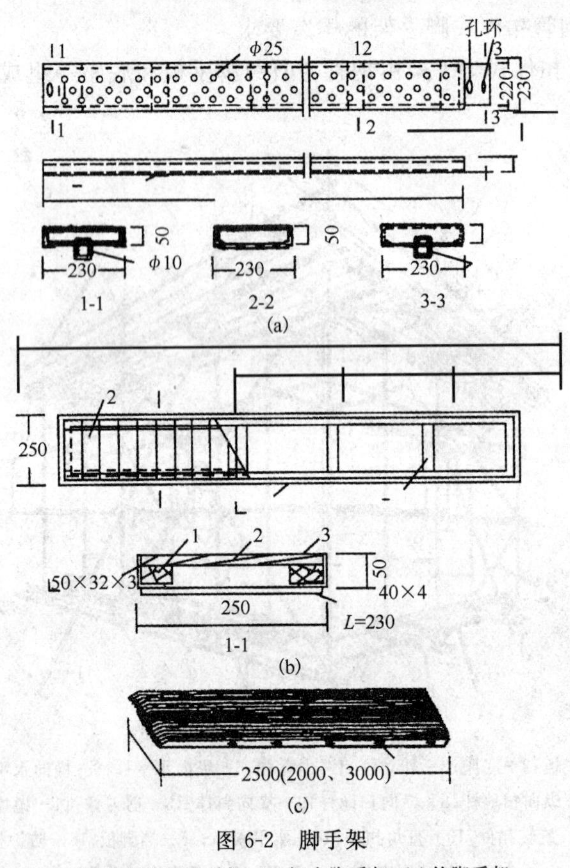

图 6-2　脚手架

(a)冲板钢板脚手架；(b)钢木脚手架；(c)竹脚手架

1—25×40 木条；2—20 厚木条；3—钉子；4—螺栓

钢管扣件式脚手架的基本形式有双排、单排两种。单排和双排一般用于外墙砌筑与装饰。各主要组成部分的要求如下：

(1)纵向水平杆。纵向水平杆应水平设置，其长度不应小于2跨，两根纵向水平杆的对接接头必须采用对接扣件连接。该扣件距立杆轴心线的距离不宜大于跨度的1/3，同一步架中，内外两根纵向水平杆的对接头应尽量错开一跨；上下两根相邻的纵向水平杆的对接头也应尽量错开一跨，如确实错不开一跨，错开的水平距离不应小于500 mm；凡与立杆相交处均必须用直角扣件与立杆固定。

(2)横向水平杆。凡立杆与纵向水平杆的相交处必须设置一根横向水平杆，严禁任意拆除。该杆距立杆轴心线的距离应在150～500 mm之间；跨度中间的横向水平杆宜根据支承脚手板的需要等同距设置；双排脚手架的横向水平杆，其两端均应用直角扣件固定在纵向水平杆上；单排脚手架的横向水平杆一端应用直角扣件固定在纵向水平杆上，另一端插入墙内的长度不应小于180 mm。

(3)脚手板。脚手板一般均应采用三支点支承。当脚手板长度小于2 m时，可采用两支点支承，但应将两端固定，以防倾翻，脚手板宜采用对接平铺，其外伸长度应大于100 mm，小于150 mm(如图6-3a所示)。当采用搭接铺设时，其搭接长度应大于200 mm(如图6-3b所示)。

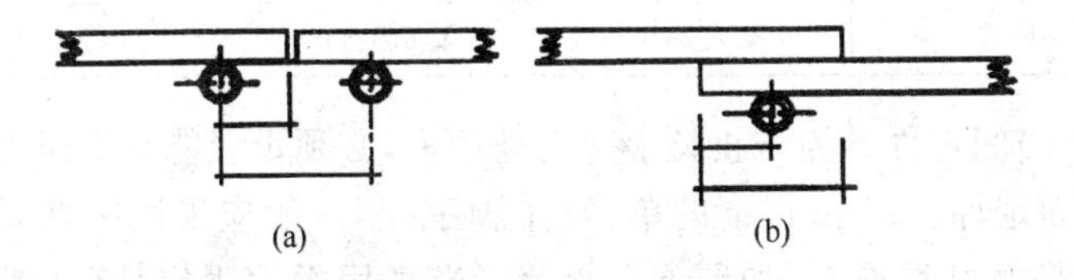

图6-3　脚手板对接搭接尺寸
(a)脚手板对接；(b)脚手板搭接

(4)立杆。每根立杆均应设置标准底座。由标准底座下皮向上200 mm处，必须设置纵、横向扫地杆，用直角扣件与立杆固定。

立杆接头除顶层可以采用错接外，其余各接头均必须采用对接扣件连接。立杆的错接、对接应符合下列要求：

①错接长度不应小于 1 m，不少于 2 个旋转扣件固定；

②立杆上的对接扣件应交错布置，两根相邻立杆的对接扣件应尽量错开一步，如确实错不开，其错开的垂直距离不应小于 500 mm；

③对接扣件应尽量靠近中心节点（直立杆、纵向水平杆、横向水平杆三杆的交点），靠近固定件节点。其偏差中心节点的距离不应小于步距的 1/3。

为保证立杆的稳定性，立杆必须用刚性固定件与建筑物可靠连接。固定件布置间距与立杆的杆距、排距、最大架设高度可参考表 6-1 选用。当工程所需的脚手架高度大于最大架设高度时，可从由上向下计，在等于最大架设高度的以下部位，采取双立杆或其他措施。凡双立杆（高度等于脚手架高者为主立杆，高度低于脚手架高度者为副立杆）中，副立杆的高度不应低于三步。

表 6-1　固定件布置间距(m)

脚手架类型	脚手架高度 H	垂直间距	水平间距
双排	≤50	≤6(3 步)	≤6(3、4 跨)
	>50	≤4(2 步)	≤6(3)
单排	≤24	≤6(3 步)	≤6(3)

（5）固定件。为防止脚手架内外倾覆，必须设置能承受压力和拉力的固定件。24 m 以下的单、双排脚手架，一般应采用刚性固定件与建筑物可靠连接，如图 6-4 所示。当采用柔性固定件（如铅丝或 6 mm钢筋）拉结时，必须配用顶撑（顶到建筑物墙面的横向水平杆）顶在混凝土圈梁、柱等结构部位，以防止向内倾覆，如图 6-5 所示。拉结铅丝应采用两根 8 号铅丝拧成一根使用。24 m 以上的双排脚手架均应采用刚性固定件连接。

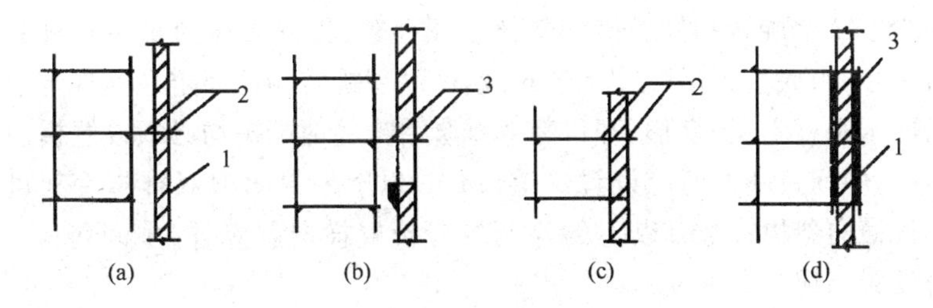

图 6-4 刚性固定

(a)、(b)双排剖面；(c)、(d)单排平面

1—墙；2—扣件；3—短钢管

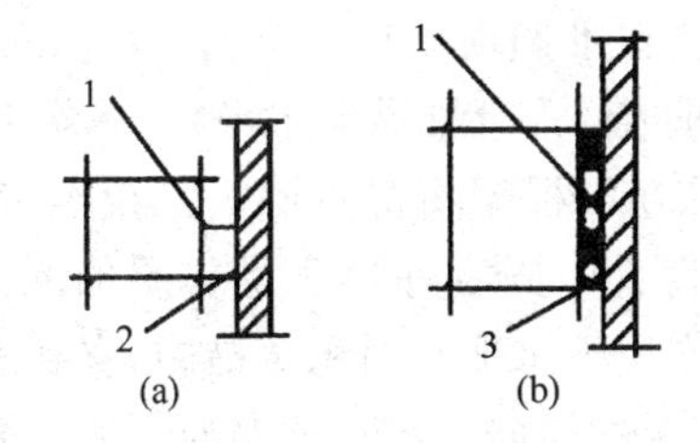

图 6-5 柔性固定

(a)双排剖面；(b)单排平面

1—8 号铅丝与墙内埋设的钢筋环拉紧；2—顶墙横杆；3—短钢管

(6)支撑体系。为保证脚手架的整体稳定性必须设置支撑体系。双排脚手架的支撑体系由剪刀撑、横向斜撑组成。单排脚手架的支撑体系由剪刀撑组成。

剪刀撑设置要求：①24 m 以下的单、双排脚手架宜每隔 6 跨设置一道剪刀撑，从两端转角处起由底至顶连续布置；②24 m 以上的双排脚手架应在外立面整个长度和高度上连续设置剪刀撑；③每副剪刀撑跨越立杆的根数不应超过 7 根，与地面成 45°～60°角；④顶层以下的剪刀撑用的斜杆接长应采用对接扣件连接，采用旋转扣件固定在立杆上或横向水平杆的伸出端上，固定位置与中心节点的距离不大于 150 mm；⑤顶部剪刀撑可采用搭接，搭接长度不应小于 1 m，不少于2个旋转扣件。横向斜撑设置要求:横向斜撑的每一斜杆只占一步,由底至顶呈“之”字形布置,两端用旋转扣件固定在立杆上或纵向水平杆上,一字形、开口型双排脚手架的两端头均必须设置横向斜撑,中间每隔6跨应设置一道;24 m以下的封闭型双排脚手架可不设横向斜撑;24 m以上的除两端应设置横向斜撑外,中间每隔6跨设置一道。

2. 钢管扣件式脚手架的搭设

脚手架搭设范围的地基,表面应平整,排水畅通,如表层土质松软,应加150 mm厚碎石或碎砖夯实,对高层建筑脚手架基础应进行验算。垫板、底座均应准确地放在定位线上。竖立第一节立杆时,每6跨应暂设置一根抛撑(垂直于纵向水平杆,一端支承在地面上),直至固定件架设好后方可根据情况拆除。架设至有固定件的构造层时,应立即设置固定件。固定件设于操作层的距离不应大于两步。当超过时,应在操作层下采取临时稳定措施,直到固定件架设完后方可拆除。双排脚手架的横向水平杆靠墙的一端至墙装饰面的距离应小于100 mm,杆端伸出扣件的长度不应小于100 mm。安装扣件时,螺栓拧紧扭力矩不应小于40 N·m,不大于70 N·m。除操作层的脚手板外,宜每隔12 m铺一层脚手板。

遇到门洞时,不论单排、双排脚手架均可挑空1～2根立杆,并将悬空的立杆用斜杆逐根连接,使荷载分布到两侧立杆上。单排脚手架过窗洞时,可增设立杆或吊设一短杆将荷载传布到两侧的横向水平杆上,如图6-6所示。

3. 钢管扣件式脚手架的拆除

脚手架的拆除按由上而下,逐层向下的顺序进行。严禁上下同时作业,所有固定件应随脚手架逐层拆除。严禁先将固定件整层或数层拆除后再拆脚手架。分段拆除高差不应大于2步。如高差大于2步,应将开口脚手架进行加固。当拆至脚手架下部最后一节立杆时,应先将临时抛撑加固,后拆固定件。卸下的材料应集中,严禁抛扔。

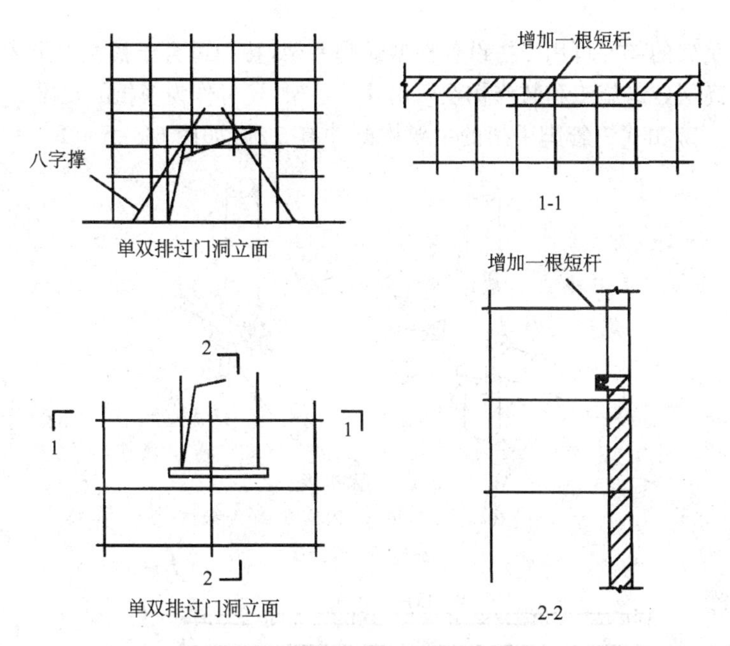

图 6-6　门窗洞口处搭设示意

(二)碗扣式钢管脚手架

碗扣式钢管脚手架又称多功能碗扣型脚手架。这种新型脚手架的核心部件是由接头上下碗扣、横杆接头和上碗扣的限位销等组成(如图 6-7 所示)。碗扣接头具有结构简单,杆件全部轴向连接,力学性能好,接头构造合理,工作安全可靠,拆装方便,操作容易,零部件损耗率低等特点。

上、下碗扣和限位销按 600 mm 间距设置在钢管立杆上,其中下碗扣和限位销直接焊在立杆上。将上碗扣的缺口对准限位销后,即可将上碗扣向上拉起(沿立杆向上滑动),并把横杆接头插入下碗扣圆槽内,随后将上碗扣沿限位销滑下,并顺时针旋转以扣紧横杆接头(用锤敲击几下即可达到扣紧要求)。碗扣式接头可同时连接 4 根支杆,横杆可相互垂直或偏转一定角度。主要是由于这一特点,碗扣式钢管脚手架的部件可用于搭设各种型式脚手架，特别适合于搭设扇形表面及高层建筑施工和装修作业两用外脚手架，还可作为模板的支撑。

碗扣式钢管脚手架的主要构配件有 5 种（如图 6-8 所示）。

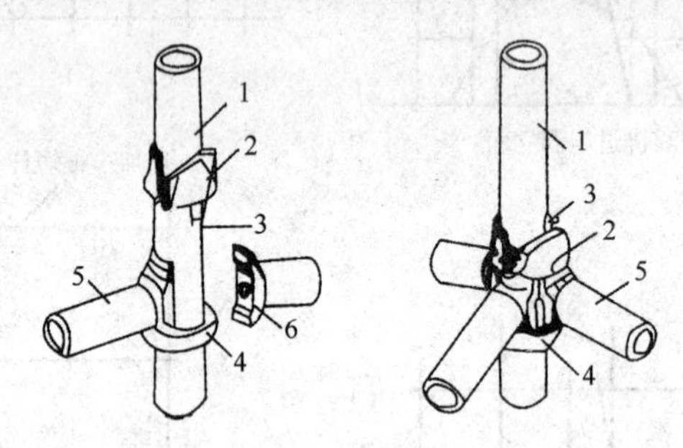

图 6-7　碗扣接头

1—立柱；2—上碗扣；3—限位销；4—下碗扣；
5—横杆；6—横杆接头

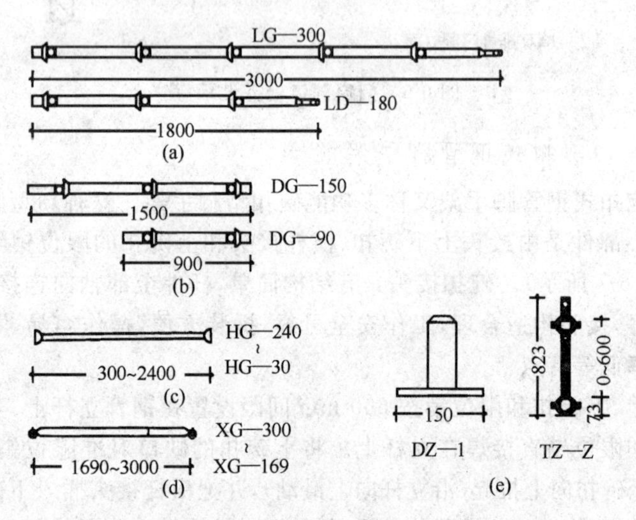

图 6-8　碗扣式脚手架的主构配件（单位：mm）

(a)立杆；(b)顶杆；(c)横杆；(d)斜杆；(e)支座

(1)立杆:有两种规格,以便于错开接头部位(如图 6.8a 所示)。

(2)顶杆:支撑架的顶部立杆,其上可装设承座和托座,也有两种规格,在立杆和顶杆上每隔 600 mm 设一副碗扣接头。立杆与顶杆配合可以构成任意高度的支撑架(如图 6.8b 所示)。

(3)横杆:架子的水平承力杆有五种规格(如图 6.8c 所示)。

(4)斜杆:用作斜向拉压杆,有四种规格,分别用于 1.2 m×1.2 m;1.2 m×1.8 m;1.8 m×1.8 m;1.8 m×2.4 m 网格(如图 6.8d 所示)。

(5)支座:用于支垫立杆底座或作为支撑架顶撑的支垫。有垫座和可调座两种型式(如图 6.8e 所示)。除主要构配件外,碗扣式脚手架尚有:搭边横杆、宽挑梁、立杆连接锁、直角撑、连墙撑、爬升挑梁、梯子等 19 种辅助构配件。

碗扣式钢管脚手架立杆横距为 1.2 m,纵距根据脚手架荷载可分为 1.2 m、1.5 m、1.8 m、2.4 m,步距为 1.8 m、2.4 m。双排脚手架的一般;构造如图 6-9 所示;曲线形双排脚手架搭设方式如图 6-10 所示。直角交叉构造可采用直接拼接或用直角撑实现任意部位的直

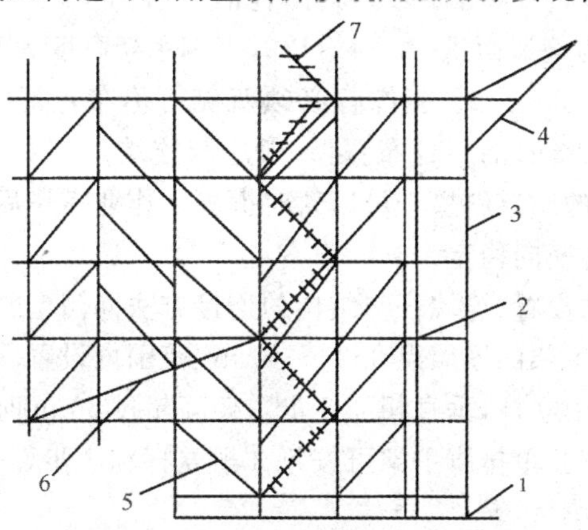

图 6-9 双排脚手架的一般构造

1—垫座;2—横杆;3—立杆;4—安全网支架;5—斜杆;6—斜脚手架;7—梯子

角交叉。脚手架需要作曲线布置时,可按曲率的要求使用不同长度的横杆进行组合,但曲率半径不能小于2.4 m。

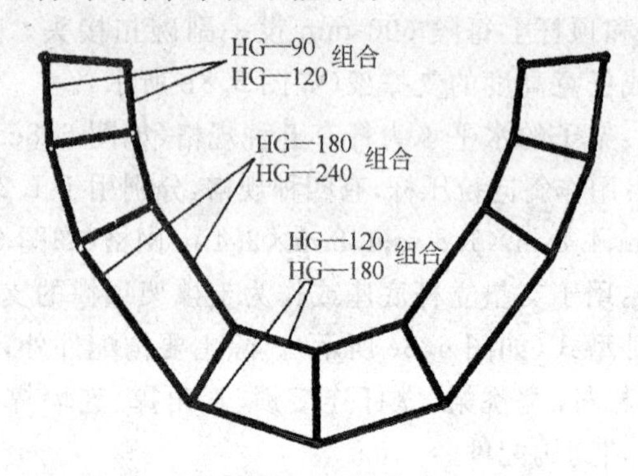

图 6-10　曲线形双排脚手架搭设方式

斜撑布置:斜撑的网格应与架子的尺寸相适应。斜撑杆为拉压杆,布置方向可任意。一般情况下斜撑应尽量与脚手架的节点相连,但亦可以错节布置(图 6-9)。斜撑杆的布置密度,当脚手架高度低于30 m时,为整架面积的1/4～1/2;当脚手架高度大于30 m时,为整架面积的1/3～1/2。斜撑杆必须双侧对称布置,且应分布均匀,廊道(即架宽方向)的斜杆布置,一般应与连墙点相对应。在进行作业时,作业层的廊道斜撑杆可以暂时拆去。作业完毕后随即装上,以确保脚手架的横向稳定。

连墙杆的设置:连墙杆与结构的连接方法同门型脚手架,其布置要求:双排脚手架的连墙点在30～40 m^2 范围内设置一点(即大致水平间隔3～4个立杆,垂直相隔3步);架高超过30 m时,其底部的布点应适当加密。单排脚手架可按每3根立杆和3步设一点。

(三)木脚手架

通常用剥皮杉木杆:用于立杆和支撑的杆件小头直径不少于70 mm,用于横向水平杆的杆件小头直径不少于80 mm。木脚手架构造搭设与钢管扣件式脚手架相似,但它一般用8号铅丝绑扎。立杆、纵向水平杆的搭接长度不应小于 1.5 m，绑扎不少于三道，纵向水平杆的接头处，小头应压在大头上。如三杆相交时，应先绑扎两根，再绑第三根，切勿一齐绑捆。

(四)竹脚手架

杆件应用生长三年以上的毛竹(楠竹)。用于立杆、支撑、顶杆、纵向水平杆的竹竿小头直径不小于 75 mm;用于横向水平杆的小头直径不小于 80 mm。竹脚手架一般用竹篾绑扎，在立杆旁加设顶杆顶住横向水平杆，以分担一部分荷载，免使纵向水平杆因受荷过大而下滑，上下顶杆应保持在同一垂直线上。

多立杆式脚手架旁一般要搭斜道，成“之”字形盘旋而上，供人员上下之用。人行斜道斜度不得大于 1∶3，宽度不小于 1 m，两端转弯处要设置平台，平台宽度不小于 1.5m，长度为斜道宽度的两倍。兼作材料运输时斜道宽度适当加宽。斜道侧面和平台的三面临空处均应加设护身栏杆及踢脚板，如图 6-11 所示。

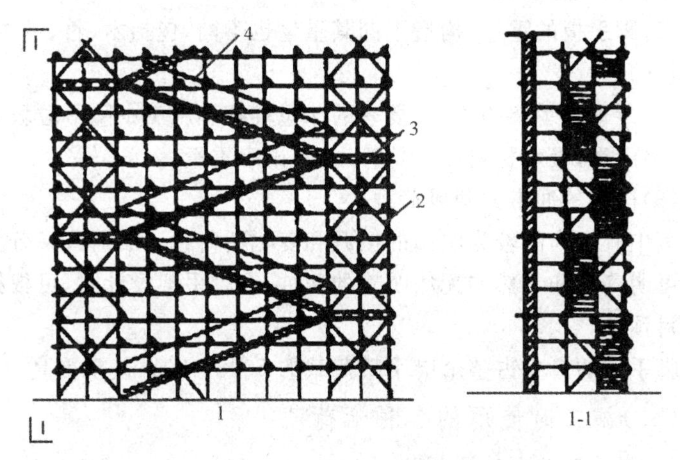

图 6-11 护身栏杆及踢脚板

1—斜横杆;2—剪刀撑;3—平台;4—横杆

第二节 脚手架荷载的种类和施工时使用荷载的标准

一、脚手架荷载的种类

(一)脚手架的自重

(1)杆件的重量:竖向立杆,纵向水平杆,横向水平杆的全部自重。

(2)连接件和加固杆件的重量:连墙杆,纵斜撑,横向“之”字形撑和各种连接扣件。

(3)安全防护杆件的重量:防护栏杆和其他各种支撑杆件。

(4)安全防护设施重量:水平安全网,垂直密目网,操作层的竖向侧挡板(脚手板或竹笆等)。

(5)脚手板的重量:构造不同其重量也不同,包括木、竹、钢木、钢脚手板的重量。

(6)冬季脚手架的积雪、夏季的冰雹堆积和施工中坠落垃圾。

(7)雨季,吸水材料(木、竹等)的吸雨水重量。

(8)构件的冲击力和风荷载。

其中有人为的较为明确的恒载和变化活荷载。活荷载又分为人为的可明确的和天然的无法明确的两种,在脚手架设计时,可根据有关资料预估。

脚手架的自重占整个脚手架荷载的50%~80%甚至更高。

(二)施工时使用的各种活荷载

(1)脚手架上面的活荷载。

(2)各种小型机具和手工工具的重量。

(3)堆放其上各种材料的重量。

二、施工时使用荷载的标准

施工用脚手架，施工时均布活荷载标准规定为：①维修脚手架为 1 kN/m^2；②装饰脚手架为 2 kN/m^2；③结构脚手架为 3 kN/m^2。若需超载则应采取相应措施并进行验算。

第三节　脚手架的垂直度、挠度与脚手架安全的关系

一、脚手架的垂直度和挠度

（一）脚手架的垂直度

垂直允许偏差不得大于 100 mm，对于多立杆高层脚手架，第一段的垂直偏差不得超过全高的 1/400，以上各段允许偏差为全高的 1/200。

（二）脚手架的挠度

横杆弯曲后的截面中心至原轴线的距离，即为挠度。大横杆的水平允许偏差不大于总长度的 1/300，且不大于 20 mm。大横杆和小横杆每一个节点长度内允许挠度为节点长度的 1/150。一般用水准尺检测大、小横杆的平整度。

二、脚手架的垂直度、挠度与脚手架安全的关系

（一）脚手架垂直度偏差过大产生的不安全因素

脚手架的垂直度是关系到脚手架整体稳固性的重要因素。垂直度偏差过大超过允许规定，在脚手板承受外力时，加剧架子的倾斜和失稳、立杆扭转变形而弯曲，甚至发生倒塌事故。立杆的垂直度是脚手架整体稳固的首要保证，在搭设过程中，特别要注意控制立杆垂直

度在允许范围内。立杆架设第一根时就要严格控制准确性,在以上的架设过程中随时观察、校正,确保垂直度和脚手架的稳固性。

(二)脚手架挠度过大产生的不安全因素

脚手架大、小横杆也是脚手架的重要受力构件,若挠度过大,会损坏大、小横杆与立杆之间的连接件,会影响横杆的平整度,甚至造成连接扣件和绑扎件的破裂(断裂),杆件弯断,会严重破坏脚手架的安全。

在脚手架的架设过程中,杆件的选择应符合直线度要求,钢管弯曲的要经校直使用,弯折损坏严重的不准使用。竹、木杆件,选择符合直线度要求的采用,并且要注意小头直径要符合规定,破损严重的、材质不佳的、不符合规范规程的严禁用于脚手架上。另外大、小横杆的有效跨度也应控制好,大、小横杆和立杆间的连接必须可靠,保证脚手架整体性的安全和脚手架使用时施工作业人员的安全。

第四节　常用落地扣件式钢管脚手架搭设的安全技术

一、构架材料的技术要求

(一)钢管杆件

钢管杆件包括立杆、纵向平杆(大横杆)、横向平杆(小横杆)、剪刀撑、斜杆和抛撑(在脚手架立面之外设置的斜撑),贴地面设置的平杆亦称“扫地杆”,在作业层设置的、用于拦护的平杆亦称为“栏杆”。

作为脚手架杆件使用的钢管必须进行防锈处理:即对购进的钢管先行处理,然后内壁擦涂两道防锈漆,外壁涂防锈漆一道和面漆两道。在脚手架使用一段时间以后,由于防锈层会受到一定的损伤,因此需重新进行防锈处理。现在国外大多采用热浸镀锌法作防锈处理，或直接采用镀锌钢管，虽一次投入较大，但长期的经济效果还是合算的。

（二）脚手板

扣件式脚手架的作业层面可根据所用脚手板的支撑要求设置横向平杆，因而可使用各种形式的脚手板。

对脚手板的技术要求为：

（1）脚手板的厚度不宜小于 50 mm，宽度不宜小于 200 mm，重量不宜大于 30 kg；

（2）确保材质符合规定；

（3）不得有超过允许的变形和缺陷。

（三）杆配件、脚手板的质量检验要求和允许偏差

扣件式钢管脚手架的杆配件（包括使用的脚手板）的质量检验要求分别列于表 6-2 和表 6-3 中。

表 6-2　钢管质量检验要求

项次		检查项目	验收要求
新管	1	产品质量合格证	必须具备
	2	钢管材质检验报告	
	3	表面质量	表面应平直光滑，不应有裂纹、分层、压痕、划道和硬弯，上述缺陷不应大于表 6-4 的规定
	4	外径、壁厚	允许偏差不超过表 6-4 规定
	5	端面	应平整、偏差不超过表 6-4 规定
	6	防锈处理	必须进行防锈处理，镀锌或涂防锈漆
旧管	7	钢管锈蚀程度，应每年检查一次	锈蚀深度符合表 6-4 规定，锈蚀严重部位应将钢管截断进行检查
	8	其他项目同新管项次 3、4、5	同新管项次 3、4、5

表 6-3 脚手板质量检验要求

项次	项目	要求
1 钢脚手板	产品质量合格证 尺寸偏差缺陷防锈	必须具备 应符合表 6-4 要求不得有裂纹、开焊与硬弯必须涂防锈漆
2 木脚手板	尺寸缺陷	宽度≥200 mm，厚度宜大于 50 mm，不得有开裂、腐朽

二、构架的形式、特点和构造要求

扣件式钢管脚手架可用于搭设外脚手架、里脚手架、满堂脚手架、支撑架以及其他用途的架子。以下分别介绍其构架的形式、特点和构造要求。

(一)外脚手架

1. 双排脚手架

(1)立杆横距(单排脚手架为立杆至墙面距离)为 0.9～1.5 m(高层架子不大于 1.2 m)；纵距为 1.4～2.0 m(当用单立杆时，35 m 以上架用 1.4～1.6 m，当用双立杆时为 1.5～2.0 m)。单立杆双排脚手架的搭设高为 50 m，如果需要搭设 50 m 以上的脚手架时，35 m 以下应采用双立杆，或自 35 m 起采用分段斜载措施，且上部单立杆的高度应小于 30 m。相邻立杆的接头位置应错开布置在不同的步距内，与相近大横杆的距离不宜大于步距的三分之一。立杆与大横杆必须用直角扣件扣紧(大横杆对立杆起约束作用，对确保立杆承载能力的关系很大)，不得隔步设置或遗漏。当采用双立杆时，必须都用扣件与同一根大横杆扣紧，不得只扣紧 1 根，以免其计算长度成倍增加。

立杆采用上单下双的高层脚手架，单双立杆的连接方式有二：

①单立杆与双立杆之中的一根对接；

②单立杆同时与两根双立杆连接用不少于 3 道旋转扣件搭接，

其底部支于小横杆上，单立杆与大横杆的连接扣件之下应加设两道扣件（扣在立杆上），且三道扣件紧接，以加强对大横杆的支持力。

杆构配件的允许偏差如表6-4所示。

表6-4 杆构配件的允许偏差

项次	项目	允许偏差Δ(mm)	检查工具
1	钢管尺寸的偏差Δ a. 低压焊接管 外径48 mm 壁厚3.5 mm b. 普通焊接钢管 外径48 mm 壁厚3.5 mm c. 高频焊接钢管 外径48 mm 壁厚3.5 mm	 −0.50 −0.50 −0.50 −0.35 −0.50 0.30	游标卡尺
2	钢管两端端面切斜的偏差	1.70	塞尺
3	钢管内外表面锈蚀的深度($\Delta=\Delta_1+\Delta_2$)	≤0.50	
4	钢管弯曲的偏差(Δ) a. 各种杆件钢管的局部弯曲 $L\leqslant1.5$ m b. 立杆钢管弯曲 3 m<L≤4 m 4 m<L≤6.5 m c. 栏杆、支撑体系的钢管弯曲 $L\leqslant6.5$ m	 ≤5 ≤12 ≤20 ≤30	钢板尺
5	冲压钢脚手板的偏差(Δ) a. 板面弯曲 $L\leqslant4$m $L>4$m b. 板面扭曲（任一角跷起）	 ≤12 ≤16 ≤5	钢板尺

立杆的垂直偏差应不大于架高的1/300，并同时控制其绝对偏差值：当架高≤20 m时，不大于50 mm；>20 m而≤50 m时，不大于75 mm；>50 m时应不大于100 mm。

(2)大横杆步距为1.5～1.8 m。上下横杆的接长位置应错开布置在不同的立杆纵距中，与相近立杆的距离不大于纵距的三分之一。

同一排大横杆的水平偏差不大于该排脚手架总长度的1/250，且不大于50 mm。

相邻步架的大横杆应错开布置在立杆的里侧和外侧，以减少立杆偏心受载。

(3)小横杆贴近立杆布置(对于双立杆，则设于双立杆之间)，搭于大横杆之上并用直角扣件扣紧。在相邻立杆之间根据需要加设1根或2根。在任何情况下，均不得拆除作为基本构架结构杆件的小横杆。

(4)剪刀撑 35 m以下脚手架除在两端设置外，中间每隔12～15 m设一道。剪刀撑应联系3～4根立杆，斜杆与地面夹角为45°～60°;35 m以上脚手架，沿脚手架两端和转角处起，每7～9根立杆相邻两排剪刀撑之间，每隔10～15 m高加设一组剪刀撑。剪刀撑的斜杆除两端用旋转扣件与脚手架的立杆或大横杆扣紧外，在其中间应增加2～4个扣结点。

(5)连墙件可按二步三跨或三步三跨设置，其间距应不超过表6-5规定，且连墙件一般应设置在框架梁或楼板附近等具有较好抗水平力作用的结构部位。

表 6-5　连墙件的间距

脚手架类型	脚手架高度(m)	垂直间距(m)	水平间距(m)
双排	≤50	≤6	≤6
	>50	≤4	≤6
单排	≤20	≤6	≤5

(6)水平斜拉杆设置在有连墙杆的步架平面内，以加强脚手架的横向刚度。

(7)护栏和挡脚板在铺脚手板的操作层上必须设2道护栏和挡脚板。上栏杆高度≥1.1 m。挡脚板亦可用加设一道低栏杆(距脚手板面0.20～0.30 m)代替。

2. 单排脚手架

单排脚手架只有一排立杆，小横杆的另一端搁置在墙体上，构架形式与双排脚手架基本相同，但使用上有较多的限制。

(1)使用限制

①搭设高度≤20 m，即一般只用于6层以下的建筑(仅做防护用的单排外架，其高度不受此限制)。

②不准用于一些不适合承载和固定的砌体工程，脚手眼的设置部位和孔眼尺寸均有较为严格的限制。一些对外墙面的清理或饰面要求较高的建筑，考虑到墙脚手眼对建筑质量可能造成的影响，也不宜使用单排脚手架。

(2)构造要求

为了确保单排脚手架的稳定承载能力和使用安全，在构造上一定要符合以下要求：

①连接点的设置数量不少于三步三跨一点，且连接点宜采用具有抗拉压作用的刚性构造。

②杆件的对接接头应尽量靠近杆件的节点。

③立杆底部支点可靠，不得悬空。

3. 连墙构造

连墙构造(简称“连墙杆”)对外脚手架的安全至关重要，在构造上一定要符合要求。

(1)连墙构造的类型

①刚性连墙构造

刚性连墙构造系指既能承受拉力和压力作用，又有一定的抗弯和抗扭能力的刚性较好的连墙构造，即它一方面能抵抗脚手架相对于墙体的里倒和外张变形，同时也能对立杆的纵向弯曲变形有一定的约束作用，从而提高脚手架的抗失稳能力。

②柔性连墙构造

柔性连墙构造系指只能承受拉力作用，或只能承受拉力和压力作用，而不具有抗弯、抗扭能力，刚度较差的连墙构造。它的作用只能限制脚手架向外倾倒或向里倾倒，而对脚手架的抗失稳并无帮助，因此在使用上受到限制：纯受拉连墙件只能用于3层以下房屋；纯拉压连墙件一般只能用在高度≤24 m的建筑工程中。

(2)刚性连墙构造的形式

扣件式钢管脚手架的刚性连墙构造有以下9种常用形式：

①单杆穿墙夹固式——单根小横杆穿过墙体，在墙体两侧用短钢管(长度≥0.6 m，立放或平放)塞以垫木(6 mm×9 mm或5 mm×10 mm方木)固定；

②双杆穿墙夹固式——对上下或左右相邻的小横杆穿过墙体，在墙体的两侧用小横杆塞以垫木固定；

③单杆窗口夹固式——单根小横杆通过门窗洞口，在洞口墙体两侧用适长的钢管(立放或平放)塞以垫木固定；

④双杆窗口夹固式——对上下或左右相邻的小横杆通过门窗洞口，在洞口墙体两侧用适长的钢管塞以垫木固定；

⑤单杆箍柱式——单根适长的横向平杆紧贴结构的柱子、用3根短横杆将其固定于柱侧；

⑥双杆箍柱式——用适长的横向平杆和短钢管各2根抱紧柱子固定；

⑦埋件连固式——在混凝土墙体(或框架的柱、梁)中埋设连墙件，用扣件与脚手架立杆或纵向平杆连接固定。预埋的连墙件有以下两种形式：

a. 带短钢管埋件：在普通埋件的钢板上焊以适长的短钢管，钢管长度以能与立杆或大横杆可靠连接为度。拆除时需用气割从钢管焊接处割开。

b. 预埋螺栓和套管：将一端带适长弯头的M12～16螺栓垂直埋入混凝土墙体结构中，套入底端带中心孔支撑板的套管，在另一端架垫板并以螺母拧紧固定。

⑧绑挂连固式——即采用绑或挂的方式固定螺栓套管连墙件：

a. 绑式：采用适长的双股 8 号铅丝，一端套入短钢筋横杆后埋入墙体（或穿过墙体贴靠在墙体里表面上），伸出外墙面足够长度、穿入套管（套管的里端焊有带中心孔的支撑板，外端带有可放置短钢筋的半圆形槽口）后，加 ϕ16 短钢筋绑扎固定。

b. 挂式：在墙体中埋入用 ϕ6 圆钢制作的挂环件（或另一端有弯起、勾在里墙面上），伸出外形成适合的挂环，将 M12～16 螺栓带弯头的一端卡入挂环，穿入带支撑板的套管后，另一端加垫板以螺母拧紧固定。

这种形式，既可用在混凝土墙体，亦可用在砖砌墙体。

⑨插杆绑固式——在使用单排脚手架的墙体中设预埋件，在墙外侧设短钢管，塞以垫木用双箍 8 号铅丝绑扎固定。亦可使用短钢筋将双股 8 号铅丝一端埋入墙体或贴固于里墙面。

⑦b、⑧a、⑧b 和⑨四种形式采用顶紧构造，具有不留洞眼、装拆方便和材料耗用少等显著优点。显然套管未直接固定于墙体中，但由于设有贴墙支撑板，在通过拧固或绑固实现顶紧墙体的情况下，具有一定的抗弯、抗扭能力，因此，仍可将其归入刚性连墙构造中。

(3)柔性连墙构造的形式

扣件式钢管脚手架的柔性连墙构造有以下形式：

①单拉式——只设置仅抵抗拉力作用拉杆或拉绳。前述采用单杆（或双杆）穿墙（或通过窗口）的夹固构造，如果只在墙的里侧设置挡杆时，则就成为单拉式。此外还有：a. 使用双股 8 号铅丝，一端套短钢筋埋入墙体或固定在墙体里侧，另一端与脚手架的支杆或纵向平杆绑扎拉结；b. 使用 ϕ6～8 钢筋拉结；c. 在墙体中设预埋件，用双股 8 号铅丝与立杆或纵向平杆绑扎拉结。

②拉顶式——将脚手架的小横杆顶于外墙面（亦可根据外墙装修施工操作的需要，加适厚的垫板，抹灰时可撤去），同时设双股 8 号

铅丝拉结。

(4)连墙构造的选用

连墙构造按以下要求选用：

①单拉式柔性连墙构造只能用于3层以下或高度不超过10 m的房屋建筑；拉顶式柔性连墙构造一般只用于6层以下或高度不超过20 m的房屋建筑；7层或高度大于20 m的建筑，外脚手架一般应采用刚性连墙构造。

②高层外脚手架由于其上部的荷载较小，连墙件的主要作用是抵抗倾倒，即承受水平力的轴拉和轴压作用；而下部的荷载较大，连墙件的主要作用是加强脚手架的抗失稳承载能力。因此，可根据脚手架稳定承载能力计算的结果，取安全系数K＝3的计算截面作为分界面，在分界面以下必须使用刚性连墙构造，在分界面之上可以使用拉顶式柔性连墙构造。

③根据连墙点设计位置的设置条件选用适合的连墙构造形式。

(5)连墙构造设置的注意事项

①确保杆件间的连接可靠。扣件必须拧紧；垫木必须夹持稳定，避免脱出。

②装设连墙件时，应保持立杆的垂直度要求，避免拉固时产生变形。

③当连墙件轴向荷载(水平力)的计算值大于6 kN时，应增加扣件以加强其抗滑动能力。特别是在遇到强风袭来之前，应检查和加强拉固连墙措施，以保架子安全。

④连墙构造中的连墙杆或拉筋应垂直于墙面设置，并呈水平位置或稍向脚手架一端倾斜，但不容许向上翘起。

4. 挑支构造

挑支构造一般在以下情况或部位使用：搭设单层挑脚手架，挑扩作业，适应有阳台、挑棚以及其他突出墙面构造情况下的脚手架设置要求，设置部分卸载装置以及搭设特殊形式(如上扩形、梯阶形等)的脚手架等，其构造形式可归纳为以下几种：

(1)附墙和洞口挑支作业架

附墙和洞口挑支作业架的构造多为明确的拉、支杆体系，其构造形式、计算简图及构造、搭拆和使用要求分述于下：

①附墙的单层挑支作业架

应用范围：主要用作局部修缮作业架、檐口外装修架以及不设置其他形式外脚手架而外墙又有局部装修和施工作业的情况。

构造要求：a. 水平拉杆外端应有 10～20 mm 向上翘起，以避免受载后外端下垂；b. 斜支杆与墙面的夹角应≤45°；c. 栏杆立柱应与斜支杆、构造斜杆可靠扣接并保持垂直；d. 构造斜杆为构架之必须，且有缩短斜支杆受压计算长度之作用，绝对不能缺少；e. 斜支杆底部必须可靠的顶在墙面、脚手眼或墙面突出的构造上；f. 所有连接扣件必须可靠拧固。

搭设注意事项：必须确保搭设作业的安全，其操作步骤一般为：a. 凡按设置要求预先在墙体上留脚手眼；b. 按构造设计先在地面或屋面、楼板上组装单片挑支架(包括水平拉杆、斜支杆、斜构造杆和栏杆立柱)；c. 利用吊升、吊下或从楼层门窗伸出等适合方式将挑架片插入墙体，调好位置并与墙面垂直后，用里侧挡固杆予以固定；d. 以安全的方式上架装设纵向水平杆、栏杆和铺脚手板；e. 拆除作业按与上述搭设作业相反的程序进行。

使用注意事项：a. 必须设置安全上下架通道或相应措施；b. 为轻型作业架，施工荷载不得超过 2 kN/m^2；c. 架子外侧必须设置可靠的安全防护，单段挑架应三面设置防护。

②从洞口伸出的单层挑支作业架

从门窗洞口伸出单层挑支构造，其构造的形式取决于作业层面下横向平杆在洞口内所处的高度位置。当处于洞口的上部，其下有足够的空间使斜支杆可以进入室内并支撑于楼板上时，可采用双横杆插口构造；当横向平杆下的空间小于 0.6 m 时，则仍需采用俯墙挑支形式。

应用范围和构造要求同附墙挑支作业架。由于有洞口和室内操作条件,搭设时间可根据安全和方便的要求采用适合的构架程序。

(2)挑扩作业面

在不采取斜支加强构造的情况下,脚手架横向平杆伸出立杆之外的长度不得大于600 mm,允许铺2块脚手板,但只允许靠立杆的一块脚手板有施工荷载(站人或放材料)。当遇到阳台、挑棚及其他突出墙面构造的限制、使内立杆距外墙面≥600 mm时,应视操作的需要(即施工荷载的分布情况)采用挑支构造扩宽作业面。

当外墙有全墙宽连续阳台、雨篷、遮阳板时,宜采用挑扩作业面构架;当为局部不连通时,在阳台部位亦可采用“外通内断”做法,即双排脚手架的外立杆处于阳台外,内立杆采用短立杆支架于阳台上,但必须遵照以下要求搭设:①内立杆与外立杆必须用不少于3道的横向平杆相连接,且下面一道应靠内立杆底部位置;②每1个阳台必须设1个连墙件(可用1～2根适长的横向平杆伸入室内、按相应连墙构造搭设);③在阳台外边加设可调钢立柱或50 mm×100 mm方木立柱支顶,支柱间距为4 m,且作业层阳台之下连续支顶不少于3层;④纵向水平杆应沿全墙宽连续设置,以加强构架的整体性。在确定构架的步距时,应照顾到这一要求;⑤杆件连接必须可靠。

立杆的底部可加设宽木垫板,但不允许用砖支垫。

(3)局部卸载构造

当需要搭设高度超过50 m的脚手架时,自架高30 m起,可采用局部卸载装置,将其上的部分荷载传给工程结构,以确保脚手架使用的安全。

设置和使用要求:局部卸载装置必须经过严格的设计验算,搭设完毕后,应将全部卸载装置都调整到支顶杆顶紧(用加垫背楔)和拉杆绷紧(拧紧花篮螺丝)的状态,以使其能起到卸载的要求。

5. 门洞构造

外脚手架需要开设通道门洞时,根据开洞宽度,可采用在洞口上挑空 1～2 根立杆并相应增加斜杆加强的构造方式。如图 6.6 所示，当门洞较宽，需挑空 2 根以上立杆时，亦可采用以 ϕ48 mm×3.5 mm 钢管杆件焊制的定型梁。洞边立杆承载较大：挑空 1 个立杆时为 1.5 N；挑空 2 根立杆时为 2 N（非洞边立杆的荷载为 1N）。因此，架高 20 m 时，门洞边立杆一般需采用双立杆。

（二）定型作业架

用扣件式钢管脚手架材料搭设的可整体移位或吊升（降）的定型作业架，包括用于挂脚手架、插口架的定型外架、吊篮和用于内外墙砌筑和室内装修的定型作业台，都属于脚手架范畴。

定型作业架由于必须满足频繁移动和吊装的要求，因此应有稳定的构架结构和整体刚度，在设吊挂点、支座或脚轮的部位应视需要予以加强。定型作业架必须严格地按设计尺寸和结构组装，因此需要选用适当长度的钢管杆件（现有杆件长度不合适时，应按设计长度截取）。不宜采用对接（使用对接扣件）或搭接（使用旋转扣件）的方式对不够长的杆件进行接长或接高（可采用加套管对接焊接接长）。

定型作业架设计时使用的施工荷载按其用途取相应的规定值或取实际值。代替里脚手架的砌筑作业台架，由于使用砖笼直接往台上供砖垛，荷载较大，设计时应予充分考虑。

用扣件式钢管脚手架搭设的定型砌筑作业台架、插挂脚手架和悬篮的一般构造形式：用于加强构架刚度的剪刀撑或斜杆一般设置在边排的外侧面，长度大于 4 m 的砌筑作业架台，可视需要在里排增设 1～2 道横立面剪刀撑或斜杆，所有外侧面均围安全网或其他围护材料。

定型作业架必须严格按照设计尺寸组装（不得扭、斜）、扣件必须固定牢固，受力大的部位可视需要采用双扣件，扣件外钢管长度不得小于 100 mm。搭设完毕的作业架宜加不小于 1.5 倍的施工荷载进行吊起试验，检查其受载后是否可靠。在使用过程中，应经常检查其是否有变形以及连接松弛的情况，并及时予以解决。

（三）里脚手架和满堂脚手架

里脚手架和满堂脚手架为室内作业架。

里脚手架依作业要求和场地条件搭设，常为“一”字形的分段脚手架，可采用双排或单排架。为装修作业架时，铺板宽度不少于 2 块板或 0.6 m；为砌筑作业架时，铺板 3～4 块，宽度应不小于 0.9 m。当作业层高＞2.0 m 时，应按高处作业规定，架子外侧设栏杆防护；用于高大厂房和厅堂的高度≥4.0 m 的里脚手架应参照外脚手架的要求搭设。用于一般层高墙体的砌筑作业架，亦应设置必要的抛撑，以确保架子稳定。单层抹灰脚手架的构架要求虽较砌筑架为低，但必须保证稳定、安全和操作的需要。

满堂脚手架系指室内平面满设的，纵横向各超过 3 排立杆的整块型落地式多立杆脚手架，用于天棚安装和装修作业以及其他大面积的高处作业，荷载除本身自重外，还有作业面上的施工荷载。用于大面积楼板模板的支撑架亦多采用满堂脚手架形式，但承受的是模板和楼板自重以及其上施工荷载，对构架有更高一些的要求。

满堂脚手架的一般构造形式：满堂脚手架允许设置一定数量的剪刀撑或斜杆，以确保在施工荷载偏于一边时，整个架子不会出现变形。

（四）支撑架

用扣件式钢管脚手架的杆配件可搭设各种用途的支撑架，其中最重要的是模板支撑架、上料架（台）、构件和材料的存放架、挡风架、临街挡护墙架以及安全防护棚架等。此类架子由于受较大的垂直或水平荷载作用且有卸料时的冲击和落物等动荷载作用，因此要求具有较大刚度和稳定性的构架结构，不允许出现显著的结构变形（因在重荷载作用下，变形会迅速发展而引发事故）以及基座的沉降。

1. 模板支撑架

施工单位有大量装备的扣件式钢管脚手架材料做模板支撑架，

具有方便和经济效益显著等优点，但杆件的长度和构架方式不一定都能适合构筑每种模板支撑架的要求，需要采取一定的措施，在构架上应慎重仔细的考虑。

满足支撑要求高度的办法：a. 在立柱底座板下加垫背楔（钢木均可）；b. 使用碗口式钢管脚手架的可调底座或可调顶托；c. 按支撑高度截取适长立杆；d. 用适长短钢管对接接高（使用对接扣件）；e. 采用搭接杆调高，其搭接长度不小于 0.8 m，连接扣件（旋转扣）不少于 3 道，且搭接部位必须有一道水平连接杆件；f. 利用支托调高。在选用时，需要根据支撑可靠和方便经济的要求采用其中的一种或两种方法。

①集中荷载的作用点应避开水平杆的中部，尽量靠近立杆。为此，在设计时可以采用不同的立杆排距，以确保达到上述要求。

②为避免支撑架受载后产生不允许的变形，应采用以下措施：a. 立杆全高至少有 2 道双向平杆拉结；底平杆宜贴近楼地面，距楼地面不小于 300 mm；平杆的步距（上下平杆间距）不宜大于 1500 mm，超过此距时，应增加拉结平杆的设置；b. 扣件抗滑必须确保有 2 倍的安全系数，验算不够时，应增加扣件；c. 通过荷载试验检验构架的可靠性和受载后的变形量，在构架时给以适当的调节量，以确保结构的尺寸要求；d. 在设计时，应根据工程情况，参阅手册“模板工程”中对支撑的要求和构造形式，慎重确定设计方案。

2. 梁、模板支撑架

梁、模板支撑架按承受垂直荷载作用进行设计，其中的斜杆或剪刀撑可根据工程情况采用普遍设置或局部设置。采用局部设置时，一般设在跨中部位。

3. 箱型基础模板支撑

箱型基础模板支撑，同时受垂直荷载（地下室楼板自重及其施工荷载）和水平荷载（浇铸混凝土时的侧压力）的作用，且墙模板根部的侧压力很大。因此，箱型基础模板支撑设计必须注意以下 3 点：①采用空间结构，并确保构架刚度；②加强下部的抗侧力构造；③确保受载后自身不出现影响工程质量的位移和变形。

箱型基础模板支撑的一般构造中，人字形斜杆可设在中排，底部剪刀撑可设在中排和次边排。在地板上应设预埋件以固定模板根部，所有与模板棱带的支顶部位均应加垫楔背紧。

（五）斜道和人梯

1. 斜道

斜道分人行、运料兼用斜道（简称“斜道”、“坡道”）和专用运料斜道（简称“运料斜道”或“运料坡道”），前者的设计荷载可取 3 kN/m²（以斜道面计，即 $q=3\sec\theta$），后者多作为拖拉重载运料推车或抬运较重构件、设备用，荷载应按实际取用。

斜道宜附着于双排以上的脚手架或建筑物。单独设置的斜道（例如基坑运输坡道），应视需要设置抛撑或拉杆、缆绳固定。

普通斜道宽度应不小于 1.0 m，运料斜道宽度应大于 1.2 m，坡度宜采用 1∶2.5～3.5（高∶长）；“一”字形斜道只宜在高 3 m 以下的脚手架上采用，高 3 m 以上的脚手架宜采用“之”字形斜道。

“一”字形普通斜道的里排立杆可以与脚手架的外排立杆共用，“之”字形普通斜道和运料斜道因架板自重和施工荷载较大，其构架应单独设计和验算，以确保使用安全。

斜道的一般构造形式。运料斜道立杆间距不宜大于 1.5 m，且需设置足够的剪刀撑或斜杆，确保构架稳定，承载可靠。此外，尚有以下注意事项：①“之”字形斜道必须自下至上设置连墙件，连墙件应设置在斜道转向接点处或斜道的中部竖杆上，连墙点竖向间距不大于楼层高度；②斜道两侧和休息平台外围均按规定设置挡脚板和栏杆；③脚手板的支撑跨度，普通斜道为 0.75～1.0 m；运料斜道为 0.5～0.75m；④脚手板顺铺时，板下端与脚手架横杆绑扎固定，以下脚手板的顶板头压上脚手板的底板头，起始脚手板的底端应可靠顶固，以避免下滑。板头棱台用三角木填平；接头采用平接时，接头部位用双横杆，间距 200～300 mm 设置防滑条一道。

2. 人梯

采用斜道供操作人员上下，固然安全可靠，但工料用量较多，因此在一般中小建筑物上大多不用斜道而用人梯。根据建筑物和所用脚手架的情况，分别采用不同类型的梯子。

(1)高梯

高度不大的架子(10 m 以内)可用高梯上下。梯子要坚固，不得有缺层，梯阶高度不大于 400 mm。梯子架设的坡度以 60 度为宜，底端应支设稳定，上端用绳绑在架子上。两梯连接使用时，连接处要绑扎牢固，必要时可设支撑加固。

(2)短梯

当脚手架为多立杆式、框式或桥式脚手架时，可在脚手架或支撑架上设置短爬梯；在单层工业厂房上采用吊脚手架或挂脚手架时，也可以专门搭设一孔上人井架设置短爬梯。爬梯上端用挂钩挂在脚手架的横杆上，底部支在脚手架上，并保持 60～80 度倾角。

爬梯一般长 2.5～2.8 m，宽 400 mm，阶距 300 mm。可用 ϕ25 mm×2.5 mm 钢管作梯帮、ϕ14 钢筋作梯步焊接而成，并在上端焊 ϕ16 挂钩。

(3)踏步梯

用短钢管和花纹钢板焊成踏步板，用扣件将其扣结到斜放的钢管上，构成踏步梯，梯宽 700～800 mm，供施工人员上下。

(六)节点构造

1. 交汇杆件节点

(1)正交节点

立杆与纵向平杆或横向平杆的正交节点采用直角扣件。对于由立杆、纵向平杆和横向平杆组成的节点，当脚手板铺于横向平杆之上时，立杆应与纵向平杆连接，横向平杆支于纵向平杆之上(贴近立杆)并与纵向平杆连接；当脚手板铺于纵向平杆之上时，横向平杆与立杆连接，纵向平杆与横向平杆连接；无铺板要求时，可视情况确定。

(2)斜交节点

杆件之间的斜交节点采用旋转扣件。凡计算简图中由平杆、立杆和斜杆交汇的节点，其旋转扣件轴心距平杆、立杆交汇点应≤150 mm。

2. 杆件的接长接点

(1)立杆的对接

错开布置、相邻立杆接头不得设于同步内，错开距离≥500 mm，立杆接头与中心节点相距不小于步距的1/3。

(2)立杆的搭接

为了满足立杆的设计高度要求，可采用立杆搭接方式，用旋转扣件连接，扣件间距不得小于 300 mm 和不大于 500 mm，扣件数量按其总抗滑力设计值(每个 8.5 kN)乘以 2 倍安全系数确定，且搭接长度不得小于 800 mm，连接(扣件)不得少于 3 道。斜杆和剪刀撑的搭接做法同立杆。

(3)单、双立杆连接

高层建筑脚手架下部采用双立杆，上部为单立杆的连接形式有两种：①并杆，主辅杆件用旋转扣件连接，底部采用双杆底座(加工件)；②不并杆，主辅杆中心距为 150～300 mm，在搭接部位增设纵向平杆连接加强。

(4)平杆的接长

平杆(主要是纵向平杆)的接长一般应采用对接，对接接头应错开，上下临杆接头不得设在同跨内，相距≥500 mm，且应避开跨中。

3. 不等高构架连接

(1)基地不等高情况下的构架方式

当脚手架的基地有坡面、错台、坑沟等不等高情况时，其构架应注意以下几点：①立杆底端必须落在可靠的基地(或结构物)上，若遇土坡，则应离开坡上沿≥500 mm，以确保立杆基地稳定；无可靠基地部位可采用前述洞口构造，悬空1～2根立杆；②在不等高基地区段，往接上扫地杆方向延伸一跨固定；③严格控制首步架步距≤200 mm，否则应增设纵向平杆及相应的横向平杆，以确保立杆承载稳定和操作要求。

(2)不等步构架连接

由于工程结构和施工要求，必须搭设不同步脚手架时，其交接部位应采取：①平杆向前延伸一跨；②必要时需要在交接部增加或加强剪刀撑设置；③增设梯杆，方便不等高作业层间通行联系。

(七)地基和基础

立杆的地基和基础构造可按表6-6的要求处理；当土质等情况与表中不符合时，可按地基计算规定进行设计和验算。搭设在地面的脚手架，其立杆底端应设底座或垫板，并根据立杆集中荷载进行地面结构验算。

三、作业要求

(一)地基处理和底座安装

按表6-6的一般要求或设计计算结果进行搭设场地的平整、夯实等地基处理，做好排水工作，确保立杆有稳固可靠的地基。然后按构架设计的立杆间距进行放线定位，铺设垫板(块)和安放立杆底座，并确保位置准确、铺放平稳、不得悬空。使用双立杆时，应相应采用双底座、双管底座或将双立杆焊接于1根槽钢底座板上(槽口朝上)。

表6-6　脚手架立杆的地基基础构造

搭设高度(m)	地基土质		
	中、低压缩性且压缩均匀	回填土	高压缩性或压缩不均匀
≤24	夯实原土，立杆底座置于面积不小于0.075 m^2 垫块、垫木上	土夹石或灰上回填夯实，立杆置于面积不小于0.1 m^2 的混凝土垫块或垫木上	夯实原土，铺设厚度不小于200 mm的通长槽钢或垫木

续表

搭设高度(m)	地基土质		
	中、低压缩性且压缩均匀	回填土	高压缩性或压缩不均匀
24～35	垫块、垫木上面积不小于 0.1 m^2，其余同上	夹砂石回填夯实，其余同上	夯实原土，铺设厚度不小于 300 mm 垫层，其余同上
35～60	垫块、垫木上面积不小于 0.15 m^2，或铺通长槽钢或木板，其余同上	夹砂石回填夯实，垫块或垫木上面积不小于 0.15 m^2，或铺通长槽钢或木板	夯实原土，铺设厚度不小于 500 mm 的道渣夯实，再铺通长槽钢或垫木

(二)搭设作业

放置纵向扫地杆→自脚部起依次向两边竖立底(第一根)立杆，底端与纵向扫地杆扣接固定后，装设横向扫地杆并与立杆固定(固定立杆底端前，应吊线确保立杆垂直)，每边竖起 3～4 根立杆后，随即装设第一步纵向平杆(与立杆扣接固定)和横向平杆(小横杆，靠近立杆并与纵向平杆扣接固定)，校正立杆垂直和平杆水平使其符合要求后，按 40～60 N·m 力矩拧紧扣件螺栓，形成构架的起始段→按上述要求依次向前延伸搭设，直至第一步架交圈完成。交圈后，再全面检查一遍构架质量和地基情况，严格确保设计要求和构架质量→设置连墙件(或加抛撑)→按第一步架的作业程序和要求搭设第二步、第三步……→随搭设进程及时装设连墙杆和剪刀撑→装设作业层间横杆(再构架横向平杆之间架设的、用于缩小铺板支撑跨度的横杆)，铺设脚手板和装设作业层栏杆、挡脚板或围护，封闭措施。

(三)搭设作业注意事项

①严禁 $\phi48$ 和 $\phi51$ 钢管及其相应扣件混用。

②底立杆应按立杆接长要求选择不同长度的钢管交错设置，至少应有两种适合的不同长度的钢管作立杆。

③在设置第一排连墙件前，应约每隔 6 跨设一道抛撑，确保架子

稳定。

④一定要采取先搭设起始段而后向前延伸的方式，当两组作业时，可分别从相对角开始搭设。

⑤连墙件和剪刀撑应及时设置，不得滞后超过两步。

⑥杆件端部伸出扣件之处的长度不得小于 100 mm。

⑦在顶排连墙件之上的架高（以纵向平杆计）不得多余两步，否则应每隔 6 跨加设一道撑拉措施。

⑧剪刀撑的斜杆与基本构架结构杆件之间至少有 3 道连接，其中，斜杆的对接或搭接接头部位至少有一道连接。

⑨周边脚手架的纵向平杆必须在脚部交圈并与立杆连接固定，因此，东西两面和南北两面的作业层有一交汇搭接固定所形成的小错台，铺板时应处理好交接的构造。当要求周边铺板高度一致时，脚部应增设立杆和纵向立杆（至少与 3 根立杆连接）。

⑩对接平板脚手板时，对接处的两侧必须设置间横杆。

作业层的栏杆和挡脚板一般应设在立杆的内侧。栏杆接长亦应符合对接或搭接的相应规定。

（四）脚手架搭设质量的检查与验收

1. 搭设的技术要求、偏差与检验方法见表 6-7。

表 6-7　脚手架搭设的技术要求与容许偏差

<table>
<tr><th>项次</th><th colspan="2">项目</th><th>技术要求</th><th>容许偏差
Δ(mm)</th><th>检查方法
与工具</th></tr>
<tr><td rowspan="2"></td><td rowspan="2">地基</td><td>表面</td><td>坚实平整</td><td rowspan="2"></td><td rowspan="2"></td></tr>
<tr><td>排水</td><td>不积水</td></tr>
<tr><td rowspan="3">1</td><td rowspan="3">基础</td><td>垫板</td><td>不晃动</td><td rowspan="2"></td><td rowspan="3">观察</td></tr>
<tr><td rowspan="2">底座</td><td>不滑动</td></tr>
<tr><td>沉降</td><td>－10</td></tr>
</table>

续表

项次	项目		技术要求	容许偏差Δ(mm)	检查方法与工具
2	立杆垂直度	最后验收垂直度 $H_{max}=20$ m $H_{max}=40$ m $H_{max}=60$ m $H_{max}=80$ m	$H/200$ $H/400$ $H/600$ $H/800$	±100	
3	间距	步距		±20	钢板尺
		杆距		±50	
		排距		±20	
4	纵向平杆高差	一根杆的两端		±20	水平仪或水平尺
		同跨内两根纵向水平杆高差垫板底座		±10	
5	双排脚手架横向平杆外伸长度偏差		外伸 500 mm	≤50	钢板尺
6	扣件安装	主节点处各扣件距主节点的距离	$a\leqslant150$ mm		钢板尺
		同步立杆上两个相邻外接扣件的高差	≤500 mm		
		立杆上的对接扣件	$\leqslant h/3$		
		纵向水平杆上的对接扣件距离主节点的距离	$L/3$		
	扣件螺栓固紧扭力矩		40～65 N·m		扭力扳手
7	剪刀撑斜杆与地面的倾角		45°～60°		角尺
8	脚手板外伸长度(mm)	对接	$100<a\leqslant150$ $2a\leqslant300$		卷尺
		搭接	$a\geqslant100$		卷尺

四、脚手架构造的安全技术要点

脚手架杆件组成脚手架承受、传递各种荷载的构架。脚手架的构架几何尺寸，如步距、立杆纵距与横距、剪刀撑跨度、连墙杆间距等，对脚手架的承载能力和整体稳固都是起主要作用的因素。设计和搭设脚手架时，应在满足使用要求，确保搭、拆和使用安全的条件下，尽可能使脚手架构造简便、能节省材料和人工费。

（一）双排钢管脚手架的高度、步距与间距

1. 脚手架的高度

扣件式钢管脚手架的立杆失稳，有可能导致脚手架发生整体垮塌破坏。这种破坏是突发性的，危害极大。立杆的稳固与地基承受能力、立杆垂直偏差、斜撑杆与建筑物的拉结保护等因素有关，而脚手架的搭设高度的确定，首先要考虑能否保证立杆的垂直稳固。因为，施工中所搭设的钢管脚手架的自重较大，管杆相对较细，其桅杆架自重荷载在总荷载中所占比重随搭设高度的升高而加大，达50％～80％，甚至更高，架子整体刚性将削弱。脚手架越高，同一根立杆需要对接延长的钢管越多，接点多，垂直度控制难度加大，扣件易损坏，影响脚手架的安全使用。

必须控制钢管脚手架的搭设高度。25 m以下的落地式双排钢管脚手架，其立杆可采用单肢，即单根钢管搭设。搭设高度超过25 m，且不超过50 m的钢管脚手架，应用双钢管立杆或缩小间距的方法。内外排立杆均用两根钢管。两根钢管必须用直角扣件和纵向水平大横杆扣紧，以保证两根钢管共同受力增强架体刚性，高度超过50 m的脚手架应进行专门设计计算。

2. 脚手架的步距

脚手架的步距对脚手架的整体刚度有明显影响。步距设置既要有利于增强脚手架的承载能力，又要考虑到高处作业空间和安全。房屋建筑施工中，底层是人员出入、材料运输进出等主要部位，钢管

脚手架的底部步距不应大于 2 m,其余各步步距均不大于 1.8 m 等步距设置。步距允许偏差为±20 mm。

3. 脚手架的立杆间距

扣件式钢管脚手架的纵向或横向水平杆的抗弯、抗滑强度不足,有可能发生脚手架局部失稳。间距是指前后立杆之间和左、右立杆之间的跨距,前者称为横距,后者称为纵距。横距和纵距过大,搭设形成的结构架体受力后,大、小横杆的挠度就大,允许偏差应分别控制在±20 mm 和±50 mm。而且,随着脚手架高度的增加,立杆的长细比加大,容易失稳。因此,必须按脚手架的搭设高度来确定采用合理的间距。搭设高度 25 m 以下的双排钢管脚手架,立杆的横距不大于 1.5 m,立杆的纵距不大于 1.8 m。搭设高度在 25 m 以上至 50 m以内的双排钢管脚手架,一是采用双管立杆架设,增强脚手架下部位杆的刚度,即脚手架中自地面至 25 m 高度范围内的各里、外立杆,另再并立一根同质钢管作为副立杆,用旋转扣件与原立杆连接,每步内的回转扣件不少于 2 只。副立杆的高度不应低于 3 步,钢管长度不应小于 6 m。二是采用缩小立杆间距的办法,横距≤1.2 m,纵距≤1.5 m,弥补脚手架立杆刚度不足问题。但缩小纵距应考虑到立杆过密,可能影响装饰等施工作业。脚手架转角处立杆必须加密,其间距应符合搭设要求。

4. 里立杆与墙面距离

双排钢管脚手架的架体里立杆距墙体一般不大于 200 mm。这样的距离的好处是:可以达到小横杆伸出内立杆不少于 100 mm 的要求,又不碰到墙面;而且采用脚手板直铺,操作人员作业就比较安全,也有利于架体稳固。当里立杆距墙体大于 200 mm 时,必须铺设平整牢固的站人脚手板(片),不得有探头板。每隔四步铺设一道隔离层,以防物体坠落伤人。里立杆距墙体距离不应大于 500 mm,因为距离太大,不利于操作或使用安全,也会对整个架体的平衡稳定造成威胁。

(二)杆件接长

(1)钢管脚手架立杆接长,除因为立杆最后一步顶层顶步上部已经没有荷载了,可采用搭接外,其余各层各步接头必须采用对接,对接扣件应交错布置:两根相邻立杆的接头不应设置在同步内,同步内隔一根立杆的两个相隔接头在高度方向错开的距离不宜小于 500 mm;各接头中心至主节点的距离不宜大于步距的 1/3。

(2)大横杆可以对接或搭接。采用对接方式时,两根相邻大横杆接头不宜设置在同步或同跨内;不同步或不同跨两个相邻接头水平方向错开的距离不应小于 500 mm;各接头中心至最近主节点的距离不宜大于纵距的 1/3。

采用搭接方式时,两大横杆的搭接长度不应小于 1 m,并应等间距设置 3 个旋转扣件固定,以防止上面搭接杆在竖向荷载作用下产生过大的变形。置于两端部的扣件盖板边缘至搭接大横杆端的距离不应小于 100 mm。

(3)剪刀撑斜杆需要接长时,宜采用搭接,因为对接扣件满足不了斜杆受拉的要求。搭接长度不应小于 1 m,并应采用不少于 2 个旋转扣件固定,两端部扣件盖板的边缘至杆端距离不应小于 100 mm,遇到搭接部位处于立杆与大横杆交叉点附近时,可采用里外水平合叠办法,使上下两斜杆应用旋转扣件和大横杆,其他部位采用上下叠合的方式。剪刀撑斜杆应用旋转扣件固定在与之相交的小横杆的伸出端立杆上,旋转扣件中心线至节点的距离不宜大于 150 mm。

(三)扣件的安装质量要求

(1)扣件的受力性能大小以扣件螺栓扭力矩为准。当扣件螺栓拧紧到扭力矩为 40～50 N·m 时,扣件本身才具有抗滑、抗转动和抗拔出的能力,并具有一定的安全储备。螺栓拧紧扭力矩为65 N·m 时,不得发生破坏。要保证水平杆件不下滑、杆件相互不松脱,即脚手架整体稳固。

(2)拧螺栓工具宜采用棘轮扳手。棘轮扳手可以连续拧紧操作,使用方便。为了控制好扣件螺栓拧紧程度,搭设架子操作人员应根据棘轮扳手的长度用测力计测量自己的手劲,并反复练习,逐步达到不用测力计,就能达到螺栓拧紧的标准要求。由于扣件基本材质是可锻铸铁,其特点是硬度较高,但具有脆性,扣件的螺栓是多次重复使用的,扭力过大容易造成贴合面断裂和螺栓滑丝。所以扣件螺栓不宜拧得过紧,最大力矩不得超过 65 N·m。

(3)扣件规格与钢管外径必须相同。劣质扣件,或者扣压不紧,都会使扣件受力性能达不到要求,在低于破坏极限荷载的情况下出现滑脱、断裂等。当扣件与钢管的尺寸规格不配套时,会发生以下两种影响架体稳固的情况:①扣件贴合面直径大于钢管外径时,扣件螺栓拧紧后,贴合面无法扣紧钢管,或者扣而不紧,直角扣件在钢管上下极易滑动,无支承作用,旋转扣件和对接扣件松动,无法使两根钢管牢固搭接和对接。严禁用垫插木片、竹片或其他材料方法处理这种不配套。②扣件贴合面直径小于钢管直径时,扣件的贴合面无法抱住钢管外表面足够面积,扣件螺栓与盖板的叉口底部无法靠紧,即使拧紧螺母,也会因接触面不够而滑出叉口,或使盖板叉口断裂,或扣件爆裂。

(4)注意安装时扣件开口的朝向。对接扣件开口应朝上或朝架子的内侧。开口朝内时,螺栓朝上,铺设竹脚手片之后,可以遮挡外露的螺栓,避免磕碰;直角扣件的开口不得朝下,以确保安全。

(5)应经常检查已使用到架子上的扣件是否有松动、断裂等影响使用和安全的问题,并及时拧紧、加固或调换。切不可麻痹大意。

(四)落地式钢管脚手架的稳固措施

要使扣件式钢管脚手架有足够的承载能力、刚度和稳定性,确保施工安全,在各种荷载的作用下不发生失稳、倒塌或扭曲变形,除了严格按规定选材,基础平整坚固,搭设中达到横平竖直外,还应有相关的支撑和拉结措施,特别是高层脚手架,上部受风荷载大,必须与施工同步设置稳固杆件和拉结。

1. 扫地杆

落地式双排钢管脚手架的底部立杆必须设置纵横相连的扫地杆。立杆的垂直度校正后,应做好扫地杆的连接,使初搭架体稳定牢固,减少向上延伸搭设时架体晃动,方便架设作业和保证操作人员的安全。扫地杆连接在立杆的下端。纵向扫地杆应采用直角扣件固定在距底座上方不大于 200 mm 处的立杆上。横向扫地杆也应用直角扣件固定在紧靠纵向扫地杆下方的立杆上。当立杆基础不在同一高度上时,必须将高处的纵向扫地杆向低处延长两跨与立杆固定,高低差不应大于 1 m。靠边坡上方的立杆轴线到边坡的距离不应小于 500 mm。

扫地杆可以约束或避免立杆因碰撞或受力时发生的位移。对局部基础不均匀沉陷时,对架体立杆也有一定的稳定保护作用。

2. 剪刀撑

剪刀撑设置在脚手架的外侧面,与墙面平行的十字交叉斜杆,用以增强脚手架的纵向刚度,加强抵抗垂直和水平作用力,提高脚手架的承载能力。

高度在 24 m 以上的脚手架,剪刀撑应在脚手架外侧立面的端头开始,自下而上,左右连续设置。每道剪刀撑按水平距离宽度不应小于 4 跨,且不应小于 6 m,也不超过 9 m 设置,但这个距离并不指斜杆在地面的根部之间距离,而应视为立杆的间距。在高度 24 m 以上脚手架上设置剪刀撑时,应考虑到上部受风荷载大,可适当缩小跨距。落地斜杆与落地立杆的连接点离地面不宜大于 500 mm,以保证架子的稳定性。斜杆与地面夹角在 45°～60°范围,如果大于 60°,会失去控制纵向稳定的作用。

在 24 m 以下的单、双排脚手架,均必须在外侧立面的两端各设置一道剪刀撑,并应由底至顶连续设置;中间各道剪刀撑之间的净距不应大于 15 m。

剪刀撑设置时,由于其斜杆较长,应用旋转扣件固定在与之相交的小横杆的伸出端或立杆上，以保证纵向支撑的刚度和稳定。

3. 横向斜撑

横向斜撑，又叫“之”字撑。设置横向斜撑可以提高脚手架的横向刚度，并能显著提高脚手架的稳定承载力。

简单的单步架或两步架，可设横向支撑，但必须有牢固的连接点。

一字形、开口型双排脚手架的两端均必须设置横向斜撑，中间宜隔 6 跨设置一道。高度在 24 m 以下的封闭型双排脚手架可不设横向斜撑，高度在 24 m 以上时，除拐角应设置横向斜撑外，中间应每隔 6 跨设置一道。

横向斜撑应在同一节间，由底至顶呈“之”字形连续布置。横向斜撑宜采用旋转扣件，中心线至主节点的距离不宜大于 150 mm。

必须指出，钢管脚手架一般侧向晃动较大，不能单靠横向支撑作横向固定，而且，在架子中间设置横向支撑，影响施工。所以，双排钢管脚手架应采用与建筑物的连接方式，增强脚手架的稳定性。

4. 连墙件

为防止脚手架外倾，提高立杆的纵向刚度和脚手架承载能力，钢管脚手架必须设置连墙件。由于连墙件设置不足或被任意拆除又未及时重设，导致脚手架失稳的倒塌事故，在脚手架事故中占有很大比例。立杆必须用连墙件与建筑物可靠连接，连墙间距应符合规范要求。

连墙件有刚性连墙件和柔性连墙件两种，必须具有可承受拉力和压力的构造。钢管外脚手架一般应采用刚性拉结。刚性连墙件由短钢管连墙杆、扣件或预埋件等组成。因为钢管、扣件或预埋件既能承受拉力，又能承受压力，刚度大，在荷载作用下变形小，能满足外架使用过程中安全稳固的需要。采用拉筋必须配用顶撑，顶撑应可靠地顶在混凝土圈梁、柱等结构部位。拉筋应采用两根以上 ϕ4 mm的铅丝拧成一股，使用时不应少于 2 股；并可用不小于 ϕ6 mm 的钢筋。

连墙件是脚手架架体与建筑物的拉结杆。应满足以下要求：

①脚手架与建筑物按水平方向不大于 7 m,垂直方向不大于 4 m 设一拉结点。

②拉结点在转角和顶部处应加密,即在转角 1 m 以内范围,按垂直方向不大于 4 m 设一拉结点;在顶部 800 mm 以内范围,按水平方向不大于 7 m 设一拉结点。

③拉结点应保证牢固,防止发生移动变形,连墙件设置点偏离主节点的距离不应大于 300 mm,以便有效地阻止脚手架发生横向弯曲失稳或倾覆。设置在建筑物框架梁、柱等结构部位时,必须等梁、柱混凝土强度达到要求时才能使用,一般不能低于 15 N/mm^2。严禁直接利用窗框、窗扇、阳台、花饰、雨水管作拉结点。

④连墙件应均匀布置,形式可以花排,也可以并排,以花排为优,必须画出拉结点或临时拉结点设置详图。

⑤一字形、开口型脚手架的两端必须设置连墙杆,连墙杆的垂直距离不应大于建筑的层高,并不应超过 4 m(2 步)。

⑥在脚手架使用期内,无论是结构施工还是外墙装饰施工,都不得随意拆除,确因施工需要除去原拉结点、变更拉结点时,必须经企业技术和安全管理部门批准,按照批准的变更方案和措施,由架子工重新补设可靠、有效的临时拉结。

搭设高度在三步以上的扣件式钢管脚手架,必须设置连墙件,当脚手架施工操作层搭设至高出连墙件二步高时,如果下部不能设连墙件,可采用临时抛撑,待进到上一层连墙件搭设完后方可根据情况拆除。抛撑应采用通长杆件与脚手架可靠连接,与地面夹角应在 45°～60°范围内。

⑦对高度在 24 m 以下的单、双排脚手架,宜采用刚性连墙件与建筑物可靠连接,亦可采用拉结筋和顶撑配合使用的附墙连接方式。严禁使用仅有拉筋的柔性连墙件。

⑧对高度 24 m 以上的双排脚手架,必须采用刚性连墙件与建筑物可靠连接。

连墙杆或拉筋一般呈水平并垂直于墙体面设置,当不能水平设置时,允许与脚手架连接一端稍下斜,但不允许上斜连接。由于刚性连接要求连墙杆应伸出扣件,为防止架上操作人员绊脚碰掉,连墙杆宜连接在同步小横杆的下方,并且不应伸出太长,以防伤人。

双排脚手架的刚性连墙杆的做法一般有三种:

①将连墙杆(一般利用稍长的小横杆)伸入墙内贯通,在墙体里、外侧用两只直角扣件加短钢管夹住。短钢管两端垫木板。

②在墙体或其他结构部位预埋铁件,连墙杆一端用直角扣件同脚手架立杆连接扣紧,另一端用螺栓或焊接同预埋件连接。

③在窗洞处,用两根比窗洞宽或高的钢管,竖向或横向与墙体夹牢,并用直角扣件与连墙杆连接牢固。

5. 门洞或临时通道口

当单、双排脚手架底部在门洞或临时通道口位置,为满足通行需要,脚手架有挑空杆及大横杆时,应采用上升斜杆、平行弦杆桁架结构形式,俗称八字撑,以便减少挑空下面两侧边立杆的荷载,使上层荷载通过八字撑传到地面,保证架体整体稳定,斜杆与地面的倾角应在 45°～60°之间。主要类型有:

①当步距小于立杆纵距时,可挑空一根立杆或挑空二根立杆搭设脚手架。

②当步距大于立杆纵距时,并且步距为 1.8 m、立杆间距不大于 1.5 m 或步距为 2.0 m、立杆间距不大于 1.2 m 时,脚手架应在洞口的内外大横杆、两侧立杆处用双钢管加强。

单排脚手架过窗洞处,部分小横杆失去可搁靠点,为保证整体性,应增设立杆或增加一根比洞口宽的纵向水平杆。

单、双排脚手架上的斜腹杆宜采用旋转扣件固定在与其相交的小横杆的伸出端上,旋转扣件中心线至主节点的距离不宜大于 150 mm。

6. 小横杆

小横杆是连接双排脚手架内、外立地杆的水平杆件,是承受并传递架上荷载的主要受力杆件之一。主节点处必须设置一根小横杆，用直角扣件扣紧，且在架子使用过程中严禁拆除。主节点处两处直角扣件的中心距不应大于150 mm。

脚手架按立杆与大横杆交点处设置小横杆。小横杆垂直于建筑物并保持水平，其两端用直角扣件固定在内、外立杆上，兼作连墙杆的小横杆的靠内立杆一端，还应按连墙杆做法进行固定。

小横杆一般设置在大横杆的下方，两端各伸出立杆的净长度不得少于100 mm，以防滑脱。伸出部分应尽量保持长度一致。

在双排脚手架中，小横杆伸出里立杆靠墙一端的外伸长度不应大于小横杆总长的40%，且不应大于500 mm。

单排脚手架的小横杆，一端用直角扣件固定在立杆上，另一端应插入墙内，插入长度不应小于180 mm。

作业层上非主节点处的小横杆，宜根据支承脚手板的需要，等距离设置，最大间距不应大于纵距的1/2。

五、脚手架搭设质量和安全要点

脚手架的搭设应将质量要求和安全要求有机地统一起来，确保搭设过程以及以后的使用和拆除过程的安全与适用。

（一）搭设前的准备工作

（1）脚手架搭设前，单位工程负责人应按施工组织设计中有关脚手架的要求，对架子工进行安全技术交底，交底双方履行签字手续。

（2）熟悉图纸和施工现场踏看。掌握建筑物平面和立面的构造特点、环境条件，按照《建筑施工扣件式钢管脚手架安全技术规范》（JGJ 130—2001）中构造要求，决定脚手架步距、杆距等搭设方案。

（3）材料准备。对进场的钢管、扣件、脚手板等进行检查验收。所有材料必须按规范（JGJ 130—2001）中关于构配件的材质要求，不得使用不合格的产品。经检验合格的构配件应按品种、规格分类，堆放整齐、平稳，以方便搭设时取用。材料堆放场地不得有积水。

(4)搭设场地准备。应清除搭设场地杂物,平整搭设场地。根据脚手架搭设高度、搭设场地土质情况与现行国家标准《地基与基础工程施工及验收规范》(JBJ 2002)做好脚手架地基与基础的施工,要求表面坚实平整,不积水。经验收合格后,按施工组织设计的要求放线定位。

(5)在搭设脚手架前,地面设置围栏和警戒标志,在搭设过程中应派专人看守,严禁非操作人员入内。

(6)搭设现场周围有高压线,变压器等时,应预先搭设好防护隔离架。

架子工应持有效的特种作业人员操作证上岗作业。必须戴好安全帽,佩戴安全带,必须穿软底鞋,严禁穿塑料底鞋、皮鞋等硬底易滑的鞋子登高作业。操作工具及小零件要放在工具袋内。扎紧衣袖口、领口以及裤腿口,以防钩挂发生危险。

(二)搭设过程中的质量和安全要点

(1)扣件式双排钢管脚手架搭设一般顺序是:里立杆→外立杆→小横杆→大横杆→扫地杆→脚手板→护栏杆和踢脚杆→连墙杆→安全网。

(2)脚手架必须配合施工进度搭设,一次搭设高度不应超过相邻连墙件以上两步,保证搭设过程中的稳定性。

(3)立杆底座底面标高宜高于自然地坪 50 mm。底座、垫板均应准确地放在定位线上。底座不滑动,不沉降(允许偏差−10 mm),垫板不晃动。

(4)脚手架搭设的起始架是架体延伸的基础,必须稳固、横平竖直,误差尽可能小。竖立杆必须整体默契配合,当四根立杆竖立后,连接上大、小横杆和扫地杆,并应设置临时支撑或其他稳固措施。接着搭设立杆时,应每隔 6 跨设置一根抛撑,直至连墙杆安装稳定后,方可根据情况拆除抛撑。

(5)为防止脚手架搭设中累计误差超过允许偏差,难以纠正,每搭完一步脚手架后,按表 6-8 规定校正步距、纵距、横距、立杆的垂直度。

(6)为保持架子的整体稳定,起始的相邻两根立杆应选长短不一的钢管作主杆,避免对接扣件在同一步内或达不到规定的错开距离。大横杆也应考虑到选用长短不同的钢管,使两根相邻大横杆的接头不在同步或同跨内。

表 6-8　脚手架立杆、横杆搭设技术要求、允许偏差与检验方法

项次	项目		技术要求		容许偏差Δ(mm)	检查方法与工具
1	立杆垂直度	最后验收垂直度 20～80mm	——		±100	经纬仪或吊线和卷尺
		下列脚手架允许水平偏差				
		搭设中检查偏差的高度(m)	总高度			
			50m	40m	20m	
		$H=2$	±7	±7	±7	
		$H=10$	±20	±25	±50	
		$H=20$	±40	±50	±100	
		$H=30$	±60	±75		
		$H=40$	±80	±100		
		$H=50$	±100			
		中间档次用插入法				
2	间距	步距			±20	钢板尺
		纵距			±50	
		横距			±20	
3	纵向水平杆高度	一根杆的两端			±20	水平仪或水平尺
		同跨内两根纵向水平杆高差			±10	
4	双排脚手架横向水平杆外伸长度偏差		外伸 500 mm		−50	钢板尺

(7)同一架体搭设使用的立杆钢管必须规格一致,严禁将外径48 mm与51 mm的钢管混合使用;扣件规格应与钢管外径相同,保证钢管与扣件之间有足够的摩擦力。

(8)及时正确地设置连墙件,对脚手架的稳定性极为重要。连墙件布置应符合表 6-9 的规定。当脚手架搭至有连墙件的构造点时,在该处的立杆、大、小横杆搭设牢固后,应立即设置连墙件。当脚手架下部暂不能设连墙件时,应采用通长杆搭设抛撑,抛撑与脚手架可靠连接,连接点扣件中心距主节点的距离不应大于 300 mm。架高超过 40 m 且有风涡流作用时,应采取对抗上升翻流作用的连墙件。

表 6-9　连墙件布置最大间距

脚手架高度		竖向间距	水平间距	每根连墙件覆盖面积(m^2)
双排	≤50 m	3 h	3 la	≤40
	>50 m	2 h	3 la	≤27
单排	≤24 m	3 h	3 la	≤40

注:h——步距,la——纵距。

(9)脚手架搭至顶层,立杆顶端宜高出女儿墙上皮 1 m,高出檐口上皮 1.5 m。双排钢管脚手架的里、外立杆高度应里立杆低,外立杆高,既要方便施工,又要便于设置安全防护。里立杆低于檐口500 mm,平屋面外立杆高于檐口上皮 1.5 m,坡屋面高于 1.5 m 以上。

(10)大横杆设置在立杆内侧,其长度宜小于 3 跨。在封闭型脚手架的同一步中,大横杆应四周交圈,用直角扣件与内外角部立杆固定,保证架体整体稳定性。

(11)为了方便装饰施工,双排脚手架的小横杆靠墙一端至墙装饰面的距离不宜大于 100 mm。

(12)使用冲压钢脚手板、木脚手板、竹串片脚手板的脚手架,大横杆设置在小横杆下面,作为小横杆的支座,用直角扣件固定在立杆上;使用竹笆脚手片的脚手架,大横杆设置在小横杆之上。为保证脚手板(片)铺设平整,单根大横杆的两端高差应控制在 20 mm 以内;同跨内的里外两根大横杆应尽可能保持在同一水平面内,允许偏差 10 mm。

(13)剪刀撑、横向斜撑应随立杆、大横杆和小横杆等同步搭设,各底层斜杆下端均必须支承在垫块或垫板上。

(14)单排脚手架的小横杆不应设置在下列部位:

①设计上不允许留脚手板的部位;

②过梁上与过梁两端成60°角的三角形范围内及过梁净跨度1/2的高度范围内;

③宽度小于1 m的窗间墙;

④梁或梁垫下及其两侧各500 mm的范围内;

⑤砖砌体的门窗洞口两侧200 mm和转角处450 mm的范围内;其他砌体的门窗洞口两侧300 mm的转角处600 mm的范围内;

⑥独立或附墙砖柱。

(15)竖立杆时应由两人配合操作,一人将钢管一端抬起,另一人将钢管另一端用脚踩住,两人配合将钢管竖起,但不可用力过猛,以免推过头而倒下砸伤人。用手向上传递或采用滑轮加绳索上递杆件时,必须待上面握紧钢管上拉时,才可松手。

(16)大、小横杆与立杆连接时,也必须两人配合、必须同时将大横杆两端扣紧在立杆上,才可松手。

(17)当有六级及六级以上大风和雾、雨或雷雨、雪天气时,应停止脚手架搭设作业。雨、雪后上架作业应注意防滑,并采取防滑措施。

(18)临街搭设脚手架时,外侧应有防止坠物伤人的防护措施(见有关章节)。

(19)脚手架搭设高度高于邻近建筑物时,应有防雷接地设施(见有关章节)。

(20)严禁钢木、钢竹混搭脚手架。因为脚手架的基本要求是整体受力后,不摇晃、不变形,保持架体稳定。杆件之间的连接节点是传递架上荷载的关键,而混搭的脚手架,无相应的可靠绑扎或扣结材料,造成节点松弛,受力后架体会发生变形,不能满足脚手架的使用和保证安全的要求。

(21)脚手架搭设后由公司组织分段验收(一般不超过3步架)、办理验收手续。验收表中应写明验收的部位,内容要量化,验收人员要履行验收签字手续。验收不合格的，应在整改完毕后重新填写验收表。脚手架验收合格并挂合格牌后方可使用。

第五节 碗扣式钢管脚手架搭设的安全技术

一、双排外脚手架

用碗扣式钢管脚手架搭设双排外脚手架美观大方，拼拆快速省力，特别适合搭设曲面脚手架（参见图 6-10）和高层脚手架。目前，移杆到顶（即脚手架全高均采用单立杆）的落地式脚手架的最大高度已达到 90.3 m。

（一）构造类型

用于构造双排外脚手架时，一般立杆横向间距（即脚手架廊道宽度）取 1.2 m（用 HG-120），横杆步距取 1.80 m，立杆间距根据建筑物结构、脚手架搭设高度及作业荷载等具体要求确定，可选用 0.9 m、1.2 m、1.5 m、1.8 m、2.4 m 等多种尺寸，并选用相应的横杆。根据其使用要求，可有以下几种构造型式。

1. 重型架

这种结构脚手架取较小的立柱纵距（0.90 m 或 1.20 m），用于重载作业或作为高层外脚手架的底部架。对于高层脚手架，为了提高其承载力和搭设高度，采取上、下分段，每段立杆纵距不等的组架方式。组架时，下段立杆纵距取 0.90 m（或 1.20 m），上段则用 1.80 m（或 2.40 m）每隔一根立杆取消一根，用 1.80 m（HG-180）或 2.40 m（HG-240）的横杆取代 0.90 m（HG-90）或 1.20 m（HG-120）横杆。

2. 普通架

普通架是最常见的一种双排外脚手架，构造尺寸为 1.50 m（立杆纵距）×1.20 m（立杆横距）×1.80 m（横杆步距）（以下表示同）或1.80 m×1.20 m×1.80 m，可作为砌墙、模板工程等结构施工用脚手架。

3. 轻型架

主要用于装修、维修等作业荷载要求的脚手架，构架尺寸为2.40 m×1.20 m×1.80 m，另外，也可根据场地和作业荷载要求搭设窄脚手架和宽脚手架。窄脚手架构造型式为立杆横距取0.90 m，即有0.90 m×0.90 m×1.80 m、1.20 m×0.90 m×1.80 m、1.50 m×0.90 m×1.80 m、1.80 m×0.90 m×1.80 m、2.40 m×0.90 m×1.80 m五种构造尺寸。宽脚手架及立杆横距取为1.5 m，即有0.90 m×1.50 m×1.80 m、1.20 m×1.50 m×1.80 m、1.50 m×1.50 m×1.80 m、1.80 m×1.50 m×1.80 m、2.40 m×1.50 m×1.80 m五种构造尺寸。

（二）组架构造

1. 斜杆设置

斜杆可增强脚手架稳定强度，合理设置斜杆对提高脚手架的承载力，保证施工安全具有重要意义。

斜杆同立杆的连接与横杆同立杆的节点相同。对于不同尺寸的框架应配备相应长度斜杆。斜杆可装成节点斜杆（即斜杆接头同横杆接头装在同一碗扣接头内），或装成非节点斜杆（即斜杆接头同横杆接头都装在不同碗扣接头内）。

斜杆应尽量布置在框架节点上，对于高度在30 m以下的脚手架，可根据荷载情况，设置斜杆的面积为整架立面面积的1/5～1/2；对于高度超过30 m的高层脚手架，设置斜杆的框架面积要不小于整架面积的1/2。在拐角边缘及端部必须设置斜杆，中间可以均匀间隔布置。

脚手架的破坏一般是横向框架失稳所致，因此，在横向框架内设置斜杆即廊道斜杆，对于提高脚手架的稳定性尤为重要。对于一字形及开口形脚手架，应在两端横向框架内沿全高连续设置节点斜杆；对于30 m以下的脚手架，中间可部分设廊道斜杆；对于30 m以上的脚手架，中间应每隔5～6跨设置一道沿全高的廊道斜杆；对于高层和重载脚手架，除按上述构造要求设置廊道斜杆外，还应在楼板或框架梁附近设置水平方向连墙杆，在框架柱或横隔墙附近设置竖直方向连墙杆。

另外，当横向平面框架所承受的总荷载达到或超过 25 kN 时，该框架应增设廊道斜杆。用碗扣式斜杆设置廊道斜杆时，除脚手架两端框架可以设成节点斜杆外，中间框架只能设成非节点斜杆。当设置高度卸荷拉结杆时，须在拉结点以上第一层架设廊道水平杆，以防止卸荷时水平框架变形。斜杆既可用碗扣脚手架系列斜杆，也可用钢管和扣件代替，这样可使斜杆的设置更加灵活，而无部分接头内所装杆件数量的限制。特别是用钢管和扣件设置大剪刀撑(包括竖向剪刀撑以及纵向水平剪刀撑)，既可减少碗扣式斜杆的用量，又能使脚手架的受力性能得到改善。

竖向剪刀撑的设置应与碗扣式斜杆的设置相配合，一般高度在 30 m 以下的脚手架，可每隔 4～6 跨设置一组沿全高连续搭设的剪刀撑，每道剪刀撑跨越 5～7 根立杆，设剪刀撑的跨内不再设碗扣式斜杆；对于高度在 30 m 以上的高层脚手架，应沿脚手架外侧以及全高方向连续设置剪刀撑，两组剪刀撑之间用碗扣式斜杆。

纵向水平剪刀撑对于增强水平框架的整体性，均匀传递连墙撑的作用具有重要意义。对于 30 m 以上的高层脚手架，应每隔 3～5 步架设置一层连续的闭合的纵向水平剪刀撑。

2. 连续撑布置

连续撑是脚手架与建筑物之间的连件，对提高脚手架的横向稳定性，常年承受偏心荷载和水平荷载等具有重要作用。

连续撑的设置按其承受全部水平荷载(包括风荷载及其他水平荷载)、同时满足整架稳定竖向间距的要求而设计，每个连墙撑能承受的轴向力按风荷载水平力＋3.0 kN 计算。

一般情况下，对于高度 30 m 以下的脚手架，可四跨三步设置一个(约 40 m^2)；对于高层及重载脚手架，则要适当加密；30 m 以上的脚手架至少应三跨二步布置一个(约 20m^2)。连墙撑设置应尽量采用梅花形布置方式。另外，当设置宽挑梁、提升滑轮、安全网支架，高层卸荷拉结杆等构件时，应增设连墙撑，对于物料提升架也要相应地增设连墙撑数目。

连墙撑应尽量连接在横杆层碗扣接头内，同脚手架、墙体保持垂直，并随建筑物及架子的升高及时设置，设置时要注意调整间距，使脚手架竖向平面保持垂直。碗扣式连墙撑同脚手架连接与横杆同立杆连接相同。扣件式连墙撑同脚手架的连接是靠扣件把连墙撑同脚手架横杆或立杆连接起来，其设置同扣件式脚手架连墙撑的设置方法相同。

3. 脚手板设置

脚手板可以使用碗扣式脚手架配套设计的钢制脚手板，也可使用其他普通脚手板、木脚手板、竹脚手板等。当使用配套设计的钢脚手板时，必须将其两端的挂钩牢固地挂在横杆上，不得有翘曲或浮放；当使用其他类型的脚手板时应配合为其专门设计的间横杆一起使用，即当脚手板端头正好处于梁横向横杆之间需要横杆支撑时，则在该处设小横杆作支撑。

在作业层及其下面一层要满铺脚手板，施工时，作业层升高一层，即把下面一层脚手板倒置于上面作为作业层脚手板；两层交错上升。当架设梯子时，在每一层架梯拐角处铺设脚手板作为休息平台。

4. 斜道板及人行梯设置

斜脚手板可作为行人及车辆的栈道，一般限在 0.8 m 跨距的脚手架上使用，升坡为 1∶3，在斜道板框架两侧，应该设置横杆和斜杆作为扶手和护栏。

架梯设在 1.80 m×1.80 m 框架内，其上有挂钩，直接挂在横杆上。梯子宽为 540 mm，一般 1.2 m 宽脚手架正好布置两个，可在一个框架高度内折线布置。人行梯转角处的水平框架要铺设脚手板，在立面框架上安装斜杆和横杆作为扶手。

5. 挑梁的设置

当遇到某些建筑物有倾斜或凹进凸出时，窄挑梁上可铺设一块脚手板;宽挑梁上可铺设两块脚手板,其外侧立杆可用立杆接长,以便装防护栏杆。挑梁一般只作为作业人员的工作平台,不容许堆放重物。在设置挑梁的上、下两层框架的横杆层上要加设连墙撑。

把窄挑梁连续设置在同一立杆内侧每个碗扣接头内,可组成爬梯,爬梯步距为 0.60 m。设置时在立杆左右两跨内要增护栏和安全网等安全设施,以确保人员上下安全。

6. 提升滑轮设置

随着建筑物的升高,当人递料不方便时,可采用物料提升滑轮来提升小物料及脚手架等物件,其提升重量应不超过 100 kg。提升滑轮要与宽挑梁配套使用,使用时,将滑轮串入宽挑梁垂直杆下端的固位孔中,并用销钉锁定即可。在设置提升滑轮的相应层加设连墙撑。

7. 安全网防护设置

安全网的设置应遵守国家标准《安全网》(GB 5725—97)及国家标准《建筑施工安全网搭设安全技术规范》要求。一般沿脚手架外侧要满挂封闭式安全网,以防止人或物件掉落至脚手架外侧。立网应与脚手架立杆、横杆绑扎牢固,绑扎间距小于 0.30 m。根据规定在脚手架底部和层间设置水平安全网,安全网由安全网支架直接用碗扣接头固定在脚手架上。

8. 高层卸荷拉结杆设置

高层卸荷拉结杆主要是为减轻脚手架荷载而设计的一种构件。高层荷载拉结杆的设置要根据脚手架和作业荷载而定,一般每 30 m 高卸荷一次,但总高度在 50 m 以下的脚手架可不用卸荷。[①]

---

① 高层卸荷拉结杆所卸荷载的大小取决于卸荷拉结杆的几何性能及其装配的预紧力,可以通过选择拉结杆截面尺寸,吊点位置以及调整索具螺旋扣等来调整卸荷的大小。一般在选择拉杆及索具螺旋时,按能承受卸荷层以上全部荷载来设计。在确定脚手架卸荷层及其位置时,按能承受卸荷层以上全部荷载的 1/3 来计算。

卸荷层应将拉结杆同每一根立杆连接卸荷，设置时，将拉结杆一端用预埋件固定在墙体上，另一端固定在脚手架横杆层下碗扣接头底下，中间用索具螺旋调节拉力，以达到悬吊卸荷目的。卸荷层要设置水平廊道斜杆，以增强水平框架刚度。另外，用横托撑同建筑物顶紧，以平衡水平力。上、下两层增设连墙撑。

9. 直角交叉

对一般方形建筑物的外脚手架，在拐角处两直角交叉的排架要连在一起，以增强脚手架的整体稳定性。

连接形式有两种：一种是直接拼接法，即当两排脚手架刚好整框垂直相交时，可直接将两垂直方向的横杆连接在碗扣接头内，从而将两排脚手架连在一起；另一种是直角撑搭接，当受建筑物尺寸限制，两垂直方向脚手架非整框垂直相交时，可用直角撑（ZJC）实现任意部位的直角交叉连接，将一端同脚手架横杆装在同一碗扣接头内，另一端卡在相垂直的脚手架横杆上。

10. 曲面布置

同一碗扣接头内，横杆接头可以插在下碗扣的任意位置，即横杆方向任意插，因此，可以进行曲面布置。两横杆轴线最小夹角为75°，内、外排用同样长度的横杆可以实现0°～15°的转角，不同长度的横杆所组成的曲面脚手架曲率半径也不同（转角相同时）。当立杆横距为1.2 m，内、外排用相同的横杆时，不同长度的横杆组成的曲线脚手架的内弧排架的最小曲率半径见表6-10。

表6-10　横杆组成的曲线脚手架曲率半径（内外相同）

杆件型号	HG-240	HG-180	HG-150	HG-120	HG-90
横杆长度(m)	2.4	1.8	1.5	1.2	0.9
最小曲率半径(m)	4.6	3.5	2.9	2.3	1.7

内、外排用不同长度的横杆可组装成不同转角、不同曲率半径的曲线脚手架。表6-11列出了当立杆横向间距为1.2 m时，内、外排

不同横杆组成的曲面脚手架的内弧排架的最大转角度数和最小曲率半径。

实际布架时，可根据曲线曲率选择旋长（即纵向横杆长）和旋切角 θ（即横杆转角）。如果 $\theta<15°$，则选用内、外排相同的横杆，每跨转角 θ，当转角累计达 15°时（即 $n\theta\leqslant15°$，n 为跨数），则选择内外排不同长度横杆实现不同转角，此为一组；如果布架曲线曲率相同，则由几组组合即可满足要求。

表 6-11　横杆组成的曲线脚手架最大转角及最小曲率半径（内外不同）

组合杆件名称	每组最大转角(°)	最小曲率半径(m)
HG-240,HG-180	28	3.7
HG-180,HG-150	14	6.1
HG-180,HG-120	28	2.5
HG-150,HG-120	14	4.8
HG-150,HG-90	28	1.9
HG-120,HG-90	14	3.6

用不同长度的横杆梯形组框与不同长度的横杆平行四边形组框混合组成，能组成曲率半径大于 1.70 m 的任意曲线布置。

（三）地基处理

脚手架组架前应首先根据荷载等情况验算地基承载力，确定地基处理办法，立杆底座位置一般应铺以垫板或其他垫块。脚手架地基应根据季节、地势等具体情况，设置排水沟槽，以防地基积水，引起脚手架不均匀沉降。

在脚手架使用过程中，严禁在其底部位置附近开挖沟槽，否则应采取加固措施。

（四）组装方法及要求

根据布架设计，在已处理好的地基上安装立杆底座（立杆垫座或立杆可调座），然后将立杆插在其上，采用 3.0 m 和 1.80 m 两种不同长度立杆相互交错、参差布置，上面各层均采用 3.0 m 长立杆接长，顶部再用1.80 m长立杆找齐(或同一层用同一种规格立杆，最后找齐)，以避免立杆接头处于同一水平面上。架设在坚实平整的地基基础上的脚手架，其立杆底座可直接用立杆垫座；地势不平或高层及重载脚手架底部应用立杆可调座；当相邻立杆地基高差小于0.60 m，可直接用立杆可调座调整立杆高度，使立杆碗扣接头处于同一水平面内；当相邻立杆地基高差大于0.60 m时，则先调整立杆节间，即对于高差超过0.60 m的地基，立杆相应增长一个节间(0.60 m)，使同一层碗扣接头高差小于0.60 m，再用立杆可调座调整高度，使其处于同一水平面内。

在装立杆时应及时设置扫地横杆，将所装立杆连接成一整体，以保证立杆的整体稳定性。立杆同横杆的连接靠碗扣接头锁定，连接时，先将上碗扣置于限位销以上并旋转，使其搁在限位销上，将横杆接头插入下碗扣，待应装横杆接头全部装好后，落下上碗扣并锁紧。

碗扣式脚手架的底层组架最为关键，其组装的质量直接影响到整架的质量，因此，要严格控制搭设质量。当组装完两层横杆后，首先应检查并调整水平框架的直角度和纵向直线度(对曲面布置的脚手架应保证立杆的正确位置)；其次应检查横杆的水平度，通过调整立杆可调座使横杆间的水平偏差小于立杆间距的1/400；同时应逐个检查立杆底座，并确保所有立杆不浮地、松动。当底层架子符合搭设要求后，检查所有碗扣接头是否锁紧。在搭设过程中，应随时注意检查上述内容，并调整。

立杆的接长是靠焊于立杆顶端的连接管承插而成，立杆插好后，使上部立杆地段连接孔同上部立杆顶端连接孔对齐，插入立杆连接销并锁定。

(五)材料用量

碗扣式钢管脚手架的材料用量计算公式见表6-12。

为便于进行碗扣式双排脚手架部件用量计算，表6-13列出了不同立杆纵距时，每平方米脚手架立面各种杆件部件用量及总重量。

表 6-12 碗扣式钢管脚手架的材料用量计算公式表

脚手架杆部位名称		杆部件型号	数量计算公式 A(长度)、H(宽度)	备注
基本框架构件	3.0m 立杆	LG-300	$2(A+a)(H-1.8)/(3a)$	每根立杆除用一根1.8 m立杆交错布置外，其余全部用3.0 m立杆
	1.8 m 立杆	LG-l20	$2(A+a)a$	
	1.2m 横杆	HG-120	$(A+a)(H+1.8)/(1.8a)$	廊道横杆
	横杆	HG-C	$2A(H+1.8)/(1.8a)$	长度 $C=1.2$ m，1.5 m，1.8 m，2.4 m
基本框架构件	斜杆	CG-D	$AH/1.8/2$	长度 $D=216$ cm，234 cm，255 cm，300 cm
	立杆底座	LDZ(KTZ)	$2(A+a)/a$	立杆底座可用垫座或可调座
	立杆连接销	LLX	$2(A+a)(H-1.8)/(3a)$	
	连墙撑	LC	$(A+3a)(H+5.4)/16.2$	按三跨三层布置一个
作业(层)和防护件	安全网支架	AWJ	$(A+a)(H+1.8)/(1.8a)$	按三跨三层布置一个
	安全网	AW	$2.5A$	按每两跨一个计
	脚手板		$5A/a$	单位：m^2
	窄挑梁	TL-30	A/a	长度 $C=1.2$ m，1.5 m，1.8 m，2.4 m

注：1. 表中脚手架构件数量是按立杆横距 b 为 1.2 m，纵距为 a，步距 h 为 1.8 m 计算的；

2. A—脚手架纵向长度；H—脚手架高度；a—立杆纵距取 0.9 m、1.2 m、1.5 m、1.8 m、2.4 m；

3. 表中只列出了基本框架主构件和一层作业层及安全防护构件用量计算公式，实际计算时，尚需考虑作业层数以及廊道斜杆等。

表 6-13　不同立杆纵距时,每平方米脚手架立面各杆部件用量及其重量

立杆纵距	1.2 m		1.5 m		
杆部件型号	数量(m)	重量(kg)	杆部件型号	数量(m)	重量(kg)
LG-80 LG-300	1.667	9.485	LG-180 LG-300	1.333	7.585
HG-120	1.389	7.112	HG-120	0.370	1.894
XG-216	0.231	1.532	HG-150	0.741	4.653
LLX	0.556	0.095	XG-234	0.185	1.308
			LLX	0.44	0.075
LG-80 LG-300	1.111	6.322	LG-80 LG-300	0.833	4.740
HG-120	0.309	1.582	HG-120	0.231	1.183
HG-120	0.617	4.584	HG-120	0.463	4.505
XG-216	0.154	1.167	HG-120	0.116	1.012
LLX	0.370	0.063	LLX	0.278	0.047
脚手架用量 31.942 kg/m²			脚手架用量 11.487 kg/m²		

注:1. 表中数值是按立杆横向间距 b 为 1.2 m,横杆步距 h 为 1.8 m,斜杆按外侧隔框布置计算;

2. 为方便起见,立杆数量以米计,实际应用时。再根据需要折算成 3.0 m 或 1.80 m 立杆数量;

3. 表中数值未列出连墙撑、脚手板、挑梁、廊道斜杆、纵向及水平剪刀撑等杆部件用量,使用时根据实际需要计算。

二、单排外脚手架

(一)架结构及构造

使用单排横杆可以搭设单排脚手架。单排横杆长度为 1.40 m(dhg-140)和 1.80 m(dhg-180)两种,立杆与建筑物墙体之间的距离可根据施工具体要求在 0.7~1.5 m 范围调整。脚手架步距一般取 1.8 m,立杆纵距则根据作业荷载要求在 2.4 m、1.8 m、1.5 m、1.2 m 及 0.9 m 五种尺寸中选取。单排架脚手架斜杆、剪刀撑、脚手板及安

全防护设施等杆部件设置参见双排脚手架。

单排碗扣式脚手架最易进行曲线布置，横杆转角在0°～30°之间任意设置（即两纵向横杆之间的夹角为150°～180°），特别适用于烟囱、水塔、桥墩等圆形建筑物。当进行圆曲面布置时，两纵向横杆之间的最小角为150°，故搭设成的圆形脚手架最少为12边形。实际使用时，只需根据曲线及荷载要求，选择适当的弦长（即立杆纵距）即可。曲面脚手架的斜杆应用碗扣式斜杆，其设置密度应小于整架的1/4；对于截面沿高度变化的建筑物，可以用不同单排横杆以适应立杆至墙间距离的变化，其中1.4 m单横杆，立杆至墙间距离由0.7～1.10 m可调，1.8 m的单横杆，立杆至墙间距离由1.10～1.5 m可调，当这两种单横杆不能满足要求时，可以增加其他任意长度的单排横杆，其长度可以按两段铰接的简支梁计算设计。

（二）组架方法

单排横杆一端焊有横杆接头，可用碗扣接头与脚手架连接固定，另一端带有活动夹板，用夹板将横杆与整体夹紧。

三、内脚手架

用碗扣式脚手架作为内脚手架进行室内结构施工及装修作业，可同时满足墙面及顶棚的作业要求。一般有以下几种形式。

（一）满堂脚手架

在进行整体吊装、大跨度网架或有大空间施工作业时需要搭设满堂脚手架。

用碗扣式脚手架搭设的满堂脚手架，既可用作内脚手架，又可用做混凝土模板支撑，其组架尺寸根据荷载及结构尺寸而定。一般情况下，步距取1.8 m，跨距取1.2～2.4 m。满堂脚手架四周应布置斜杆，斜杆应全高布置，并在作业层满铺脚手板。当满堂脚手架搭设面积较大时，为减少脚手架用量，中间可适当减少部分横杆。可根据高度及荷载布置情况分成几个单元架，每个单元架由数跨组成，其高宽（最窄边）比小于1∶3，单元架之间每隔3～5步架设置一层横杆将其连成整体。

对于满堂脚手架，因立杆在四个方向都装有横杆（四周脚手架立杆除外），而横杆又处于框架平面内，没有偏心，因此在横杆层，立杆在水平方向受横杆限位约束，当整架高宽（最窄边）比小于1∶3时，可以认为，整架承载力决定于立杆的局部稳定，即水平横杆布局。

（二）支撑塔架

为充分发挥碗扣式脚手架承载力大的特点，在进行室内装修等轻型作业时，可以用碗扣式脚手架作为支承塔架，在其顶部伸出立杆托撑（或可调托撑），铺设横梁和脚手架，这样可大大减少脚手架的用量。

支承塔架四侧应布置节点斜杆，其高度一般应小于6 m；当大于6 m时，应采取稳定措施，如增加支撑塔架跨数后整体拉结等。支撑塔架之间间距应根据作业荷载及高度而定，一般不小于6 m。

四、支撑架

碗扣式脚手架由于其承载力大、拼拆快速省力等诸多优点，用做现浇混凝土模板支撑架、现拼桥梁支撑架或其他临时支撑架时表现出了巨大的优越性，特别是近几年来随着模板早拆支撑体系的开发与应用，用碗扣式脚手架作支撑架配备模板早拆技术已在房屋建筑中大量应用。

（一）基本构造

用碗扣式系列构件可以组成不同组架密度、不同组架高度、能承受不同荷载的支撑架。其结构主要由立杆垫座（或立杆可调座）、立杆、顶杆、可调托撑以及横杆和斜杆（或斜撑、剪刀撑）等组成。

1. 平面构造

立杆的间距取决于支撑架的承载力和所要支撑的结构形状，使用不同长度的横杆可组成不同立杆间距(密度)的支撑架。当所需要的立杆间距与标准横杆长度(或现有横杆长度)不符时,可使用同样长度的横杆组成不同立杆密度的支撑架的方法;当用长横杆搭设高密度(即小立杆间距)支撑架时,采用两组或多组组架交叉叠合布置,横杆错层连接;当用短横杆搭设低密度(即大立杆间距)支撑架时,采用两组或多组组架分别设置,以增大其中间间距。

对于支撑面积较大的支撑架,一般不需把所有立杆都连成一整体搭设,可分成几个支撑架,每个支撑架的高宽比小于 3∶1 即可。

2. 立面构造

支撑架立柱由立杆底座(立杆垫座或立杆可调底座)、立杆、顶杆、可调托撑组成,可调托撑插在顶杆上,其上可直接安放支撑横梁。

对于楼板等荷载较小的模板支撑,一般不需把所有立杆都连成一整体,高宽(以窄边计)比小于 3∶1 即可,但至少应由两跨(即三根立杆)连成一整体。对一些重载支撑架或支撑高度较高(大于 10 mm)的支撑架,则需把所有立杆连成一整体,并根据具体情况适当加设斜撑、横托撑或扩大底部架。

支撑架支撑高度由下式计算:

$$H=h_1+h_2+h_3+h_4$$

式中 H——支撑架支撑净高;h_1——可调底座的长度,其最小值 $h_{1\,min}$ 为螺母高度和垫板厚度之和,一般为 50 mm;其最大值 $h_{1\,max}$ 为可调底座的纵长减 150 mm(即保证有 150 mm 长丝杠插在立杆钢管内);h_2——立杆的长度,即所用立杆长度之和,为 600 mm 倍数;h_3——顶杆的长度;h_4——可调托撑的长度,其最小值 $h_{4\,min}$ 为螺母高度和顶托部分高度,一般为 70 mm,最大值 $h_{4\,max}$ 为可调托撑总长减 120 mm。

由此可以算出使用同样构件时,支撑架的最小高度和最大高度:

$$H_{min}=h_{1\,min}+h_2+h_3+h_{4\,min}+80$$

式中 80 mm 为必须保留的拆除支撑(或模板)的最小高度。

$$H_{max}=h_{1\,max}+h_2+h_3+h_{4\,max}$$

在已知支撑净高，选择各构件规格型号时，按上式反算即可。杆件型号的选择应充分考虑各杆件的通用性，尽可能地以最少的规格、最经济的投入适应工程不同支撑高度的要求。一般可调底座和可调托撑统一考虑，选择一个适当的可调范围；立杆和顶杆统一考虑。

表6-14列出了仅用可调托撑调节、调节范围为600 mm时，各种杆件的组合高度。

当适用带下套管的立杆，使立杆顶杆统一时，支撑净高为：

$$H=h_1+h_2+h_3+h_4$$

式中 h_3 为立杆下套管套接部分的长度，一般为110 mm，且不论由几根立杆接长，其值只加一次。

表6-14　不同支撑高度杆部件组合

支撑高度(m)	可调高度(m)	立杆数量(根)		顶杆数量(根)	
		LG-300 (3.0 m)	LG-180 (1.80 m)	LG-150 (1.50 m)	LG-90(0.90 m)
2.77～3.37	0.07～0.67	0	1	0	1
3.37～3.97	0.07～0.67	0	1	1	0
3.97～4.57	0.07～0.67	1	0	0	1
4.57～5.17	0.07～0.67	1	0	1	0
5.17～5.77	0.07～0.67	0	2	1	0
5.77～6.37	0.07～0.67	1	1	0	1
6.37～6.97	0.07～0.67	1	1	1	0
6.97～7.57	0.07～0.67	2	0	0	1
7.57～8.17	0.07～0.67	2	0	1	0
8.17～8.77	0.07～0.67	1	2	1	0
8.77～9.37	0.07～0.67	2	1	0	1
9.37～9.97	0.07～0.67	2	1	1	0
9.97～10.5	0.07～0.67	3	0	0	1

注：表中4.57 m以后各支撑高度每增加3 m，相应地增加1根3.0 m立杆即可。

支撑架横杆的步距视承载力的大小而定，一般取 1200 mm 或 1800 mm，步距越小承载力越大。

为了提高支撑架的承载力，除减少横杆的步距外，还可采用增加斜杆、斜撑、剪刀撑等以增强支撑架的稳定性；加设横托撑或可调横托撑以加强支撑架的侧向约束；扩大底部架以增加受力杆件的数量等。

可调横托撑还可用做垂直模板的侧向支撑，可调横托撑应设在横杆层，并注意两侧对称设置。

斜杆对于立杆支撑架的承载力有重要作用，外侧可设置节点斜杆，但支撑架中立杆的碗扣接头都装有四个横杆接头，不能设置碗扣式节点斜杆，可根据承载需要用钢管和扣件设置斜杆。

对于扩大底部架的支撑架，可用斜撑将支撑架荷载部分传至扩大部分立杆上。

3. 支撑架承载力

当支撑架按构造要求设置，高宽比小于 3∶1 时，可不考虑支撑架的整体稳定，每根立杆的支承内在力取决于横杆的步距。

表 6-15 列出了不同单元框架组成的支撑架，每根立杆的允许支承荷载，框架单元以长 a（即立杆纵距）×宽 b（即立杆横距）×高 h（即横杆步距）表示。

表 6-15　不同单元框架组成的支撑架，单立杆的允许支承荷载

序号	框架单元尺寸（长×宽×高）(cm)	单立杆允许荷载(kg/m²)	横杆总长∶立杆总长
1	90×120×120	11.1	0.75～1.5∶1
2	90×150×120	9.30	0.90～1.8∶1
3	90×180×120	30.9	1.00～1.2∶1
4	120×90×120	23.1	1.20～2.4∶1
5	120×120×120	18.5	1.00～2.0∶1
6	120×150×120	15.4	1.10～2.2∶1
7	120×180×120	17.4	1.30～2.5∶1
8	50×180×120	13.9	1.30～2.5∶1

续表

序号	框架单元尺寸(长×宽×高)(cm)	单立杆允许荷载(kg/m^2)	横杆总长:立杆总长
9	180×180×120	37.0	1.40～2.8:1
10	90×90×180	27.8	1.50～3.0:1
11	90×120×180	22.2	0.50～1.0:1
12	90×150×180	18.5	0.60～1.2:1
13	90×180×180	20.8	0.70～1.4:1
14	120×120×180	16.7	0.80～1.5:1
15	120×120×180	13.9	0.70～1.1:1
16	120×150×180	13.3	0.80～1.7:1
17	120×180×180	11.6	0.80～1.7:1
18	150×150×180	11.1	0.80～1.7:1

4. 构件数量

当支撑架所有立杆都用横杆连接时，各种杆部件用量的计算公式列于表 6-16 中。

表 6-16　支撑架杆部件用量计算

<table>
<tr><th>组框尺寸</th><th>构件名称</th><th>构件型号</th><th>构件数量计算式</th><th>备注</th></tr>
<tr><td rowspan="9">$a\times b\times h$(长×宽×高)
$D_1=(A+a)/a$
$D_2=(B+b)/b$
$D_3=(H+h)/h$
A:支撑架长度
B:支撑架宽度
H:支撑架高度
h:步高</td><td>立杆底座</td><td>LDZ(KTC)</td><td>$D_1\times D_2$</td><td>可根据需要选用立杆垫座或可调垫座</td></tr>
<tr><td>立杆托撑</td><td>LTC(KTC)</td><td>$D_1\times D_2$</td><td rowspan="6">$n_1\sim n_5$ 可由公式计算</td></tr>
<tr><td rowspan="2">立杆</td><td>LG-300</td><td>$n_1\times D_1\times D_2$</td></tr>
<tr><td>LG-180</td><td>$n_2\times D_1\times D_2$</td></tr>
<tr><td rowspan="3">顶杆</td><td>DG-210</td><td>$n_3\times D_1\times D_2$</td></tr>
<tr><td>DG-150</td><td>$n_4\times D_1\times D_2$</td></tr>
<tr><td>DG-90</td><td>$n_5\times D_1\times D_2$</td></tr>
<tr><td rowspan="2">横杆</td><td>HG-a</td><td>$D_3\times D_2\times(D_1-1)$</td><td rowspan="2">$a$、$b$为横杆长与宽，与横杆规格对应</td></tr>
<tr><td>HG-b</td><td>$D_3\times D_2\times(D_2-1)$</td></tr>
</table>

对一般现浇混凝土模板支撑架，当不需要精确计算时，可凭经验估算，一般房建楼板模板碗扣式支撑架用量为每立方米支撑体积(即

支撑净高乘以支撑面积)用碗扣架约 7 kg;桥梁模板支撑架用量为每立方米支撑体积约用碗扣架 14 kg。

(二)楼板支撑架

1. 普通楼板支撑架

用碗扣式脚手架作楼板模板支撑架,每根立杆的承载力一般按 30 kN 计算,对于普通厚度的楼板,其支撑立杆的间距一般受模板及模板支撑的刚度控制。为充分发挥碗扣架承载力大的优点,可以进行梁、板合支,减少支撑架的用量。其平面布置一般以开间为单元,有两种布置方式,一种是以梁为主的布置方式,另一种是以板为主的布置方式。

以梁为主的布置方式,先确定梁底支撑架立杆的间距及位置,搭设梁下支撑架,支梁部模板,其特点是结合梁中心线,易于确定立杆的位置,跟施工顺序一致。以板为主的布置方式,即以开间为单位布置支撑架,其特点是每个开间内支撑架单元相互独立。

2. 模板早拆支撑体系

(1)早拆原理

模板早拆支撑体系是为加快模板周转速度、减少模板投入量而研究出来的一种"早拆模板、晚拆支撑"的实用技术。其原理是混凝土浇注后,模板的拆除时间取决于支撑的跨度和新浇混凝土的强度,支撑跨度越大,要求混凝土的强度越高,拆模时间越长;支撑跨度越小,要求混凝土的强度越低,拆模时间越短。因此,研究开发出了可实现模板早拆的早拆柱头,使得拆除模板时,模板支撑仍保持不动,继续支撑混凝土,从而坚守了新浇混凝土的支撑跨度使拆模时间大大提早,加快了模板周转速度。

(2)早拆柱头的型式及其布置方法

早拆柱头的型式很多,但按照支撑方式来讲主要有两类:一类是实用定型梁挂在柱头的两边,定型梁既是模板支撑梁也是支撑混凝土的模板。这类早拆柱头定型梁不能穿过柱头。因此,当支撑架沿定型梁纵向搭至建筑物梁(或墙)边时,由于支撑架立杆很难紧靠梁(或墙)边搭设,需增加一悬臂梁,且悬臂梁的长度经常变化,故这种类型早拆体系比较适合大跨度厂房和无黏结预应力结构等梁较少的建筑物的模板早拆;另一类是实用普通梁,支撑模板的梁不支撑混凝土,其类型为早拆柱头,由于模板支撑梁设在柱头的两侧,模板支撑梁可直接跨过柱头,比较容易处理建筑物梁及墙等周边处模板的布置,特别是双可调早拆柱头,对于不同的模板高度和不同的模板支撑梁均能实现模板的早拆。

实用定型模板实现模板早拆的模板早拆支撑体系,两立杆的中心距为模板长度(为 300 mm 模数)加早拆头上迟拆条的宽度(一般为 50 mm),因此,碗扣架横杆长度应为 300 mm 模数加 50 mm;使用主次梁支撑模板的模板早拆支撑体系,其立杆间距可视需要而定,横杆长度可任意。

(3)配置数量

使用碗扣架作支撑架配备模板早拆柱头,一般配置 2.5～3 层楼立杆、1.5～2 层楼的横杆、1～1.5 层楼的模板,即能满足三层周转的需要。

五、悬挑脚手架

当不便从地面搭设双排脚手架时,或在框架结构的高层建筑施工中,为了减少脚手架用量可搭设悬挑脚手架。

(一)构造型式

用碗扣式脚手架搭设的悬挑脚手架可以不用预埋件,而用悬挑梁直接从建筑物内挑出,从悬挑架上搭设脚手架。悬挑脚手架由建筑物内支撑架、悬挑架、脚手架三部分组成。支撑架是悬挑脚手架的承重架,在建筑内搭设。悬挑架由挑杆和撑杆组成,它们都是用碗扣接头同建筑物内的支撑架固定。挑杆上焊有立杆可调底座,其上可直接插立杆。两可调底座间距为 0.9 m,即所搭设的悬挑脚手架宽度为 0.9 m,悬挑脚手架步距一般取 1.8 m。立杆纵距可根据荷载及所需搭设高度选择,一般可取 1.2 m、1.5 m 或 1.8 m 三种尺寸。

悬挑脚手架可以单独搭设,也可以同建筑内支撑架配合搭设(但应确保内支撑架的承载力能满足混凝土施工荷载及悬挑脚手架支承荷载),以增强其整体稳定性。

(二)组架方法

1. 建筑内支承架的搭设

悬挑脚手架的荷载通过悬挑架传递给支承架,挑杆对支承架的作用是水平拉力和弯矩,撑杆对支承架的作用力主要是推力。因此,要求支承架有足够的刚度和强度。一般情况下支承架可在垂直于脚手架方向设两跨,跨距分别为 0.9 m 和 1.2 m,或等距设置;在平行于脚手架的方向则通长设置支承架,跨距等于悬挑脚手架立杆纵距。支承架上、下都设可调座(撑),其上、下安放木梁同建筑物顶紧,以增强其抗倾覆力矩及抗滑移力。同时也避免对楼板的损害。支承架应满框架设置斜杆。

2. 悬挑架设置

将悬挑架用碗扣接头固定在已搭设好的支承架上,并应注意让悬挑架同建筑物外表面垂直。其挑杆及撑杆都必须固定在支承架横杆层。在固定好的悬挑架上插入立杆,搭设悬挑脚手架。

斜杆、脚手板、连墙撑及安全防护等构件设置参见双排外脚手架。

(三)荷载

悬挑脚手架的施工荷载及物件自重计算参见双排脚手架。计算其承载力时,主要是计算下部悬挑架的承载力。

六、搭设注意事项

(一)搭设前的准备

1. 脚手架的布架设计

脚手架组装前,应先编制脚手架施工组织设计。明确使用荷载,确定脚手架平面、立面布置,列出构件用量表,制订构件供应和周转计划等。

2. 构件检验

所有构件,必须经检验合格后方能投入使用,其检验项目参见本章检验与验收和使用管理中的有关内容。

3. 地基处理

首先应清除组架范围的杂物,并根据对地基承载力要求,采取相应的地基处理措施,做好排水处理。

(二)搭设注意事项

1. 碗扣接头的组装

碗扣接头是碗扣式脚手架的核心构造,脚手架立杆同横杆、斜杆靠碗扣接头连接,其连接质量直接关系着脚手架整架的组装质量,因此应确保碗扣接头锁定牢靠。组装时,先将碗扣搁置在限位销上,将横杆、斜杆等接头插入下碗扣,使接头弧面与立杆密贴,待全部接头插入后,将上碗扣套下,并用榔头顺时针沿切线敲击上碗扣凸头,直至上碗扣被限位销卡紧不再转动为止。

若发现上碗扣扣不紧,或限位销不能进入上碗扣螺旋面,应检查立杆与横杆是否垂直,相邻的两下碗扣是否在同一水平面上(即横杆水平度是否符合要求);下碗扣与立杆的同轴度是否符合要求;下碗扣的水平面同立杆轴线的垂直度是否符合要求;横杆接头与横杆是否变形;横杆接头的弧面中心线同横杆轴线是否垂直;下碗扣内有无沙浆等杂物充填等;如是装配原因,则应调整后锁紧;如是杆件本身原因，则应拆除，并送去整修。

2. 杆件组装顺序

在已处理好的地基或基垫上按设计位置安放立杆垫座或可调座，其上交错安装 3.0 m 和 1.8 m 长立杆，调整立杆可调座，使同一层立杆接头处于同一水平面内，以便装横杆。组装顺序是：立杆底座→立杆→横杆→斜杆→接头锁紧→脚手板→上层立杆→立杆连接销→横杆。

脚手架组装以 3～4 人为一小组为宜，其中 1～2 人递料，另外两人共同配合组装，每人负责一端。组装时要求至多二层向同一方向，或由中间向两边推进，不得从两边向中间合拢组装（否则中间杆件会因两侧架子刚度太大而难以安装）。

值得注意的是，碗扣式脚手架的组装关键要把好底部架（即第 1～3 步架）的组装质量关，因头两步架的搭设质量不仅关系到整架的组装质量，而且也关系到整架的组装速度，要求搭设头两步架时必须保证立杆的垂直度和横杆的水平度，使碗扣接头连接牢靠，待将头两步架调整好以后，将碗扣接头锁紧，再继续搭设上部脚手架。

3. 组装注意事项

所有构件都应按设计及脚手架有关规定设置。

在搭设过程中，应注意调整架的垂直度，一般通过调整连墙撑的长度来实现，要求整架垂直度小于 1/500 L，但最大允许偏差为 100 mm。

连墙撑应随着脚手架的搭设而随时在设计位置设置，并尽量与脚手架和建筑物外表面垂直。

在搭设、拆除或更改作业程序时禁止人员进入危险区域。

脚手架应随建筑物升高而随时设置，一般不应超出建筑物二步架。

单排横杆插入墙体后，应将夹板用榔头击紧，不得浮放。

七、检验与验收和使用管理

(一)配件检验与验收

碗扣式脚手架构件主要是焊接而成,故检验的关键是焊接质量,要求焊缝饱满,没有咬肉、夹碴、裂纹等缺陷;钢管应无裂缝、凹陷、锈蚀;立杆最大弯曲变形不超过 1/500 L,横杆斜杆变形不超过1/250 L;可调构件,螺纹部分完好,无滑丝现象,无严重锈蚀,焊缝无脱开现象;脚手板、斜脚手板及梯子等构件,挂钩及面板应无裂纹,无明显变形,焊接牢固。

(二)整架检验与验收

1. 检查阶段

在下列阶段对脚手架进行检查:

(1)搭设 10 m 高度;

(2)到设计高度;

(3)遇有 6 级及 6 级以上大风和大雨、大雪之后;

(4)停工超过一个月恢复使用前。

2. 检查主要内容

(1)基础是否有不均匀沉陷;

(2)立杆垫座与基础面是否接触良好,有无松动或脱离情况;

(3)检验全部节点的上碗扣是否锁紧;

(4)连墙撑、斜杆及安全网等构件的设置是否达到了设计要求;

(5)安全防护措施是否安全、可靠;

(6)整架垂直度是否符合要求;

(7)荷载是否超过规定。

3. 主要技术要求

(1)地基基础表面要坚实平整,垫板放置牢靠,排水通畅;

(2)不允许立杆有浮地松动现象;

(3)整架垂直度应不大于1/500 L,但最大不超过100 mm;

(4)对于直线布置的脚手架,其纵向直线度应小于1/200 L;

(5)横杆的水平度,即横杆两端的高度偏差应小于1/400 L;

(6)所有碗扣接头必须锁紧。

(三)使用管理

脚手架的施工和使用应聘设专人负责,并设安全监督检查人员,确保脚手架的安装和使用符合设计和有关规定要求。

在使用过程中,应定期对脚手架进行检查,严禁乱堆乱放,应及时清理各层堆积的杂物。

不得将脚手架构件等物从过高的地方抛掷,不得随意拆除已投入使用的脚手架构件。

八、脚手架拆除

当脚手架使用完成后,制定拆除方案,拆除前应对脚手架作一次全面检查,清除所有多余物件,并设立拆除区,禁止人员进入。拆除顺序自上而下逐层拆除,不容许上、下两层同时拆除。连墙撑只能在拆到该层时才许拆除,严禁在拆架前先拆连墙撑。拆除的构件应用吊具吊下或人工递下,严禁抛掷。拆除的构件应及时分类堆放,以便运输、保管。

九、碗扣式钢管脚手架的安全技术

(一)构造特点

WDJ型碗扣式多功能脚手架的核心部件是碗扣接头,由上、下碗扣、横杆接头和上碗扣限位销等组成。碗扣接头连接各种杆件,构成碗扣式钢管脚手架。

碗扣式钢管脚手架的主构件采用ϕ48 mm×3.5 mm的10#或20#焊接钢管,碗扣式钢管脚手架中,作立杆和顶杆用的钢管上,要按 600 mm 间距设置上、下碗扣和限位销，其中下碗扣限位销焊接在立杆上，上碗扣对应地套在钢管上。作横杆用的钢管两端焊接横杆接头。

碗扣式钢管脚手架作业时，将上碗扣的缺口（销槽）对准限位销后，上碗扣即可上、下滑动。连接时，上碗扣沿立杆向下滑动，将横杆接头插入下碗扣的圆槽内，再将上碗扣沿限位销滑下，并顺时针旋转，用锤子轻击扣紧横杆接头，就使横杆和立杆连成牢固的框架结构。每个碗扣接头可以同时连接四根横杆，横杆之间可以相互垂直或偏转一定角度。

（二）材质要求

碗扣式钢管脚手架主构件采用 ϕ48 mm×3.5 mm 10# 或 20# 焊接钢管，材质要求同扣件式钢管脚手架。常用杆件最长为 31.33 m，重 17.07 kg。

碗扣接头的制造加工，上碗扣精铸，偏心张拉极限强度为 42 kN，下碗扣冲压，轴向抗剪极限强度为 166.87 kN；横杆头可锻造或精铸，在悬挑端集中荷载作用下的抗弯能力为 2 kN·m，在跨中集中荷载作用下为 6～9 kN·m。

构配件焊接质量是碗扣式脚手架安全的关键之一，要求焊缝饱满，没有咬肉、夹碴、裂纹等缺陷。

可调构件的螺纹部分应完好，无滑丝、严重锈蚀、脱焊等毛病。

（三）允许荷载

碗扣式钢管脚手架作业面允许均布荷载为 3.0 kN/mm^2。允许集中荷载为 2.0 kN/mm^2。

（四）搭设前提

(1)必须有碗扣式脚手架专项施工方案。专项施工方案包括计算书，必须经企业技术负责人审批、签字、盖章后，才能向架子工进行有针对性的技术交底，并履行交底签字手续之后，方可施工。

(2)对所有构配件进行严格检查。所有焊接点的焊接质量、钢管材质、螺纹质量等应全部合格。

(3)根据施工方案中的架子荷载对地耐力的要求,对搭设部位的地基进行了相应处理,设置了排水沟等。

(4)架子工持证上岗,并有搭设碗扣式脚手架的经验或已经过碗扣式脚手架施工培训。佩带了安全帽、安全带等个人防护用品。

(五)搭设安全技术要点

(1)立杆基座及杆件组装顺序如前所述,操作时,一般由1～2人递送材料,另外两人配合组装。不得从两边向中间合拢组装,应采用至多两层向同一方向或由中间向两边推进的方式。搭设高度随建筑物升高设置,一般不应超出建筑物两步架。

(2)底层组架是控制碗扣式脚手架搭设质量与安全的关键。插在底座上的立杆采用3.0 m和1.8 m两种不同长度立杆交错布设;往上则采用3.0 m的立杆,至顶层再用两种长度立杆找齐,避免立杆接头处于同一平面内。

(3)装立杆时应及时设置扫地杆,保证立杆的整体稳定。

(4)接头是立杆同横杆、斜杆的连接装置,所有碗扣接头都必须锁紧。应使横杆、斜杆等接头插入下碗扣,它们的接头弧面应与立杆表面密合、贴紧,当上碗扣套下并被限位锁卡紧后,不能再转动。如果上碗扣扣不紧或不能沿限位销滑下,应仔细检查立杆的垂直度和横杆的水平度;检查下碗扣、杆件接头制作是否符合标准或是否变形;检查碗扣内是否有砂浆等杂物。

(5)在搭设过程中,应严格控制好立杆的垂直度,架设30 m以下按1/200控制,超过30 m按1/400～1/600控制,脚手架全高的垂直度小于架子全高的1/500,且偏差不大于100 mm。脚手架的垂直度可通过调整连墙撑的长度来调整。不允许立杆底座有松动或空浮。立杆的接长是靠焊于立杆顶端的连管承插而成。

(6)横杆的水平度应达到横杆两端的高低差小于杆长的1/400。

使用可调底座的架子，可用旋动的办法调整水平度。

(7)连墙体应尽量采用梅花形布置。高度 30 m 以下的脚手架，可四跨三步设置一个，对高层和承重大的脚手架，应适当加密；设置宽挑梁、提升滑轮、安全网支架、高层卸荷拉结杆等的部位，应增设连墙件。连墙件与脚手架的连接方式与横杆和立杆连接相同，设置方法同扣件式脚手架。连墙件不得随意拆除，必须拆除或移位时，应经过技术部门负责人批准，并有相应的措施。

(8)斜杆有加强脚手架的整体刚度和承载能力作用，必须按规定要求设置，脚手架使用期间，不得任意拆除。经批准暂时拆除时，应控制拆除根数，并应及时重新安装牢固。但高层脚手架的下部斜杆不得拆除。斜杆带有斜杆接头。斜杆与立杆连接，方式与横杆同立杆连接相同。斜杆应尽量布置在框架节点上，即与横杆接头安装在同一碗扣内，称为节点斜杆。在脚手架边缘必须设置斜杆，中间可均匀间隔布置。

(9)剪刀撑的设置应与斜杆的设置相配合。

(10)设置高层卸荷拉杆时，必须在拉结点以上第一层加设一根水平斜杆，防止卸荷时水平框架变形。

第六节　木、竹脚手架搭设的安全技术

一、构造要求和搭设、拆除要点

(一)杆件连接和绑扎方法

杆件垂直相交时可采用平插十字扣或斜插十字扣。平插扣不易松动、横杆沉降量小，效果较好。绑扎时应松紧适度，既不让杆件松动，又不使铅丝受伤或绞断。

杆件斜交时可采用斜十字扣或顺扣。

杆件搭接接长采用顺扣，搭接长度应不小于杆件直径的 8 倍且

不小于 1.2 m,绑扎不少于 3 道,间距不小于 0.6 m。

相邻立杆的接头应至少错开一步架,搭接部分应跨两根横杆;大横杆接头应靠近立杆,大头伸出立杆 200～300 mm,小头压在大头上。

（二）单、双排脚手架

1. 一般构造和技术要求

木、竹脚手架的基本构造形式有双排和单排两种。但竹脚手架一般不宜搭单排,只有五步以下荷载较轻时方可使用单排竹脚手架。木、竹脚手架的构造要求如下:

(1)立杆间距、大横杆步距和小横杆间距

应根据脚手架的用途、荷载和建筑平立面、使用条件等确定。一般砌筑和装修工程用脚手架可按表 6-17～表 6-19 选用。

表 6-17　单排木脚手架构造参数

用途	立杆间距(m)横向	立杆间距(m)纵向	操作层小横杆间距(m)	大横杆竖向步距(m)
砌筑架	≤1.2	≤1.5	≤0.75	≤1.2～1.5
装饰架	≤1.2	≤1.8	≤1.0	≤1.8

注:1. 砌筑架最下一层大横杆至地面的距离可增大到 1.8 m。

2. 单排外脚手架的立杆横向间距为立杆轴线至墙面的距离。

表 6-18　双排木脚手架构造参数

用途	内立杆轴线至墙面距离(m)	立杆间距(m)横向	立杆间距(m)纵向	操作层小横杆间距(m)	大横杆竖向步距(m)	小横杆朝墙方向的悬臂长(m)
砌筑架	0.5	≤1.2	≤1.5	≤0.75	1.2～1.5	0.35～0.45
装饰架	0.5	≤1.2	≤1.8	≤1.0	≤1.8	0.35～0.45

注:砌筑架最下一层大横杆至地面的距离可增大到 1.8 m。

表 6-19 双排竹脚手架构造参数

用途	立杆至墙面距离(m)	立杆间距(m)横向	立杆间距(m)纵向	操作层小横杆间距(m)	大横杆竖向步距(m)	小横杆朝墙方向的悬臂长(m)	搁栅间距(m)
砌筑架	0.45～0.5	1.0～1.2	≤1.2	≤0.75	1.2	0.4	≤0.25
装饰架	0.45～0.5	0.8～1.0	≤1.5	≤1.0	1.5～1.8	0.35～0.4	≤0.25

注：砌筑架最下一层大横杆至地面的距离可增大到 1.8 m。

(2)顶撑

竹脚手架用竹篾绑扎时，要在立杆旁加设顶撑顶住小横杆，以分担一部分荷载，免使大横杆因受荷过大而下滑。上下顶撑应保持在同一垂直线上。顶撑必须用竹子的中段以下部分，每根顶撑扎篾三道与立杆绑牢。底层顶撑须将地面夯实，垫以砖、石块，以免下沉。

(3)剪刀撑

不论双排或单排木、竹脚手架均应在尽端的双跨内和中间每隔 15 m 左右的双跨内设置剪刀撑。根据需要也可设置纵向连续的多跨剪刀撑，但其最大宽度不得超过 6 跨。此种剪刀撑仅设在架子外侧与地面呈 45°～60°角度，从下到上连续设置。杆子的交叉点应绑在立杆或横杆上。

(4)抛撑

三步以上架子应每隔 7 根立杆设置一根抛撑，架高大于 7 m 不便设抛撑时，则应设置连墙点使架子与建筑物牢固连接。这样的连墙点，竖向每隔 3 步，纵向每隔 5 跨设置一个。常用的连接方法是在墙体内预埋钢筋环或在墙内侧放短木棍，用 8 号铅丝穿过钢筋环或捆住短木棍拉住架子的立杆，同时将小横杆顶住墙面。

(5)小横杆的抽拆

除所有连墙杆均需保留外，其余的小横杆可每隔一步或上下左右每隔一根抽拆周转使用。

2. 木、竹脚手架的搭设和拆除要点

(1)基底处理

脚手架的立杆、抛撑和最下一步斜撑的底端均要埋入地下。埋设深度视土质情况而定，一般立杆埋深应不小于500 mm，抛撑和斜撑埋深200～300 mm。

挖坑时坑底要稍大于坑口，坑口直径应大于立杆直径100 mm，这样坑底可以容纳较多的回填土而坑口自然土的破坏较少，回填后有利于把立杆挤紧，埋设稳固。

埋杆时应先将坑底夯实，坑底还应垫以砖、石块，以防下沉。杆子周围回填土必须分层夯实，并作成土墩，防止积水。

如地面为岩石层或混凝土挖坑困难，或土质松软立杆埋深不够时，应沿立杆底加绑扫地杆。

(2)杆件的搭设方法及注意事项

脚手架杆运到现场后，应先选择分类，宜把头大粗壮者做立杆，直径均匀、杆身顺直者做横杆，稍有弯曲者做斜杆。然后按照构造方案的规定架设杆件，并力求做到横平竖直，错开接头位置。具体要求是：

①立杆竖立应做到纵成线、横成方，杆身垂直。相邻两杆的接头应错开一步架。接头的搭接长度，不论木杆或竹竿均应跨两根横杆并不小于1.5 m，绑扎不少于3道。为了使接长后的立杆重心在一条垂直线上，搭接接头的方向应相互错开，如果第一个接头在左边，第二个接头应放在右边，第三个接头又放在左边，以此类推；而且要大头朝下，小头朝上，上下垂直，保持重心平衡。如果杆子不直，应将其弯曲部分弯向架子的纵向，不要弯向里边或外边。

立杆搭接到建筑物顶部时，里排立杆要低于檐口400～500 mm，外排立杆要高出檐口：平屋顶800～1000 mm，坡屋顶大于1500 mm，以便绑扎栏杆。为了使立杆顶端有足够的断面，接最后一根立杆时应将大头朝上，而将杆子的多余部分往下错，这样的做法称为封顶。

②大横杆一般应绑在立杆里侧，力求做到平直；两杆接头应置于立杆处，并使小头压在大头上。搭接长度：木杆不小于 1 m；竹竿应跨两根立杆并不小于 2 m，绑扎不少于 3 道。接头位置要上下里外错开，即同一步架里外两根大横杆的接头，不宜在同一跨间内，上下相邻的两根大横杆的接头也应错开一根立杆。

③小横杆绑在大横杆上，靠立杆的小横杆则宜绑在立杆上。双排脚手架的小横杆，靠墙的一端应离开墙面 50～150 mm。小横杆伸出立杆部分不应小于 300 mm。

④脚手架搭设至 3 步以上时，即应增设栏杆、挡脚板、抛撑、斜撑或剪刀撑等。最下一步斜撑或剪刀撑的底脚应距立杆 700 mm。

⑤边搭架边设置连墙点与墙牢固锚拉。

(3)绑扎注意事项

①铅丝绑扎要注意拧扭圈数。扭得少了绑扎不紧，扭得过多铅丝容易拧断，一般拧 1.5～2 圈即可。铅丝下料长度根据所绑杆子粗细而定，一般为 1.3～1.6 m，鼻孔大小与所用铁钎直径相适应。·般不大于 15 mm。

②竹篾绑扎，在立杆与大横杆、小横杆的相交处，宜绑相对角的两个扣，剪刀撑、斜撑、抛撑与立杆相交处仅绑一个扣。三根杆子相交时，不能同时绑三根，应每两根一绑。即第一步先把一、二两根相扎为一箍，第二步再把第三根和第一根相扎为一箍，第三步又把第三根和第二根相扎为一箍。这叫三箍绑扎法。

在杆件相交处绑扎篾扣时要注意杆件的绕向，采用绕箍绑扎法。竹篾每绕二圈必须收紧一次，每扣应用双篾缠绕 4～6 圈。

③绳子绑扎，要注意缠绕方向、圈数(一般为 5～6 圈)，必须每圈收紧，最后压紧绳头。

(4)遇到门窗洞口时的搭设方法

过门洞时，不论单、双排脚手架均可挑空 1～2 根立杆，并将悬空的立杆用斜杆逐根连接，使荷载分布到两侧立杆上。

单排脚手架遇窗洞时可增设立杆或吊设一短大横杆将荷载传递到两侧的小横杆上。

(5)脚手板的铺设

脚手板应铺满、铺稳,离开墙面 120～150 mm(便于用靠尺检查墙面)。对头铺设的脚手板,其接头下面设两根小横杆,板端悬空部分应保持 100～150 mm。搭接铺设的脚手板,其接头必须在小横杆上,搭接长度保持 200～300 mm,板端挑出小横杆的长度保持 100～150 mm。搭接方向要与脚手架上的运输行车方向一致。

(6)拆除注意事项

同扣件式钢管脚手架。

3. 满堂脚手架

单层厂房、礼堂、大餐厅的平顶施工,可搭设满堂脚手架,其构造参数见表 6-20。

表 6-20 满堂脚手架构造参数(mm)

用途	立杆纵横间距	横杆竖向步距	纵向水平拉杆设置	操作层支承杆间距	靠墙立杆离开墙面距离	脚手板铺设(架高 4 m 以内)	脚手板铺设(架高大于 4 m)
一般装饰用	≤2.0	≤1.7	两侧每步一道,中间每两步一道	≤1.0	0.5～0.6	板间空隙≤20 cm	满铺
承重较大时	≤1.5	≤1.4	两侧每步一道,中间每两步一道	≤0.75	根据需要而定	满铺	满铺

搭设注意事项如下:

①立杆底部应夯实或垫板。

②四角设抱角斜撑,四边设剪刀撑,中间每隔四排立杆沿纵长方向设一道剪刀撑,所有斜撑和剪刀撑均须由底到顶连续设置。

③封顶用双扣绑扎,立杆大头朝上,脚手板铺好后不露杆头。

④上料井口四角设安全护栏。

4. 挑脚手架

在采用多立杆式脚手架进行墙体施工后，对于较大的挑檐、阳台和其他凸出部分，可用杆件搭设挑脚手架进行施工，挑出部分宽度及斜立杆间距均不得大于1.5 m，至少应设三道大横杆，并根据需要打好剪刀撑和八字撑，临空面设栏杆和挡脚板。屋面用的挑檐脚手架，防护栏杆要高出檐口1～1.5 m，每隔300 mm绑一道杆子，并根据需要挂安全网或围席。所有杆件绑扎均须用双铅丝扣。

从洞口挑出的脚手架应先搭设室内部分。使用这种脚手架时，必须严格控制施工荷重，一般每平方米不得超过100 kg，如需承受较大荷重时，应采取加强措施。

5. 平台架

(1)上料平台架

上料平台架可用木杆或钢管搭设，作为放置小型起重机械和卸料、堆料之用。其主要杆件有立杆、横杆、水平拉杆、剪刀撑、栏杆等。平面尺寸根据架设高度及承受荷重的大小而定，一般搭成正方形或长方形。立杆排成方格，间距1.5 m。在平台架的横向一边常用4根立杆，纵向视需要长度而定，但至少应有4根立杆。沿平台架横向设置横杆，其竖向间距(即步距)为1.0 m。在平台架的纵向外侧，每一步设一水平拉杆，在平台架里面即内排立杆间，每两步设一水平拉杆。在平台架四边垂直面上设剪刀撑，每五步横杆设一道，从底到顶连续设置。

平台架封顶时，立杆大头朝上，四周的立杆应高出顶层脚手板1～1.2 m，以备绑扎栏杆，内排立杆应低于脚手板下表面，杆顶与最上层的横杆取齐。顶层杆件的每个绑扎点均应采用双扣，用木杆搭设时也可在立杆上加钉托木，防止平台受荷后横杆下滑。

脚手板要用50～100 mm厚的木板，铺严、铺稳，用钉钉牢(或绑扎牢固)，支承脚手板的杆子要加密，间距一般应不大于0.75 m。

上料平台架设高度超过 10 m 以上时，要设缆风绳以加强其稳定性。

地基要夯实找平，铺设垫板，并做好排水处理。

(2)活动平台架

在单层厂房、礼堂、大餐厅等的顶棚油漆、喷白、局部处理和装饰施工中，为了节约脚手架用料，许多工地都在轻型平台架底部装设硬胶轮或将平台架装设在若干辆架子车底盘上，使整个平台架可在地坪上移动而构成活动平台架，搭设高度可达 6～10 m，平台面积 15～40 m^2。活动平台架的构造和搭设方法与上料平台架基本相同，由于荷重较小，立杆间距和横杆步距可以适当放大。

6. 斜道

斜道又称盘道，附搭于脚手架旁，主要供人员上下脚手架用，有些斜道也兼作材料运输，但其宽度应适当增大，坡度也应较缓。

斜道有一字形和“之”字形两种，脚手架高度在三步以下时可搭成一字形斜道；四步以上时搭“之”字形斜道，并在拐弯处设置平台。

人行斜道的宽度不得小于 1 m，坡度 1∶3(高∶长)。运料斜道的宽度不得小于 1.5 m，坡度以 1∶6 为宜。

斜道拐弯平台面积应不小于 6 m^2，宽度不小于 1.5 m。

斜道两侧及拐弯平台外围，应设不低于 1 m 的防护栏杆及高 180 mm 的挡脚板。人行斜道的脚手板上应钉防滑木条，其厚度为 20～30 mm，间距不大于 300 mm。

斜道一般用杉杆、毛竹、钢管等杆件搭设，主要杆件有立杆、大横杆、小横杆、斜横杆、剪刀撑、抛撑等。如用毛竹搭设时，尚需加设顶撑。立杆、横杆的间距应与所用的脚手架相适应，通常立杆纵距采用 1.5 m，埋入地下不小于 500 mm，大横杆间距 1.2～1.4 m。小横杆置于大横杆上间距不大于 1 m。在拐弯平台处的小横杆还应适当加密。

为了保证斜道的稳固，在斜道两侧、平台外围和端部应设剪刀撑，并沿斜道纵向每隔6～7根立杆设一道抛撑。高度大于7 m不便设抛撑时，对于附在脚手架外面的斜道(即利用脚手架的外排立杆作为斜道的里排立杆时)，应加强脚手架连墙杆的设置，对于独立搭设的斜道更应适当加密连墙杆。

斜道脚手板应铺平、铺牢。横铺时要在小横杆上按间距300～500 mm加设斜横杆，使脚手板铺在斜横杆上，并自下而上逐块排齐挨紧，板面相平。顺铺时脚手板直接铺在小横杆上，自上而下将脚手板逐块顺长铺设，在接头处要使下面的板子压住上面的板子，板端搭接处的凸棱，要用三角木填平。

7. 烟囱、水塔脚手架

烟囱、水塔脚手架的平面形状多为正方形或六角形，其一般参数见表6-21。

表6-21 烟囱、水塔脚手架的构造参数

里排立杆距构筑物边(m)	立杆横间距(m)	立杆纵间距(m)	操作层小横杆间距(m)	大横杆步距(m)
0.4～0.5	≤1.5	≤1.4	≤1	≤1.2

其构造注意事项如下：①里排立杆按圆周布置，相对里立杆(居于烟囱、水塔同一直径线的两端)的距离，正方形架等于外直程加2倍里立杆到外壁距离；六角形架等于外径加1.15倍里立杆到外径距离。②架高不宜大于50 m。③烟囱直径下大上小，脚手架应随其坡度变化相应收缩几何平面，可采用向里挑扩方式。

二、竹脚手架安全技术

(一)杆件材质和规格

我国的竹材资源丰富，品种很多，但并不是所有种类的竹木都可以搭设建筑登高脚手架的。南方地区大多采用毛竹搭设架子。毛竹的别名叫孟宗竹，又叫楠竹。根据研究试验表明，生长3年以上的毛竹，它的物理力学性能能够保证建筑登高施工的安全，特别是采用生长期 4 年、5 年、6 年后砍伐的成竹，其理化特性比较适宜脚手架用材的要求。

竹脚手架杆件的选定，是保证竹脚手架搭设安全的首要条件之一。搭设竹脚手架的竹竿要求挺直、质地坚韧，不得使用青嫩、枯脆、腐烂、虫蛀以及裂纹连通两节以上的竹竿。

竹竿件的支承能力与其直径有关，根据竹竿的用途，应选择不同直径的杆件，主要是控制小头的有效直径，以保证架体的稳定。竹竿有效部分小头直径必须符合以下要求：

①立杆、大横杆、顶撑、剪刀撑等小头有效直径不小于 75 mm；

②小横杆的小头有效直径不得小于 90 mm；

③搁栅、栏杆的小头有效直径不得小于 60 mm。

（二）荷载

竹脚手架施工荷载的控制值，按照结构施工和装饰施工使用荷载不同，采用不同的荷载控制值，结构脚手架为 3 kN/m^2，装修用脚手架为 2 kN/m^2。

（三）竹脚手架构造的安全技术

竹脚手架主要由立杆、大横杆、顶撑、剪刀撑等杆件组成。

竹脚手架的构造必须满足施工需要，并有符合要求的安全保护措施。竹脚手架专项施工方案应根据工程实际编制，针对竹竿的特性、安全系数和施工荷载的规定，确定竹脚手架的基本构造参数。

竹脚手架基本构造形式有双排和单排两种。但是，实际施工中以双排架为主。因为竹脚手架杆件材质和绑扎材料受物理力学性能的限制，采用手工绑扎连接各杆件的牢固程度取决于操作人员的素质和工作质量，而且单排竹脚手架稳定性又较差，从确保安全的角度考虑，单排竹脚手架，有些地方只允许搭设三步以下、荷载较轻时使用单排竹脚手架。总之，一般不宜搭设单排架。

1. 高度限制

脚手架能搭设多高，与其使用的材料、地基承受力、立杆的长细比与垂直偏差度、稳固措施等因素以及架子工的工作质量有关，因此，脚手架的搭设高度必须控制，否则易发生安全事故。由于竹竿件除了受材料物理力学性能的限制外，竹竿两端粗细不一且呈一定的弯曲，搭设时的垂直度和水平控制有一定的难度，绑扎的技术要求熟练，所以，25 m 以下工程可以允许使用竹脚手架，搭设使用的材质、搭设方法必须符合有关要求。架子总高度不得超过 25 m，保证竹脚手架搭设中的稳定性和使用安全。

2. 步距

竹脚手架的上下步距，与钢管脚手架基本相同。步距的高度低，重心降低，有利于提高立杆的支承强度，但必须考虑到使用架子的高处作业人员工作便利和安全，脚手架的步距一般不大于 1.8 m，底步高度不应大于 2 m。步距应按照不同行业对操作空间的要求、脚手架的不同用途来确定。

3. 纵距

纵距是指立杆纵向间距，也称为跨距。立杆是脚手架中传递垂直荷载的主杆件，它的作用是将脚手架上的荷载垂直地传到地基上。脚手架搭设过程中，第一步完成后，上部逐步形成完整的架体，立杆开始承受施工荷载和恒载，随着脚手架的高度不断延伸，立杆延伸至地面的这段承受的荷载不断加大，为防止因立杆细长引起架体失稳，保证立杆有足够的支承力，根据竹材的物理力学特性，双排竹脚手架的立杆纵距为 1.3～1.5 m，不大于 1.5 m。立杆纵距大小选择的一般原则是，架体越高，纵距越小；架体承受的荷载越大，纵距应越小，以利于增强脚手架底部的刚度和整个架体的稳定。

4. 横距

横距指脚手架里、外立杆的间距。双排竹脚手架的横距不大于 1.3 m。里立杆与墙面或其他建筑物表面的距离一般不大于 500 mm，但不要小于 250 mm，以免影响立杆的接长和建筑表面的作业。如因建筑外型或环境限制，里立杆上的小横杆悬挑较长时，应采取另加立杆或斜撑，增加小横杆悬挑部分的刚性，保证铺设的脚手板固定牢靠和作业安全。

5. 顶撑

顶撑是竹脚手架中重要的安全技术措施。在脚手架传递施工荷载中，顶撑承担着大部分荷载，所以，竹脚手架必须设置顶撑。顶撑设置在上步小横杆之间，紧靠立杆绑扎三道竹篾或铅丝。顶撑应有效地搁在小横杆上，上下顶撑应对齐，不得移位、偏离，以分担小横杆的部分荷载，保护小横杆与立杆连接的绑扎材料不受破坏、或防止由于绑扎不牢固造成的步层下滑塌陷、或大横杆因受荷载过大而下滑，也有保护立杆不因细长比的关系而弯曲的作用。

顶撑必须采用竹子的中段以下部分，两端直径不小于小横杆的直径。顶撑不得接长。

脚手架底层顶撑上端顶住小横杆，下端支撑的地面应夯实，并垫以石块或混凝土块或木板，以防止下沉失去作用，不准垫砖块。

竹脚手架顶撑设置应到位、有效，与立杆绑扎不少于三道双股 10 号铅丝或竹篾。

6. 脚手板(片)

竹脚手架的脚手板铺设方式和要求同钢管脚手架。为满足步层运输、堆放材料等要求，脚手板(片)下面纵向设置四根水平杆，即除了里、外立杆处的各一根横杆外，中间再增加两根搁栅。竹脚手架的四根水平杆间距应等分。铺设竹脚手片的架子，四根水平杆放在小横杆上面，采用木板脚手板的架子，小横杆放在大横杆上面，而且，两根小横杆之间增设横向短杆，避免因运料通行或堆载引起的脚手板下陷或损坏。横向杆件之间的间距一般不大于 75 cm。

(四)竹脚手架的安全稳固措施

脚手架的立杆、纵向和横向的水平杆构成的架体，是由相当数量的四边形聚合而成。从结构静力学的角度上讲，四边形是不稳定的，另一方面，脚手架始终处于风荷作用、施工荷载作用下，光有杆件的立杆竖直，并不能保证动态状况下架体的稳定，也就无架子的安全可言。竹脚手架的稳固措施基本上与钢管脚手架相同。

1. 立杆基础

竹脚手架立杆需深埋地下 500 mm 以上，并支在垫块上。埋置立杆的坑底要稍大于坑口，坑口直径大于立杆直径 100 mm 左右；这样立杆竖正后，回填土进入坑内，坑口周围自然地坪损坏少，有利于立杆的稳定。

埋立杆时应先将坑底夯实，并在坑底放置垫块，以防下沉。立杆四周回填土必须分层夯实，并堆压成土墩，防止积水。立杆基础外侧应设置截面不小于 200 mm×200 mm 的排水沟。

2. 扫地杆

扫地杆是贴近地面、连接立杆根部的水平杆。竹脚手架底层立杆的根部应设纵横相连扫地杆，使立杆底部互相连接形成整体，加强抗移位的能力。特别是土质松软、立杆埋深不足，或在混凝土地坪上、硬质地面上竖立的立杆，扫地杆在保证架体整体稳固上起着十分重要的作用。搭设完成两步后，即进行扫地杆绑扎。

立杆基础埋深部分采用混凝土浇筑的可不设扫地杆。

3. 剪刀撑

在脚手架外侧成对设置的交叉斜杆，称为剪刀撑。

竹脚手架的剪刀撑斜杆与地面呈 45°～60°夹角，底部斜杆应埋人地面超过 300 mm，坑深不小于 500 mm，回填土并夯实，保证斜撑杆稳定。

竹脚手架的剪刀撑斜杆应选用一弯曲竹材，斜杆需要接长时，采用以根接梢的方式。

当架子纵向长度不足，不能采用剪刀撑形式时，应采用“之”字形方式斜杆绑扎。

竹脚手架剪刀撑设置的其他技术要求,可参照钢管脚手架。

4. 抛撑

为保证横向稳定,也为了搭设过程中尚未设置好连墙件之前保持已搭架体部分的稳固,应采用抛撑支承架子外侧。

抛撑斜杆的材料要求是粗壮的通长一曲弯竹竿,斜撑杆与地面夹角为60°,根部埋入深度不小于500 mm的坑内,及时回填土并夯实。保证斜撑杆有足够的抵御架子外倾的能力,又有一定的抗拉效果。斜撑杆的上部,与脚手架至少有两个绑扎点。如果斜撑杆无法埋入土内,可利用相邻建筑物的特点进行斜撑杆固定,或采用延伸横向扫地杆连接固定的方式。

5. 连墙件

连墙件是脚手架架体与建筑物或构筑物之间的拉结,是保持脚手架横向稳定,防止外倾倒塌的关键性技术措施。连墙件常称为连墙杆、拉结件(杆)。

竹脚手架搭设两步以上,或由于施工场地限制,无法设置抛撑时,应采取设置连墙件,与建筑物攀拉,以维护搭设过程中的稳定和施工时的横向稳定与安全。

习惯上,高层钢管脚手架和落地式钢管脚手架采用刚性连墙件,竹脚手架采用2根并联8号铅丝加套管的柔性连墙件,即:既拉又撑,既可以阻止脚手架向外倾覆,又可防止脚手架朝建筑物或构筑物倾靠。

竹脚手架的柔性拉结的一种方式是在里立杆与建筑结构墙、柱梁处预埋铁件之间放一段短竹管或硬短木条,一端顶住里立杆,另一端顶在预埋件处,用8号双股铅丝拉扎。为防止架子晃动,造成竹管或木条掉下,应另用铅丝绑扎连接短竹管或硬木条。另一种方式是直接利用架上的小横杆,拉结铅丝拉住里立杆和预埋铁件的弯钩,使小横杆里倾一端顶紧建筑物或构筑物上。建筑物或构筑物上的拉结点必须牢固可靠。已建房屋的装修外竹脚手架的拉结点,严禁直接利用窗框、窗扇、落水管、阳台栅栏片等不结实部位以及室外空调机支架、电力、电信线路支架等部位作攀拉点,可利用窗口、墙上空洞等,参照钢管脚手架的做法设置拉结点。架体上的拉结点也应保证牢固,防止其移位变形,并且应尽量设置在毛竹脚手架大小横杆相交的立杆处,拉结点布置要求同钢管脚手架。

(五)竹竿件接长安全技术

当搭设过程中遇到竹竿件需要接长时,应根据杆件所处部位和受力要求,采取合理的方式接长绑扎,以保证接长的杆件符合安全要求。竹脚手架立杆、剪刀撑、大横杆和其他杆件均采用搭接接长。其中,立杆、剪刀撑搭接长度不小于 1.5 m,大横杆搭接长度不小于 2 m,并且均用不细于 10# 铅丝双股并联绑扎 3 道以上。

1. 立杆接长安全要点

立杆接长时,相邻两杆的接头应错开步层。为了使接长后的立杆重心在一条垂直线上,搭接接头的方向应互相错开。例如,第一个接头放在右边,第二个接头放到左边,以此类推,竹竿的大头朝下,小头朝上,上下垂直,保持重心平衡。如下立杆采用横向校正的方法,则接长杆的弯曲方向同下杆,即里立杆弯势朝外,外立杆弯势朝里。如下立杆采用纵向校正的方法,接长杆的弯势朝向与下立杆弯曲方向相反。而且,里外立杆的弯曲方向必须一致。总之,要有利于绑扎后的垂直。

接长时,接长杆的根部应伸至下步层的小横杆部位,并应有两处以上绑扎,保证接长部位的稳固和防止校直过程中发生立杆轴心偏移。双排脚手架立杆接长应先接外排,后接里排。

2. 斜杆接长安全要点

斜杆接长,以根接梢的方式接长,搭接长度不小于 1.8 m,并绑扎 5～6 道,等间隔设置,满足受拉和受压的要求。斜杆的搭接部分位置,应尽可能处于立杆的部位,使接杆、被接杆能分别独立与立杆绑扎,达到受力均匀,绑扎结实牢靠。不应三根一起捆绑,因为这样是扎不紧的。

三、木脚手架搭设安全技术

(一)木脚手架的材质和荷载,木杆的材质和规格要求

木脚手架的基本杆件是原木,一般采用剥皮杉木或其他坚韧质轻的杂木,保证杆件有足够的强度,又便于搭设操作。禁止使用杨木、柳木、桦木、椴木、油松和腐朽、折裂、枯节等易折松脆木材。立杆、大横杆、小横杆的材质应符合现行《木结构设计规范》(GBJ 5—88)中承重结构原木的二等材的材质标准。

木脚手架杆件的规格尺寸,按照杆件的作用、受力情况,应符合以下标准:

立杆是主要受力杆件,要求有足够的横截面积,其大头直径不大于 180 mm,小头有效直径不小于 70 mm,长度不小于 6 m。大横杆是主要传力杆件,其小头有效直径不小于 80 mm,长度为 4～6 m。小横杆也是主要受力杆件,其小头有效直径同样不小于 80 mm,长度为 2--3 m。斜撑、剪刀撑、抛撑等斜杆,小头有效直径不小于 70 mm,长度不小于 6 m。

木脚手架上的脚手板,可采用厚度不小于 50 mm、宽为 200～250 mm,长度 3～6 m 的杉木板或松木板,材质应符合《木结构设计规范》(GBJ 5—88)中承重结构板材的二等材标准,不允许有腐朽、髓心、裂缝、虫蛀孔眼等缺陷,木节和斜纹应控制在容许范围之内。也可以采用竹串片脚手架等。

施工荷载是指操作人员、堆放的材料、小型施工机具和运输工具等。砌筑工程用的木脚手架的施工荷载不得超过 3 kN/m^2,装饰工程用的木脚手架的施工荷载不得超过 2 kN/m^2。

(二)木脚手架构造的安全技术

木脚手架:有双排和单排两种形式。木脚手架由立杆、大横杆、

小横杆、斜撑、剪刀撑、抛撑等杆件组成，用铅丝绑扎而成。对搭设的木脚手架的构造应符合以下规定和要求。高度限制落地式双排木脚手架的搭设高度不得超过 25 m。

单排木脚手架的结构特点之一是只有一排立杆，且小横杆一端与立杆或大横杆连接，另一端搁置在建筑物上，其稳定性较差，尽可能不要搭设使用。如要搭设，高度一般不应超过 20 m。

1. 步距

木脚手架上、下步距一般采用 1.5 m，底层的高度在 1.5～1.8 m，不超过 1.8 m。砌筑用的木架子步距一般比装饰用的木架子步距小。

2. 纵距

木脚手架的立杆纵距，无论是单排架，还是双排架，用于砌筑的架子，立杆纵距小于或等于 1.5 m，用于装饰的架子则小于或等于 1.8 m。

3. 横距

单、双排木脚手架的立杆横向间距应不大于 1.5 m。单排木脚手架的立杆横距即指立杆离墙面的距离。

（三）木脚手架的稳固措施

木脚手架的稳固措施与竹脚手架相似，主要靠纵向的斜杆和横向的连墙杆。

1. 立杆基础

木脚手架的立杆，在脚手架承受荷载后，立杆受轴向压力而产生压应变。立杆是脚手架最主要的受力杆件，必须防止受荷载后发生变形、失稳、下沉。立杆搭设时，必须按安全技术要求竖杆，根据土质情况确定底层立杆的埋置深度，一般不应小于 500 mm。做法同竹脚手架。

2. 扫地杆

木脚手架必须绑扎扫地杆，扫地杆应纵横相连设置，确保架体底部稳定。木脚手架搭设高度较低，地基为岩石、混凝土等时，可不挖立杆埋置坑，仅设置扫地杆。

3. 剪刀撑

木脚手架的剪刀撑设置在脚手架外侧，自下而上与脚手架其他杆件同步搭设。剪刀撑的杆件与地面呈45°～60°角相交。斜杆件的端部应落地，并埋入地面500 mm以上，坑底应放置垫板或石块，防止下沉，还应与相交的立杆和大横杆绑牢。

木脚手架的剪刀撑可以根据需要设置间断式或纵向连续式剪刀撑。在脚手架的尽端的双跨（或二跨内）和中间每隔15 m左右的双跨内设置剪刀撑。连续式剪刀撑搭设间距与落地式钢管脚手架相同。并应从木脚手架的两端起自下而上、左右连续设置。一字形和开口型的木脚手架还应在横向连续设置剪刀撑或“之”字形斜撑。增强架体的刚性。当脚手架纵向长度小于15 m或架高小于10 m时，可设置从下而上“之”字形斜撑代替剪刀撑。斜撑杆与地面呈45°夹角，其底端埋入土中500 mm以上，底脚距立杆距离为700 mm。

4. 抛撑

木脚手架的抛撑主要作用是防止架体向外倾斜。脚手架搭设到3步架高时，且墙体暂时无法设置连墙件时，必须设置抛撑。用作抛撑的木杆件的小头直径不小于70 mm，一般设在两挡剪刀撑之间，抛撑与地夹角约60°，其底脚部分应埋入土中300～500 mm。如遇混凝土或其他坚硬地面，抛撑底脚无法埋入土中，可采取与扫地杆绑扎在一起的办法，即选用一根一定长度的木杆作为横向扫地杆，其伸出外立杆部分的端部与抛撑底部绑扎。单排木脚手架应将横向扫地杆的另一端穿过墙体并固定，抛撑杆底脚与墙脚处的横杆绑扎牢。

5. 连接杆件

当脚手架高度在7 m以上，无法设置抛撑时，应采用设置连墙件，与墙体攀拉连接的稳固措施，防止架体倾斜、晃动。木脚手架的整体自重较大，必须采用双股8号铅丝，一端缠绑在脚手架的主节点附近，另一端和墙上预埋的钢筋环或铁件拉结，双排木脚手架可用较长小横杆顶住墙面,形成既拉又撑的柔性拉结。单排木脚手架,由于小横杆里侧搁在墙上,可另加一根小横杆顶住墙面,承受压力。窗洞口处采用两根木杆夹墙,将小横杆与夹墙杆绑扎连接,以承受拉力和压力。

连墙点设置在立杆与横杆交点附近,沿整体墙面呈梅花形交错布置,可参考钢、竹脚手架连墙件布置方式。实际施工中,可掌握每上下两步、纵向四至五跨设置一道连接件。

(四)木杆件接长安全技术

木脚手架搭设过程中,随着架体升高或纵向延伸,立杆、大横杆、剪刀撑、斜杆等,需要接长。木杆件的接长方式和安全技术要求,与钢、竹脚手架有相同之处,同时也有其自己的特点。立杆接长,其搭接长度应不小于 1.5 m,并绑扎不小于三道。相邻立杆的接长,应考虑到长短立杆错开,使相邻两立杆的接头相互错开,并不应布置在同一步距内,至少应错开一个步距。同一根立杆的接头方向应相互错开,大头朝下,小头朝上,保持垂直。双排架立杆接长,应先接外侧立杆,后接里侧立杆。

立杆接长操作时,应集体配合,并不宜在不足一个步距长度的立杆处接长,可以先绑扎相邻两立杆的大横杆,完成上一步层的搭设,然后再接长。这时,接长的立杆搭接部位处于一个步距之内,便于绑扎,不会因木杆过重、过长而发生倒杆事故。

大横杆一般绑扎在立杆里边。大横杆接长时,接头位置处于两根立杆之间,搭接长度应不小于 1.5 m,并绑扎不小于三道。大横杆的接长处应大小头搭接,大头伸出立杆 200～300 mm,小头压在大头上面。同一步层内的里外两排大横杆的接头不应处于同一跨内,应错开设置,剪刀撑和“之”字形撑的斜杆接长时,大头应置于下方。接长杆的大头与被接长杆的小头相互叠合,搭接长度不小于 1.5 m,并绑扎不少于三道。斜杆接长应有数人密切配合操作,不得单独操作。

(五)绑扎安全技术

1. 铅丝绑扎

采用铅丝绑扎前,铅丝下料长度根据所绑木杆的粗细而定,一般为1.3～1.6 m。绑扎时,先将截好的铅丝弯成U字形,顶端扭一个插钢杆的小孔,孔径约15 mm左右。铅丝绑扎要注意拧扭圈数。扭得少了绑扎不紧,影响杆件之间的连接强度,发生松动、下滑甚至塌落;扭得过多,易造成铅丝拧断,或者受力时铅丝断裂,也会发生倒塌事故。一般扭1.5～2圈即可,使木杆不松动,使铅丝不绞断或留下断裂隐患,确保架体的稳固和安全。垂直相交的木杆件,如立杆与大横杆、立杆与小横杆之间的连接绑扎,采用平插法或斜插法绑扎。

平插法是将铅丝卡住大横杆,从立杆的右边插过去,绕过立杆背后从立杆左边拉过来同时把钎子插进铅丝鼻孔,用手拉紧铅丝,使其压到鼻孔下,右手用力拧扭铅丝扣一圈半,便可绑牢,鼻孔部位不宜留在立杆面,否则绑扎后不牢固。

斜插法是将铅丝卡住大横杆,从立杆背后,分别从立杆右边和左边拉过来,同时把钎子插进铅丝鼻孔用左手拉紧铅丝,并使铅丝压到鼻孔下,右手用力拧扭铅丝扣一圈半,便可绑牢。架子的立杆、大横杆接长,剪刀撑与立杆相交以及小横杆与大横杆相交,其绑扎方法都用顺扣绑扎。

顺扣绑扎的方法是将铅丝兜绕一圈后,即将钎子插进铅丝鼻孔,左手拉紧铅丝,并使其压到鼻孔下,右手用力拧扭铅丝一圈半,便可绑牢。采用顺扣绑扎法接长木杆,其搭接长度不小于1.5 m,绑扎不少于三道,两端中间各一道,两道绑扎之间的间距不大于0.75 m。接长处必须防止弯折和松动。

2. 白麻绳绑扎

木脚手架的使用时间不超过三个月,可采用白麻绳绑扎法。绑扎时要注意缠绕方向、圈数(一般为5～6圈),必须收紧,最后压紧绳头,防止松开。绳结方法主要有锁扣和压扣两种方法。

(1)锁扣方法:每一个结点,麻绳缠绕六圈后,在两杆绳中绕两圈,称“围脖”,把绳尾插入预先设入活套的绳头中,抽紧绳头,完成绑扎。

(2)压扣方法:同锁扣方法一样缠绕后,绳头和绳尾互相拧扭后,纳入其中压牢,用锤轻轻敲几下,或者两绳头再会合后打一个鞋结。用麻绳绑扎接长杆,绳头宜设活结,缠绕后,绳尾从两杆空隙处穿二圈后抽紧,使绑绳达到紧固后,绳尾穿入活扣,抽紧绳头,绑扎完成。

(六)木脚手架搭设安全技术

木脚手架搭设过程中,必须遵守脚手架安全技术规范的基本规定,严格遵循搭设程序和操作技术规范。搭设木脚手架的架子工,必须持有特种作业操作证,并应具备木脚手架搭设工艺知识和一定的操作经验。对经验不足的架子工应先进行工艺知识培训,聘请经验丰富的老师傅指导、试搭,考核合格后方可从事木脚手架作业。

架子工必须按照经企业技术负责人批准的木脚手架专项施工方案和搭设前的安全技术交底要求进行施工作业。

熟悉建筑平面图和立面图,熟悉搭设地点环境。根据实际情况确定搭设的架子基本构造、操作步骤、安全防范措施等。

木脚手架搭设的一般程序是:基础处理→放立杆位置线→挖立杆坑→竖立杆→绑扎大横杆和小横杆→绑扎扫地杆→支撑抛撑或设连墙件→绑扎剪刀撑→铺脚手板→绑扎护身栏杆和踢脚杆→挂安全网。竖立杆时,一般应三人配合操作。双排架子起步搭设要先竖里排立杆,后竖外排立杆,每排立杆要先竖立尽端两根,再竖立中间的一根立杆,待相互看齐、校垂直后,再分别竖立中间其他立杆。操作时,一人将立杆大头对准坑口,另一人用锹抵住根部,两、三人合力抬起杆件,使之竖立,并矫正杆件垂直度。根部四周回填土,分层夯实,并高于周围地平面,防止积水。立杆如有弯曲,应将弯曲部分顺着架子的纵向,不得向里或向外。立杆要长短间隔错开设置,使接长立杆符合安全技术规程的要求。

架子的立杆竖立符合要求之后，应及时绑扎大小横杆，以便形成一个稳定的起始架子。大横杆绑扎需要 4 人配合操作，上面检查立杆的垂直，并注意绑扎不要过猛用力拉铅丝（或麻绳），以免将已竖的立杆拉偏。

同一步层的大横杆大头朝向应一致，上下相邻两步层的大横杆大头朝向相反，以增强脚手架的整体稳定。脚手架两尽端大横杆的大头应朝外。靠立杆处的小横杆与立杆绑扎连接，其余小横杆在大横杆上等距离布置并绑牢。小横杆伸出立杆部分长度不得小于 300 mm。

完成搭设后，应及时绑扎扫地杆，以及纵向、横向的斜撑杆作临时固定，减少架体的摇晃，两步完成后，必须做好斜杆抛撑或连墙件的整体绑扎固定，然后再拆临时支撑。

搭设过程中应随时铺设脚手板（片），并应用 18# 铅丝绑扎牢，增大立足面，保证操作安全。正式铺设的脚手板必须符合规定要求（参见钢管脚手架部分）。遇到窗洞时连墙件的设置方式和遇到出入大门或出入口时的八字撑做法，可参照钢管脚手架施工方法。

思考题

1. 简述钢管扣件式脚手架的特点和构造要求。
2. 简述钢管扣件式脚手架的搭设要求。
3. 简述脚手架所受载荷的种类。
4. 简述脚手架垂直度、挠度对脚手架安全的影响。
5. 简述碗扣式脚手架的检验项目及相应的检查内容。
6. 简述竹、木脚手架的搭设技术要点。

第七章 脚手架的安全防护措施

第一节 脚手架防护措施的基本项目

脚手架的防护措施概括地讲分两部分:一是脚手架构架的安全防护,前面第六章已讲过。二是脚手架构架使用过程中所设的防护措施。

对于脚手架、构架在建筑施工使用过程中的防护措施的基本项目,概括地讲有如下几点:

(1)高大和特殊的脚手架必须根据工程的实际情况编制脚手架专项施工方案,并经企业技术负责人审批签字盖章,严格按方案中的防护措施实施。

(2)防护设施所有的各种料具必须符合有关规范的技术质量要求:如各种构造材料制作的脚手架、木脚手架、竹脚手架、钢木脚手架、钢脚手架等均必须为合格正品。又如:水平布置的水平安全网和垂直布置的垂直密目网及材质规格也必须符合规范的规定要求。

(3)脚手架防护措施的基本项目,归纳主要有以下几项:

①脚手架操作层必须满铺脚手板:

②脚手架操作层脚手板下必须满挂水平安全网;

③脚手架各操作层除脚手板设置规范外还必须设置防护栏杆和踢脚(板)杆,以防人员坠落;

④脚手架外侧(外侧立杆的里侧)设密目立网全封闭(随脚手架

升高同步升高)；

⑤外脚手架要设置施工人员上行下走的斜道，供作业人员进出作业层；

⑥外架与各楼层之间设置进出通道，方便人员出入脚手架作业层和材料运输，两侧并设防护栏杆和踢脚杆(板)；

⑦金属脚手架在使用过程中应注意预防触电。对施工用电的各种电线，不能直接挂设在脚手架的架杆上，应在脚手架上绑固绝缘杆件，再将电线拉固于上，防止导电伤人；

⑧空旷区架设脚手架或脚手架超过有关规定高度，均应设避雷设施，预防雷电伤害事故。

第二节　脚手架防火、防电、避雷及过道防护

一、脚手架的防火要求和措施

建筑施工现场存有大量可燃物(如木料等)、易燃物(如油漆、刨花等)、易爆物(氧气、乙炔瓶等)，如果用火不慎，违反防火规定或防火措施不力，就有可能引起火灾，烧毁某些材料、施工设施和建筑物，包括各类施工脚手架。

竹、木脚手架的杆件，其主要组成是纤维素。竹材和木材在常温与通风的条件下不会自燃。但如果周围有火源，竹、木杆受高温烘烤或火焰侵袭，随着温度的升高，竹、木材受热分解析出可燃气体(一氧化碳、氢、甲烷等)含量增大，在一定温度下，就燃烧起来，并会在短时间内蔓延，祸及整个架体及周围的材料和建筑物。必须特别注意竹、木脚手架的防火。

钢管和其他金属脚手架，在受到电火花、电弧或火焰包围，会使金属杆件受损，甚至局部断裂，威胁整个架体的稳定。电弧的温度可达3000℃以上，不仅能使导线绝缘燃烧，而且能使金属熔化，是钢管

和金属脚手架极危险的火源。

各类脚手架的防火应与施工现场的防火措施密切配合，同步进行，主要应做好以下几点：

(1)脚手架附近应配置一定数量的灭火器和消防装置。架子工应懂得灭火器的基本使用方法和火灾的基本常识。

(2)必须及时清理和运走脚手架上及周围的建筑垃圾，特别是锯末、刨花等易燃物，以免窜入火星引燃起火。

(3)在脚手架上或脚手架附近临时动火，必须事先办理动火许可证，事先清理动火现场或采用不燃材料进行分隔，配置灭火器材，并有专人监管，与动火工种配合、协调。

(4)禁止在脚手架上吸烟。禁止在脚手架或附近存放可燃、易燃、易爆的化工材料和建筑材料。

(5)管理好电源和电器设备，停止生产时必须断电，预防短路以及在带电情况下维修或操作电气设备时产生电弧或电火花损害脚手架，甚至引发火灾，烧毁脚手架。

(6)室内脚手架应注意照明灯具与脚手架之间的距离，防止长时间强光照射或灯具过热，使竹、木材杆件发热烤焦，引起燃烧。严禁在满堂脚手架室内烘烤墙体或动用明火。严禁用灯泡、碘钨灯烤火取暖及烘衣服、手套等。

(7)动用明火(电焊、气焊、喷灯等)要按消防条例及建设单位、施工单位的规定办理动用明火审批手续，经批准并采取了一定的安全措施才准作业。工作完毕后要详细检查脚手架上、下范围内是否有余火，是否损伤了脚手架，待确保无隐患才准离开作业地点。

二、脚手架的防电、避雷要求和措施

(一)防电

钢脚手架(包括钢井架、钢龙门架、钢柱杆提升架等)不得搭设在距离 35 kV 以上的高压线路 4.5 m 以内的地区和距离 1～10 kV 高压线路 3 m 以内的地区。钢脚手架在架设和使用期间，要严防与带电体接触。钢脚手架需要穿过或靠近 380 V 以内的电力线路，距离在 2 m 以内时，在架设和使用期间应断电或拆除电源，如不能拆除，应采取可靠的绝缘措施：

(1)对电线和钢脚手架等进行包扎隔绝。可用橡胶布、塑料布或其他绝缘性能良好的材料，由专业电工进行包扎。包扎好的电线，应用麻绳扎牢，用瓷瓶固定，使与钢脚手架保持一定距离，如不能使电线与钢脚手架离开，可在包扎好的电线与包扎好的钢脚手架之间设置可靠的隔离层，并绑扎牢固，以免晃动摩擦。

(2)脚手架采取接地处理。如电力线路垂直穿过或靠近钢脚手架时，应将电力线路周围至少 2 m 以内的钢脚手架水平连接，并将线路下方的钢脚手架垂直连接进行接地；如电力线路和钢脚手架平行靠近时，应将靠近电力线路的一段钢脚手架在水平方向连接，并在靠墙的一侧每隔 25 m 设一接地极，接地极入土深度 2～2.5 m。

在钢脚手架上施工的电焊机、混凝土振动器等，要放在干燥木板上，操作者要戴绝缘手套，穿绝缘鞋，经过钢脚手架的电线要严格检查并采取安全措施。电焊机、振动器外壳要采取保护性接地或接零措施。

夜间施工和深基操作的照明线通过钢脚手架时，应使用电压不超过 36 V 的低压电源。

(二)避雷

搭设在旷野、山坡上的钢脚手架以及钢井架、钢龙门架、钢柱杆提升架等，如在雷击区域或雷雨季节时，应设避雷装置。其要求如下。

1. 接闪器

接闪器即避雷针，可用直径 25～32 mm，壁厚不小于 3 mm 的镀锌钢管或直径不小于 12 mm 的镀锌钢筋制作，设在房屋四角的脚手架立杆上，高度不小于 1 m，并将所有最上层的横杆全部连通，形成避雷网路。在垂直运输架上安装接闪器时,应将一侧的中间立杆接高出顶端不小于 2 m,并在该立杆下端设置接地线,同时应将卷扬机外壳接地。

2. 接地极

(1)接地极的材料:应尽量采用钢材而不用有色金属材料。垂直接地极可用长度为 1.5～2.5 m,壁厚不小于 2.5 mm,直径为 25～50 mm 的钢管:直径不小于 20 mm 的圆钢或 L50×5 角钢。水平接地极可选用长度不小于 3 m,直径 8～14 mm 的圆钢或厚度不小于 4 mm,宽 25～40 mm 的扁钢。另外也可利用埋设在地下的金属管道(但可燃或有爆炸介质的管道除外)、金属桩、钻管或吸水井管以及与大地有可靠连接的金属结构作为接地极。

(2)接地极的设置:可按脚手架的连续长度不超过 50 m 设置一个接地极,但应满足离接地极最远点内脚手架上的过渡电阻不超过 10 Ω 的要求,如不能满足此要求时,应缩小接地间距。

接地电阻(包括接地导线电阻加散流电阻)不得超过 20 Ω。如果一个接地极的接地电阻不能满足 20 Ω 的限值时,对于水平接地极应增加长度;对于垂直接地极则应增加个数,其相互间距离不应小于 3 m,并用直径不小于 8 mm 的圆钢或厚度不小于 4 mm 的扁钢加以连接。

接地极埋入地下的最高点,应在地面以下不浅于 500 mm。埋设接地极时,应将新填土夯实。

接地极不得设置在干燥的土层内,例如不得设置在蒸汽管道或烟囱风道附近经常受热的土层内;位于地下水以上的砖石、焦渣或砂子内均不得埋设接地极。

3. 接地线

即引下线可采用截面不小于 16 mm^2 的铝导线或截面不小于 12 mm^2 的铜导线。为了节约有色金属,应在连接可靠的前提下,优先采用直径不小于 8 mm 的圆钢或厚度不小于 4 mm 的扁钢。

接地线的连接应保证接触可靠。在脚手架的钢管或型钢下部连接时，应用两道螺栓卡箍，保持接触面不小于100 mm^2。连接时应将接触表面的油漆及氧化层清除。露金属光泽，并涂以中性凡士林，在有振动的地方采用螺栓连接时，应加设弹簧垫圈等防松措施。

接地线与接地极的连接，最好用焊接，焊接点长度应为接地线直径的6倍以上或扁钢宽度的2倍以上。如用螺栓连接，接触面不得小于接地线截面积的4倍，连接螺栓直径应不小于9 mm。

4. 注意事项

(1)接地装置在设置前要根据接地电阻限值、土的湿度和导电特性等进行设计，对接地方式和位置选择，接地极和接地线的布置、材料选用、连接方式、制作和安装要求等作出具体规定。装设完成后要用电阻表测定是否符合要求。

(2)接地极的位置，应选择在人们不易走到的地方，以避免和减少跨步电压的危害和防止接地线遭受机械损伤。同时应注意与其他金属物体或电缆之间保持一定的距离(一般不小于3 m)，以免发生击穿造成危害。

(3)接地装置的使用期在六个月以上时，不宜在地下利用裸铝导体作为接地极或接地线。在有强烈腐蚀性的土中，应使用镀铜或镀锌的接地极。

(4)在施工期间遇有雷击或阴云密布将有大雷雨时，钢脚手架上的操作人员应立即离开。

三、脚手架过道防护措施

在人员、车辆频繁活动的部位，如人行道、车行道、学校、商店、居民生活区等。为了防止脚手架上施工作业时物体坠落伤人损物，发生意外事故，在脚手架搭设中应考虑搭设相配的防护隔离棚。

防护隔离棚的材料、杆件与脚手架同质，棚顶遮盖采用竹脚手片或木板以及安全网。

(1)人行道、车道的防护隔离棚的设置,根据脚手架的高度和邻近道路的距离确定采用落地式还是悬挑式。

当施工现场较小、靠近人行道或车道时,应采用落地式全遮盖防护隔离棚。

人行道防护隔离棚的高度要合适,下弦距地面的净高不应低于3 m;行车道防护隔离棚净高不应低于6 m。

(2)脚手架底部的人员出入通道口(有八字撑处),也应设防护隔离棚。通道跨距必须大于通道口宽度1 m以上;棚顶与地面的距离在2.5 m以上,离开外立杆外侧总宽度,应不小于《高处作业分级规定》(GB/T 3608—93)中不同高度物体坠落地面的半径值。顶棚应双层,满铺脚手板,上面一层的三侧面应再设围栏,以防万一物体坠落弹出伤人。

防护隔离棚架子:防护隔离棚顶部两层脚手片应靠紧脚手架外侧立杆,不留空隙。

在人员密集和进出特别频繁的地方,例如商场、医院等大门口,通道防护隔离可采用隧道式,即在脚手架下分别搭设一个密封专用通道,供人员出入,高度应不低于2.5 m,宽度不小于2 m。隔离棚的上面和两侧均为五合板用螺丝固定在棚架的木条上。为防雨水,通常在隔离板外表铺盖塑料篷布。

(3)邻近脚手架的房屋或临时设施(如卷扬机操作棚)的上部,必须搭设双层防护隔离棚。

(4)施工现场物料提升机的地面进料口上方,应搭设双层防护隔离棚。防护棚应设置在提升机架体的三面,宽度要求为:低架提升机不小于3 m,高架提升机不小于5 m。防护棚上下两层之间的间距不小于600 mm,采用脚手片遮盖的,上下两层应垂直墙面铺设。

第三节 恶劣天气防护

外脚手架除了应按规定设置避雷设施外，还应做好其他恶劣天气的防范和保护措施。

雨天和雪天进行外脚手架上作业时，必须采取可靠防滑、防寒和防冻措施。积水、冰、霜、雪均应及时清除。

遇到六级以上强风、浓雾、大暴雨等恶劣天气，不得进行外脚手架的搭拆操作和攀登。雨季和大雨之后应注意架设在脚手架上的电线绝缘是否良好，穿越脚手架体的电线有否与脚手架体接触或摩擦；脚手架基础排水是否良好。发现有积水，应及时排除，以防积水，引起脚手架体下沉、倾斜。对于脚手架的轻度下沉，可采取垫实的方法补强；对脚手架的严重下沉，应加绑扫地杆或斜撑、加杆等方法进行加固处理。

台风季节应注意收听气象消息。台风到来之前，应做好脚手架的检查和加固。为防止台风涡旋上翻，将脚手架托起掀翻，可采用放置上吊件和对应下拉杆的办法，每隔五层设置一道。同时，设置水平支撑杆，抵御台风涡流的侧向力对架体的破坏。井字架应加固缆风绳的地锚。

大风大雨等过后，应立即对脚手架作详细检查，发现有节点绑扎连接不紧，杆件变形，连墙件损坏或松动、架体倾斜等现象，应立即维修和加固，经施工技术负责部门检查核实，确无问题后，方可允许使用脚手架作业。

思考题

1. 脚手架使用过程中应设置的安全防护装置有哪些？
2. 脚手架的防火措施有哪些？
3. 脚手架的防电与避雷措施有哪些？
4. 针对恶劣天气的脚手架安全防护措施有哪些？

第八章 建筑登高作业的安全管理与脚手架的拆除

第一节 脚手架安全检查标准

建设部发布的国家强制性行业标准《建筑施工安全检查标准》(JGJ 59—99)中,对落地式外脚手架、悬挑式脚手架、挂脚手架、吊篮脚手架和附着式升降脚手架的安全技术要求和内容作出了规定。架子工应根据这些安全检查标准,结合本地区、本部门指定的贯彻《建筑施工安全检查标准》(JGJ 59—99)的实施意见,对照检查和改进脚手架搭设的质量,完善脚手架安全保障措施。建筑登高作业中最常用的脚手架是落地式外脚手架和悬挑式脚手架,其检查评分项目的基本要求详见第四章第一节和第二节的相关内容。

第二节 脚手架的检查与验收

脚手架在搭设、使用过程中应分阶段进行检查、纠正或维修,做好验收,目的是要消除不安全因素和隐患,确保脚手架搭设作业人员和使用脚手架的作业人员的安全。进行脚手架检查、验收时应根据:①相关规范规定的检查项目和判定标准;②施工组织设计及变更文件,包括脚手架专项施工方案及变更文件;③技术交底文件。检查与验收应全面、仔细、严格,不能走马观花,敷衍塞责。搭设过程中检查发现的问题，应随时纠正；检查验收和使用过程中检查出来的问题，应有记录，书面整改通知、整改落实情况记录和复查结论。

一、脚手架搭设和使用前的检查

竹脚手架搭设高度达三步时，应按脚手架专项设计方案要求进行检查，符合要求的，或经过纠正符合要求的，可以继续向上搭设。直到要求高度。脚手架搭设完毕，应由单位、项目工程部的技术负责人和安全管理人员，会同搭设班组一起，按《建筑施工安全检查标准》(JGJ 59—99)规定的项目和要求进行检查。检查合格的脚手架，办理交接验收手续，挂合格标牌后，方可交付使用。

钢管脚手架的阶段性检查与验收为：①基础完工后及脚手架搭设前；②作业层上施加荷载前；③每搭完 10～13 m 高度后；④达到设计高度后；⑤遇到六级大风与大雨后，寒冷地区开冻后；⑥停工超过一个月。

阶段性检查要使脚手架达到搭设质量优良，满足使用的安全技术要求，主要是：

(1)每一步的搭设构造符合规范要求，脚手架的垂直度和挠度均控制在允许偏差范围内，架子整体保持垂直、稳定，几何图形准确、美观。

(2)脚手架与建筑结构的拉结点、剪刀撑、抛撑等稳固措施设置及时、正确、牢固，间距符合设计规定。

(3)脚手架沿建筑物的外围交圈封闭。一字形、开口型脚手架有牢靠的稳固措施。

(4)立杆、斜杆底部有垫块。竹、木架子的底部杆件埋地，回填土夯实，无松动，并高出周围地面。扫地杆设置符合规定。

(5)各杆件的间距、接长及倾斜角度等符合规定。

(6)超过三步高的脚手架设置了人行斜道(或其他上下设施)，防护栏杆、踢脚杆(或挡脚板)和安全网设置正确。

(7)扣件、铅丝或竹篾、脚手板的材质和规格尺寸符合要求,使用正确。

(8)防电、避雷等措施已落实。

二、脚手架使用中的检查与维修

大多数脚手架是在露天使用,必然要受到日晒、雨淋、风吹等自然条件的影响。同时,脚手架是供各工种使用的登高作业工具,施工作业发生的碰撞、超载等,会使脚手架发生变形、松动及其他影响安全的现象。因此,在脚手架交付使用后,应经常检查,发现问题必须及时进行维修和加固,确保脚手架能满足施工需要和起到安全保护作用。

竹、木脚手架使用期间应设专人经常检查,特别要注意检查以下几项:①脚手架是否有倾斜或变形;②连墙拉结点是否完好无损,是否被擅自拆除或挪位;③绑扎点的竹篾或铅丝是否有断裂、松脱或被人为改动过;④立杆的基础是否有沉陷、积水,立杆是否有下沉或悬空现象;⑤脚手板绑扎是否牢固,铺设是否严密或被移动而出现空隙、探头板等,是否有被损坏的脚手板;⑥脚手架上的使用荷载必须控制在规范规定的范围之内。检查、督促架上作业班组正确堆放材料、机具、设备等;⑦安全网张挂是否牢固,有没有破损;⑧是否有违规利用脚手架吊运重物、设置起重杆、在脚手架上拉缆风绳或连接不同受力性质的架子;⑨竹脚手架的顶撑是否绑扎松脱或倾斜等现象;⑩安全防护栏杆等是否牢固。

钢管脚手架使用中,应按《建筑施工扣件式钢管脚手架安全技术规范》(JGJ 130—2001)规定,定期检查下列项目:①杆件的设置和连接,连墙杆、支撑、门洞桁架等是否符合要求。在脚手架使用期间,严禁拆除主节点处的纵横向水平杆、扫地杆和连墙件;②地基是否积水,底座是否松动,立杆是否悬空;③扣件螺栓是否松动;④高度在24 m以上的脚手架,其立杆的沉降偏差(允许值−10 mm)与垂直度的偏差(允许值±100 mm)是否符合规范的规定;⑤安全防护措施是否符合要求;⑥是否超载。

高层建筑脚手架除了应做以上相关项目检查之外,还必须注意检查脚手架的支撑部位、卸荷设置等是否正常、有效。

第三节 脚手架的保养、维护和管理规定

一、脚手架交付使用期间的保养和维修

在此阶段脚手架构架的保养和维修工作,根据脚手架的形式规模,使用时间长短和环境条件以及使用情况的变化,综合概括如下:

(1)定期检查各承重杆件、关键部位、连接节点的螺栓有否松动,杆件有否滑动;如有问题要及时拧紧加固。

(2)大雨、大风过后检查脚手架落地的基础有否下沉及脚手架有否变形,若有应及时加固,上部可增设卸荷设施分流整个构架传于基础的重量。

(3)脚手架已达极限高度,构架上的荷载已受限制,这时构架的荷载需增加,需采取:①增强下部承载能力强度;②上部增设卸荷设施分流重量。

(4)局部杆件或扣件(连接件)产生不良变化,要及时更换,确保脚手架安全正常使用。

二、脚手架拆除后所有架料的维护管理

脚手架多在露天使用。搭拆频繁,耗损较大,因此必须加强维护和管理,及时做好回收、清理、保管、整修、防锈、防腐等项工作,才能降低损耗率,提高周转次数,延长使用年限,降低工程成本。

(1)使用完毕的脚手架料和构件、零件要及时回收,分类整理,分类存放,堆放地点要场地平坦,排水良好,下设支垫。钢管、角钢、钢

桁架和其他钢构件最好放在室内，如果放在露天，应用毡、席加盖。扣件、螺栓及其他小零件，应用木箱、钢筋笼或麻袋、草包等容器分类储存，放在室内。

(2)弯曲的钢杆件要调直，损坏的构件要修复，损坏的扣件、零件要更换。

(3)做好钢铁件的防锈和木制件的防腐处理。钢管外壁在湿度较大地区(相对湿度大于75%)，应每年涂刷防锈漆一次；其他地区可两年涂刷一次。涂刷时涂层不宜过厚，经彻底除锈后，涂一遍红丹即可。钢管内壁可根据地区情况，每隔2～4年涂刷一次，每次涂刷两遍。

角钢、桁架和其他铁件可每年涂刷一次。

扣件要涂油，螺栓宜选用镀锌防锈，使用3～5年保护层剥落后应再次镀锌。没有镀锌条件时，应在每次使用后用煤油洗涤并涂机油防锈。

井架垫木与天轮梁、地轮架等应配套专用。木制件应做好防腐处理，钢制件应涂红丹及防锈涂料。

(4)搬运长钢管、长角钢时，应采取措施防止弯曲。桁架应拆成单片装运，装卸时不得抛丢，防止损坏。

(5)框组式脚手架、塔式脚手架等的组成部件较多，很容易在拆除、搬运和堆放的过程中造成大的损失。因此，应注意抓好以下的管理环节：

①拆除时，要把同一种部件集中捆扎(小部件可装入袋中或木条板箱、铁皮箱中)后，使用垂直运输设备运至地面。不得散乱地搬运，以免部件变形和受损；

②在搬运和堆放时，不耐压的部件(如门型架等)和小型零部件，应分别采用成组立放和单独搁置；

③在进库存放以前应逐件检查，有变形和损伤的部件应剔出修理，漆皮脱落者应重新油漆。

(6)大型的定型脚手架(如桥式脚手架、吊篮和支撑架、上料台等)。在拆除之后应及时进行维修保养(更换受损伤的螺栓、钢丝绳和其他部件,上油和喷漆等),运至新的工地或入库存放。

(7)脚手架使用的扣件、螺栓、螺母、垫板、连接棒、插销等小配件极易丢失。在安装脚手架时,多余的小配件应及时收回存放;在拆卸脚手架时,散落在地面上的小配件要及时收捡起来。

(8)健全制度,加强管理,减少损耗和提高效益是脚手架管理的中心环节。比较普遍采用的管理办法有两种:

①由架子工班(组)管理,采用谁使用、谁维护、谁管理的原则,并建立积极的奖罚制度。做到确保施工需要,用毕及时归库、及时清理和及时维修保养,减少丢失和损耗;

②由材料部门集中管理,实行租赁制。施工队根据施工的需要向公司材料部门租赁脚手架材料,按天计费和损坏赔偿。

第四节　脚手架拆除的安全技术与安全措施

高处作业完成后或因局部施工作业需要,脚手架需要局部或全部拆除。由于自然原因或施工作业等原因,使用过的脚手架会存在一些问题与隐患,例如竹、木杆件开裂、钢管变形等,若杆件连接不牢,不采取安全措施,很容易发生伤亡事故。脚手架拆除是一项比较危险的作业,架子工必须严格按照拆除的安全技术要求操作。

一、拆除前的准备工作

脚手架拆除前的准备工作包括编制切实可行的拆除方案、技术交底、补强加固、设置警戒标志等。

拆除前应全面检查脚手架的杆件连接处、连墙件、支撑体系等的构造是否符合构造要求,并根据检查结果补充完善拆除方案。架子工有责任向编制方案的技术部门反映情况,提出合理建议和要求。

经主管部门批准的拆除方案，是架子工拆除作业的依据。单位工程负责人应向负责拆除作业的全体架子工进行安全技术交底。应清除脚手架上垃圾、杂物及地面障碍物。拆除作业区及出入口处必须设置醒目警戒标志和围栏，派专人监督、看守，严禁非作业人员进入，做好产品保护。

二、拆除作业要求

负责拆除的架子工必须持有安全操作有效证书，严格正确使用劳动保护用品，正确使用安全帽和安全带，上架拆除作业必须穿软底防滑鞋子，扎紧袖口、裤腿及扣紧领口，工具必须入袋放稳。拆除人员进入岗位以后，应先进行检查，对薄弱或影响拆除安全的部位，应先加固补强，再动手拆除。

脚手架拆除作业必须由上而下逐层进行。拆除程序与搭设程序完全相反，原则上应先搭的后拆，后搭的先拆，关键部位后拆，次要部位先拆。严禁上下同时进行拆除作业，严禁采用推倒或拉倒的方法进行拆除。应绕建筑物周边一步一步循序渐进分解拆除，不允许踏步式作业。

大横杆、护栏杆、剪刀撑、斜撑，应先拆中间的绑扎或扣件，握住中间再去掉两端头的绑扎或扣件。拆除时应有两人以上配合，不要单独拆卸。

立杆拆除时，操作要站稳，绑扎件或扣件解开后，用力要得当，防止立杆倾斜倒下或站立失衡。

连墙件必须随脚手架逐层拆除，严禁先将连墙件整层或数层拆除后再拆脚手架；分段拆除高差不应大于二步，如高差大于二步，应增设连墙件加固。

竹、木脚手架拆除时，要防止原杆件在搭设校正弯曲的弯势回弹。应注意拆除绑扎件时的站立位置。

拆除古建筑、双排水塔脚手架等悬空部位时，应在悬空口上方保留二步，此时应及时加设临时支撑立杆抵住，以防悬空部位塌掉。

当脚手架拆至下部最后一根通长立杆时，应先在适当位置搭设临时抛撑加固，再拆除连墙件，防止架体晃动或倾斜影响架子拆除，并防止发生事故。拆至最后一层时，特别是最后几根立杆时，应集体配合，防止架子倒塌。有扫地杆的脚手架，应先拆除扫地杆，再拆第一步大、小横杆。埋地立杆的坑洞立杆拔除后，应及时填没。预埋件也应及时处理，防止留下导致事故的隐患。

设置缆风绳的脚手架，应随架体拆除逐步解卸，不准先拆除。

一字形、开口型脚手架拆除时，必须按规定设置连墙件和横向斜撑加固。

拆卸过程中，严禁将各构配件抛掷至地面。应采取逐层传递或用垂直运输机械设备送至地面。运输设备应由持证人员操作，运行前必须检查，不得带病运转。搬运杆件，应注意避开电线。

全部脚手架拆除完毕，必须做好清理工作，运至地面的构配件按规定分类、整修与保养，妥当堆放保存。

第五节　架子工职业技能标准

1. 职业序号 13—014

2. 专业名称 土木建筑

3. 职业名称 架子工

4. 职业定义 利用搭设工具，将钢管、夹具或其他材料搭设成操作平台、安全栏杆、架、批栏架等，以满足施工、物料吊装的需要。

5. 适用范围 工程施工

6. 技能等级 设初、中、高三级。

7. 学徒期 两年。其中，培训期一年，见习期一年。

一、初级架子工

1. 知识要求(应知)

(1)识图和房屋构造的基本知识,看懂分部分项施工图和吊装方案图;

(2)架子材料的规格、质量、性能、用途;

(3)常用小型起重机具、卡具、索具、金属扣件的性能、使用和保养方法;

(4)力的一般知识;

(5)常用脚手架的搭、拆方法和允许负荷量;

(6)一般斜道和棚盖坡度知识;

(7)搭、拆卷扬机架子,挑架子,掏空架子,门式架子,桥式架子,钢管井架的程序和方法;

(8)搭、拆跨度 9 m 及其以下棚仓的程序、方法;

(9)绳扣打结及使用钢丝绳和卡具吊挂构件的方法;

(10)小型构件的起吊、运输方法和起重信号;

(11)构件吊装的加固和吊装就位布法;

(12)本职业安全操作规程、施工验收规范和质量评定标准。

2. 操作要求(应会)

(1)搭、拆高度 20 m 及其以下架子、直上斜道、“之”字斜道、起重平台、卷扬机架子;

(2)搭、拆跨度 9 m 及其以下棚仓;

(3)在架子上拔杆子,绑、拆剪刀撑和斜撑;

(4)制作和安装低笆(板);

(5)架设安全网、配合安装吊篮和吊架子;

(6)吊装小型构件和架子材料;

(7)插 19 mm 以下钢丝绳扣,穿三、三滑车绳;

(8)安、拆绞磨、卷扬机,埋地锚。

二、中级架子工

1. 知识要求(应知)

(1)制图的基本知识,看懂本职业较复杂施工图;

(2)建筑力学的一般理论知识,各种架子的允许负荷量及保安期限;

(3)搭、拆各种吊架子和修缮架子的方法;

(4)高层架子和大跨度棚仓的搭设规范和防风、加固措施;

(5)小型构件和成捆架子材料找重心和选择吊点的方法;

(6)滑、大、飞、隧道模和升板工艺常识;

(7)本职业施工方案的编制知识;

(8)班组管理知识。

2. 操作要求(应会)

(1)绘制棚架施工草图;

(2)搭、拆挑架子,吊架子和一般掏空架子;

(3)主持搭、拆高度 20 m 以上的各种架子及各种修缮架子;

(4)主持搭、拆跨度 9 m 及其以下棚仓;

(5)配合装、拆各种模板和升板设备的作业;

(6)主持小型构件和架子材料的吊装;

(7)按图计算工料;

(8)制、立及移动一般木(金属)桅杆、木塔。

三、高级架子工

1. 知识要求(应知)

(1)看懂本职业复杂施工图,并能审核图纸;

(2)复杂架子工程的施工方法;

(3)主要起重机具的性能和操作知识;

(4)装配式结构吊装的顺序;

(5)脚手架新工艺的知识；

(6)预防和处理本职业施工质量和安全事故的方法。

2. 操作要求(应会)

(1)主持搭、拆、修理高层(高度 60 m 以上)架子和大跨度(跨度 30 m 以上)掏空架子；

(2)掌握一般钢筋混凝土构件吊装；

(3)推广和应用本职业新技术、新工艺、新材料和新设备；

(4)参与编制本职业施工方案,并组织施工；

(5)对初、中级工示范操作、传授技能,解决本职业操作技术上的疑难问题。

思考题

1. 对脚手架进行检查与验收的依据有哪些?
2. 简述脚手架使用期间的保养维修项目。
3. 拆除脚手架的作业要求是什么?
4. 高级架子工的职业技能要求是什么?

第三篇　安装维修登高架设作业

在安装维修及电力建设作业过程中，很多作业要在高处进行。高处作业环境特殊，危险性大，登高作业时常发生高空坠落、脚手架倾翻等生产安全事故，为了防止登高作业时生产安全事故的发生，安装维修及电力安装作业的登高人员也必须学习登高作业安全知识，掌握登高作业的操作技能，熟悉安装维修时登高作业的规章制度。

第九章 安装维修登高架设专用设施

安装维修登高架设作业的设施与建筑登高架设作业的设施有的相同,如碗扣式钢管脚手架、扣件式钢管脚手架、木、竹脚手架等。其搭设安全技术、稳固措施、现场安全维护管理等均与第六章相同。本章主要介绍安装维修登高架设的一些专用设施。

第一节 常见用具

一、梯子

梯子在安装维修时是经常使用的登高工具,按材质可分为木质梯子、竹质梯子、铝合金梯子和铁质梯子四种。按使用功能可分为靠梯、合梯和伸缩梯等。

二、折叠式脚手架

折叠式脚手架有角钢折叠式、钢管折叠式、钢筋折叠式三种。

1. 角钢折叠式

其架设间距不超过 2 m。可搭设两步,第一步为 1 m,第二步为 1.65 m,每个重 25 kg。

2. 钢管折叠式

其架设间距不超过 1.8 m,每个重 18 kg。

3. 钢筋折叠式

其架设间距不超过 1.8 m，每个重 21 kg。

三、支柱式脚手架

支柱式脚手架有套管支柱式和承插支柱式两种，由若干支柱及横杆组成，上铺脚手板，其架设间距不超过 2 m。

1. 套管支柱式

套管插入立管中，以销孔间距调节高度，插管顶端的槽形支托搁置方木横杆以铺设脚手架。

其架设高度为 1.57～2.17 m，每个支柱重 14 kg。

2. 承插支柱式

(1)承插钢管支柱式

其架设高度分别为 1.2 m、1.6 m、1.9 m。当架设第三步时，要加销钉以保安全。每个支柱重 13.7 kg，横杆重 5.6 kg。

(2)承插角钢支柱式

其架设高度分别为 0.8 m、1.2 m、1.6 m、2.0 m。每个支柱重 12.4 kg，横杆重 10.4 kg。

(3)承插钢筋支柱式

其架设高度分别为 1.0 m、1.25 m、1.5 m、1.75 m、2.0 m。每个支柱重 17 kg，横杆重 11 kg。

四、伞脚折叠式脚手架

伞脚折叠式脚手架由立管(伞形支柱)、套管、横梁和桁架组成。主管下端有状如伞骨的支脚，可以撑开或收拢；立管上端有销孔，套管可在立管上升降，以调节架设高度。

这种脚手架可以根据需要双排或多排支柱，应用桁架做横梁，上面铺设脚手板，可进行安装维修作业。

伞形支柱的架设间距为 2 m，每个支柱重 16 kg，横梁每件重

5.8 kg,桁架每件重 10 kg。

五、梯式支柱脚手架

梯式支柱脚手架由梯式支柱与钢筋横梁组成。梯式支柱每节长 2.5 m,竖立时作为脚手架立柱,横放时可当脚手板用。横梁是由钢筋焊成的小桁架。将钢筋挂在支柱的缺口中,在横梁上铺设脚手板即成脚手架。梯式支柱接高时,除需拧紧顶部钢板上的四个螺栓外,还必须另加连接钢板,以确保安装维修时的安全。

这种脚手架的架设高度可达 12.5 m,可以进行高处的安装维修。支柱间距应不超过 2 m,并且脚手架上的均布载荷不得超过 270 kg/m^2。梯式支柱每件重 24 kg,横梁每件重 11 kg。

六、门架式脚手架

门架式脚手架是由 A 型支架与门架两种构件组成。按照支架与门架的结合方式,可分为套管式和承插式两种。

A 型支架由立管和支脚组成。立管常用 ϕ51×3.5 的焊接钢管,支脚可用钢管、钢筋或角钢焊成。套管式的支架立管较长,使用时用立管与门架上的销孔来调节架子高度;承插式的支架立管较短,为了在改变架设高度时支架不会造成挪动,故普遍采用双承插管。

门架用钢管或角钢与钢管焊成。双角钢面的门架在制作时,是先将两个背靠背的角钢用间断焊接方法焊在一起,然后与钢管焊接。承插式门架在架设第二步时,销孔要插上销钉,以防 A 型支架被撞后转动。

门架式脚手架的架设高度为:套管式的架设高度分别为 1.44 m、1.7 m、1.9 m;承插式的架设高度为 1.34 m、2.43 m。支架间距不超过 2.2 m,套管式的 A 型支架每件重 9 kg,门架每件重 10 kg;承插式的 A 型支架每件重 9 kg,门架每件重 20 kg。

七、平台架

平台架可作为安装维修时的登高脚手架和存放安装维修材料的平台。使用时可以先在使用位置将平台架拼装好，铺上脚手板以便使用。常用的平台架有伸缩式和拼装式两种。

1. 伸缩式平台架

伸缩式平台架是以 1.75 m×1.75 m 的基本单元架为主，根据不同的安装维修要求组成复合式平台。基本单元架由套管立柱、上桁架、下桁架、三角架四部分组成。

2. 拼装式平台架

拼装式平台架由管柱门架与钢筋桁架、三角架拼装而成。可以组成四组和六组。

这种平台架的安装高度为 1.2 m、1.8 m，最大施工高度可满足 3～3.3 m 的要求。平台架的平面尺寸为 1.8 m×1.8 m，配合三角架使用可以满足一般房间的开间和进深要求。

八、满堂脚手架

厂房、礼堂、大餐厅在进行安装维修和修饰装潢等施工时，可以搭设满堂脚手架。

第二节　移动式脚手架

一、构造特点

(1)扣件钢管移动式脚手架：底部为钢板或钢框架，装设胶轮，上面搭设扣件式钢管脚手架，并与底部行走装置牢固连接或焊接，组成支承架。脚手架上部搭设作业平台。

(2)门架组装移动式脚手架：底部设有带丝扣千斤顶的移动脚

轮，可以调节高度。采用门脚手架的门架搭设组装成支承架和作业平台。

(3)单侧立柱移动式脚手架：前、后轮轴和居于中间的牵引杆组成行走装置，两轮轴的间距可以调节。立柱下端铰接在前、后轮轴的同一侧，并设斜撑杆，铰连在轮轴另一侧。立柱可接长，斜撑杆可伸缩。作业平台为钢框架，有升降装置。

(4)液压升降移动式脚手架：移动行走装置与支承架之间设液压升降装置，支承架可升降。作业平台面积固定不可变。

二、脚手架的材质及荷载

各种移动式脚手架的材质，必须符合《钢结构设计规范》(GB 50017)、《建筑施工高处作业安全技术规范》(JGJ 80—91)、《工程建设标准强制性条文》等所述的相关规格、性能和质量标准。

扣件钢管移动式脚手架和门架组装移动式脚手架的支承架材料，应符合同类脚手架安全技术规范(JGJ 128—2000)的要求。

移动式脚手架上作业时的施工荷载应限制在设计允许的范围之内，必须考虑到脚手架移动过程中的稳定性和行走装置的承载能力。施工活荷载按 1.5 kN/m^2 计算。

三、搭设前提

(1)各类自制的移动式脚手架必须由专业技术人员，按现行的相应规范进行设计，计算书及图纸应编入施工组织设计。商品化的移动式脚手架必须由合格的生产单位生产，并须有商品质量检验合格证。

(2)搭设和操作人员必须经过培训考核，持证上岗，并熟悉作业的移动式脚手架的性能、操作规程和安全技术要求。

(3)所有的构配件、辅助装置进行了严格检查，质量完全符合设计要求。

(4)搭设或装配场地有足够面积,平整、无坡度,表面为混凝土或铺贴其他材料。

(5)配备升降装置、液压装置等的移动式脚手架,应有相关专业的技术人员和技术工人配合架子工作业。

四、搭设安全技术

(1)安装行走装置后,必须仔细检验整个底盘的水平平整度。然后,应将移动轮固定住,防止搭设支承架时晃动或惯性位移,发生碰撞危险。必要时,搭设过程中应加临时支撑或拉缆风绳,防止发生倾倒事故。

(2)支承架的下端必须与行走的底盘或移动轮牢固连接。扣件或连接螺栓应扣紧或拧紧。

(3)作业平台总面积不应超过 10 m^2,四周必须按临边作业要求设置防护栏杆,立网封闭,并应布置登高扶梯。

(4)移动式脚手架的高度不应超过 5 m,确保移动时架体稳定性。根据稳定验算,采取措施减小立柱的长细比。

(5)单侧立柱移动式脚手架应设置配重,以保持架体平衡与稳定。

(6)行走装置选用的轮子直径不宜太大,轮子与底盘或立柱底端的接合处应牢固可靠,立柱底端离地面不得超过 80 mm。

(7)采用 ϕ48 mm×3.5 mm 或 ϕ51 mm×3.5 mm 的 $10^{\#}$ 或 $20^{\#}$ 高频焊接钢管以扣件连接,或采用门架式或承插式钢管脚手架部件的移动式脚手架,按产品使用要求进行组装。作业平台的次梁,间距不应大于 400mm,台面应铺满 50mm 厚的木板或竹脚手片。

(8)交付使用之前应进行荷载、移动等试验,经技术主管部门验收合格,签字确认后,方可交付使用。

第三节　工具式脚手架

所谓工具式脚手架主要是相对多立杆式脚手架而言。因为多立杆式脚手架的搭设是在施工现场,用单根杆件逐根逐件从地面开始向上搭设,工程完毕,又将脚手架拆除为单杆件,下次使用时,再依工程情况重新搭设。而工具式脚手架是预先组装或焊接成一定形状的结构架,其形式基本定型,运到各工地施工现场进行安装固定,可以周转重复使用。一般常用的有挂架子、吊篮架子等。近年来一些单位在高层建筑施工中,开始使用了提升式脚手架,在工程主体和装修时使用,从而节省了大型工具的用量。

一、挂架子

挂在建筑物的墙上或柱子上的脚手架,挂在墙上的多为装修使用,挂在柱子上的主要是为砌筑围护墙用。

挂架子有时用钢筋、钢管或角钢焊成三角形或方形钢架,上水平杆端头焊有挂钩,下水平杆端头焊有支承钢板。挂架子的挂置点,采用预埋挂环、插销钢板或卡箍。预埋铁件时应注意上部要有不小于1 m 高度的墙体压住埋件。墙体砂浆要达到一定强度(不低于设计强度的 70%)才能挂架使用。在窗口两侧墙体厚度小于 24 cm 和宽度小于 50 cm 的窗间墙内及半砖墙、18 cm 墙、空斗墙、轻质墙体内,均不得预埋铁件。

挂架子在投入使用之前,须经荷载试验。挂架后铺板应进行选择,因档距较大(一般不大于 3 cm),所以要保证板的牢固和铺稳。板铺满后应用绳与架子绑牢,上面绑两道护身栏杆。使用时,脚手架外侧和下面均应挂安全网。严格控制脚手架上的荷载,同时操作人员不得超过 3 人。使用中要经常检查挂置点的可靠性,保障作业安全。

每次移挂前应认真检查焊缝质量，发现变形过大、焊缝开焊的应更换。

二、吊篮架子

吊篮架子适用于高层建筑的外装修和外檐处理作业。吊篮的负荷量不得超过 1200 N/m^2（包括人员体重）。

吊篮架子一般预先用钢管和扣件组装或用型钢焊制成钢架，底部铺木板或轻质金属板，侧面用立网或金属网封闭。

吊篮的规格可依工程特点组装成单层或双层吊篮。双层吊篮设置爬梯，上层有活动盖板，以供操作人员上下。吊篮的长度一般不超过 8 m，宽度 0.8～1 m。单层吊篮高度 2 m，双层吊篮高度 3.8 m。8 m 长的吊篮一般设三个吊点，长度在 3 m 以内的可设置两个吊点。

吊篮靠墙内侧两端装有可伸缩的护墙轮，以减小吊篮受风力后产生的晃动。吊篮内侧不能设置护身栏杆时，必须与建筑物拉牢固定，吊篮内侧距墙的间隙，不能大于 20 cm。

吊篮悬挂和固定在建筑结构处或屋顶处的挑梁上。升降吊篮用 3×10^4 N 手扳葫芦，另外再加 2 根直径 12.5 mm 的钢丝绳，作为保险绳。

悬挂吊篮的钢丝绳，必须用整根绳，不准接长使用。钢丝绳与挑梁和吊篮要牢固连接，同时应在挑梁钢丝绳的缠绕处，采取保护措施，防止钢丝绳直接受剪。与吊篮的连接处，应用卡环连接，防止钢丝绳脱钩，如图 9-1 所示。

安装吊篮的程序是：在地面上将手扳葫芦与吊篮架体一同组装好，在屋顶挑梁处挂好承重钢丝绳和保险绳，将绳从手扳葫芦的导绳孔向吊钩方向穿入压紧，将吊钩开口处封死，往复扳动前进手柄即可起吊，往复扳动倒退手柄即可下降。

升降吊篮时，必须同时扳动所有手扳葫芦，使各吊点同步升降，保持吊篮的平衡。升降吊篮应由专人操作，前进手柄及倒退手柄不能同时扳动。升降动作要平稳，不能碰撞建筑物，可在阳台、窗口等部位设专人负责推动吊篮，防止碰撞。升降吊篮时，应增设两根直径12.5 mm 的钢丝绳与吊篮索牢，以保证手扳葫芦打滑或断绳时的安全。

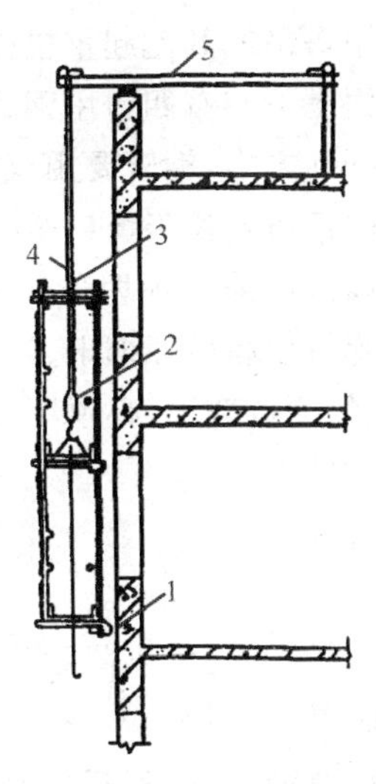

图 9-1 吊篮示意图

1. 护墙轮；2. 手扳葫芦；3. 保险绳；4. 钢丝绳；5. 挑梁

使用安装吊篮应编制施工方案，绘制吊篮组装图纸，并确定挑梁固定的方法及挑出的长度，挑梁应经计算确定其断面，对建筑物转角、阳台等处的加长挑梁单独确定固定方法及挑出的长度，吊篮按设计图纸组装后，应经荷载试验，使用前对各节点、焊缝以及铺板、安全防护等设施进行认真检查。

三、插口架子

插口架子适用于框架结构及壁板工程施工，施工过程中插口架子同时也作人行通道及外防护用。

插口架子是采用钢管与扣件组成的架体，长度不超过 8 m(两个开间)，宽度 0.8～1 m，高度不低于 1.8 m。至少应有三道钢管大横杆，沿架子外侧挂立网，架子在建筑物安装后至少高出施工作业面 1 m。

组装后的架子，使用塔吊或其他起重机械吊起，在建筑物的窗口处插入，进入建筑物里面上下左右四边用钢管与墙体卡住，钢管与墙体之间垫以 10 cm×10 cm 方木，钢管要用双扣件扣紧，别杆(墙体内用于连接固定的短钢管)每边要长于窗口 20 cm。

建筑物山墙无窗口时，可采用预埋吊环或穿墙钩，承挂架子，架子挂好后，应将架子吊管与预埋吊环绑牢。

建筑物拐角处相连的插口架子，必须用安全网交圈封闭。

四、门式架子

1. 基本构造

门式脚手架是由工厂加工制作成门形片状，用支撑杆进行连接成一个基本组合单元，如图 9-2 所示。

这种脚手架自重轻、稳定好，一般搭设高度为 45 m。采取一定措施后，高度可达 80 m。

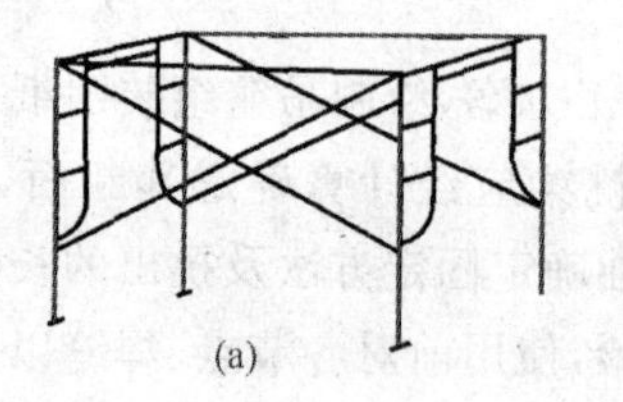
(a)

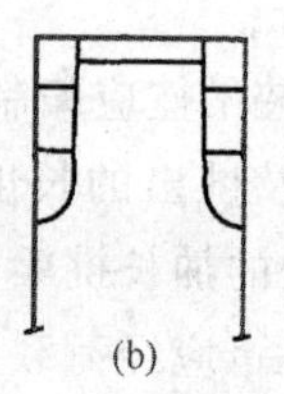
(b)

图 9-2 门式架子
(a)组合单元；(b)门形脚手架

门形脚手架之间的连接，在垂直方向上使用边接棒和锁臂，在脚手架的纵向使用剪刀撑，在架顶的水平面使用水平梁架或脚手板，三者构成基本组合单元。把多个基本组合单元相互连接起来，并增加梯子、栏杆等部件，构成整体脚手架。

2. 搭设方法

先对基础进行处理并加木垫板，放线确定位置摆放底座。从一端开始，立门框并随即安装剪刀撑。装水平梁架或脚手板。然后装梯子，通长大横杆，并与墙体进行连接。首层门架的垂直和水平度偏差为 2 mm。

整片脚手架的外侧应另设通长的剪刀撑，高度和宽度为 3～4 个架距或步距，剪刀撑与地面夹角为 45°～60°，相邻两个剪刀撑间隔 3～5 个架距。

连墙杆一般在竖向 3 个步距，水平方向每隔 4 个步距装设一处。在脚手架的转角处，要用钢管扣件把两个相交的门架连接，并在转角处增加连墙杆的设置密度。

五、挑架子(探海架子)

挑架子主要用于屋面檐口部位的施工，多是从窗口部位向外挑出架设，如图 9-3 所示。

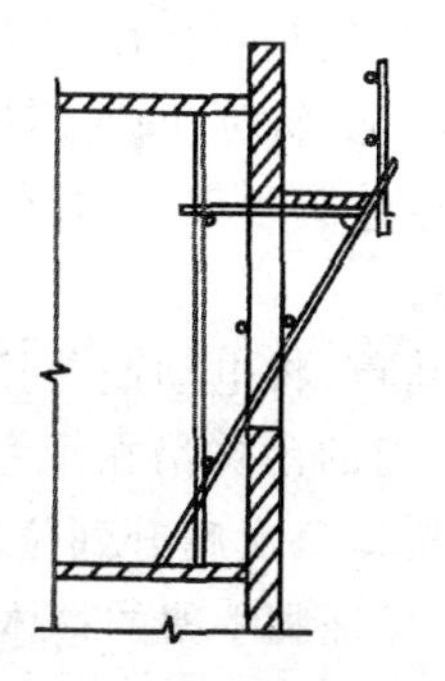

图 9-3　单层挑脚手架

架设时一般先搭室内架子，并使小横杆伸出墙外。接着搭设挑出部分的里排立杆和里排大横杆，然后在挑出的小横杆上铺临时脚手板,并将斜杆撑起,与挑出的小横杆连接牢固,随后再搭设外排立杆和外排大横杆,同时连接小横杆,铺设脚手板。并沿挑架子外围设置栏杆和立网。

斜杆与墙面夹角不大于30°,架子挑出的宽度不大于1.2 m。在使用过程中严格控制施工荷载,每平方米不超过1000 N。

六、提升式脚手架

提升式脚手架适用于高层建筑的主体施工和外装修作业。它是预先在地面组装后,沿建筑物外墙连接成整体脚手架,用电动葫芦作为提升机,可以整体、也可以分片向上爬升的一种脚手架,如图9-4所示。脚手架的搭设高度,可视建筑物的标准层高而定,一般取建筑物标准层高的4倍层高再加一步护身栏杆的高度为架体的总高度。脚手架为双排,杆件间距可按照一般脚手架搭设规定的间距。对架体最下面一步,用斜腹杆加强和上下弦杆均采用双管,作为整个架体的承力桁架。承力桁架又是整个架体的一部分,承力桁架承受架体的全部荷载。并将荷载传递给桁架两端下面的承力托上,用型钢制作的承力托,里边用螺栓与建筑物外墙或边梁进行固定。外边用斜拉杆与上层建筑的部位固定,斜拉杆牵拉着脚手架,成为主要受力杆件。架体由若干片组成整体脚手架,每片的尺寸按建筑物的开间大小而定,一般不大于9 m。

架体提升使用电动葫芦,将电动葫芦挂在提前与建筑物固定的型钢挑梁上,电动葫芦下面的吊钩吊在承力托的花篮吊架上。架体每次爬升一个层高。在架体每次爬升到位后的使用期间,架体应与建筑物做足够的拉接,以保证脚手架的整体稳定性。

提升式脚手架在使用前须经过审查验收,必须有国家专利局批准的专利证号(最好选用建设部推荐产品),或经有关部门批准。搭设前需由设计单位编制搭设方案,并向搭设的专业队伍进行交底。搭设后要组织验收和进行荷载试验,确认符合设计要求时才能使用。

提升式脚手架必须有防坠落和防倾斜的安全装置，即使在爬行中因各种故障使起升钢丝绳发生断开的情况下，也不能发生脚手架坠落事故。脚手架应设置爬升导轨和爬墙轮，保证脚手架垂直爬升和不与建筑物产生摩擦。

脚手架提升工作应由经过培训的专业队伍进行，劳动组织健全，有严格的分工和岗位责任制。提升前应对所有障碍和穿墙螺栓进行清除，提升过程中不允许有其他非作业人员停留和进行与提升无关的作业。提升中应严格掌握电动葫芦的同步和脚手架的水平偏差。提升到位后应对各作业层脚手板进行整理，保持离墙体的空隙不大于 10 cm，把各层立网平网封严。并经有关人员检查确认符合要求后，才可以上人作业。

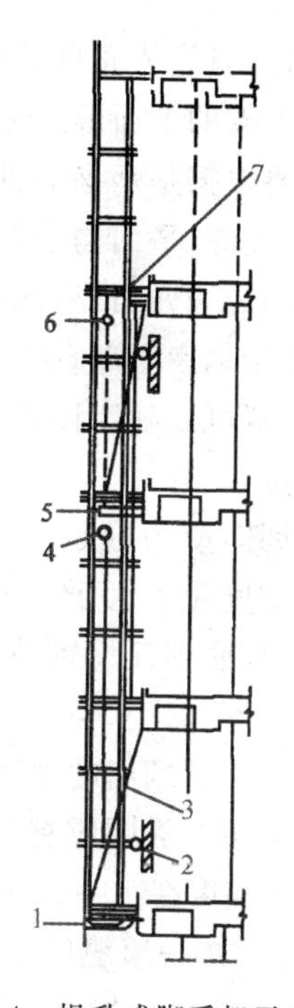

图 9-4　提升式脚手架示意图

1. 承力架；2. 爬墙轮；3. 拉杆；
4. 电动葫芦；5. 挑梁；6. 倒链；7. 拉接点

第四节　特殊脚手架

一、烟囱脚手架

由于烟囱在施工过程中，不准脚手架依靠烟囱本体，因此施工用脚手架的稳定，只能依靠自身的条件来解决。

烟囱脚手架的平面形式一般有四角形、六角形、八角形。决定平面形式的主要根据是烟囱底部直径的大小。直径小的，平面构造形式简单；直径大的，平面构造形式复杂。

如平面确定为四角形，四角形的四个边长相等。先求出一个边长，其边长等于烟囱底部直径加 2 倍里排立杆到烟囱壁的最近距离。边长定好后，就可以确定四角立杆的位置，由此再等分其间距，确定中间立杆的位置。

架体与烟囱壁的最近距离应不小于 50 cm，小横杆挑出 40～45 cm。立杆的间距不大于 1.5 m，大横杆步距不大于 1.2 m。架子的四面外侧，从底到顶设置剪刀撑，最下一道剪刀撑要落地，转角处应设置支撑。

烟囱架子应随烟囱的坡度，相应收缩架子平面尺寸，搭成下大上小的形状。架子的周围应有护身栏杆并用立网封闭。

烟囱架子高度在 10～15 m 时，要设一道缆风绳(4～6 根)，架子每增高 10 m，应增加一道缆风绳。缆风绳材料必须采用钢丝绳，直径不小于 12.5 mm，缆风绳与地面夹角 45°～60°，尾端必须系在地锚上。

二、水塔架子

水塔架子平面形状多采用六角或八角形。根据水箱的直径大小排成双排架或三排架。

三排架在水箱外围部分改成双排架，中排立杆到水箱边变成里排杆，距水箱壁 50 cm。

双排架在接近水箱处，开始搭成挑架形式，下部增设斜杆，斜杆与地面成 60°夹角。

水塔架子每边应设置剪刀撑，从底部到顶部连续设置。转角处设置支撑。其他方面与烟囱架子基本相同。

第五节　门架提升机

门架提升机又称龙门架提升机，由于构造简单，制作方便，操作容易，所以被广泛应用，主要用于在建筑施工中解决物料及构件的垂直运输。近年来随着高层建筑的发展，在工程进入装修阶段后，用龙门架提升机辅助塔吊解决物料的垂直运输，对加快塔吊的周转使用，也起到一定作用。

一、龙门架的构造

龙门架是由两根立柱及上下两根横梁组成的门式架体。在上横梁装上滑轮（天轮），在一个立柱的底部装上滑轮（地轮），沿立柱的内侧安上导轨，上料吊篮置于龙门架体之中，经由钢丝绳穿绕吊篮滑轮及天轮、地轮后，连接在卷扬机卷筒上，最后在架体上装设缆风绳及安全装置等，即构成一个完整的垂直运输体系，如图 9-5 所示。

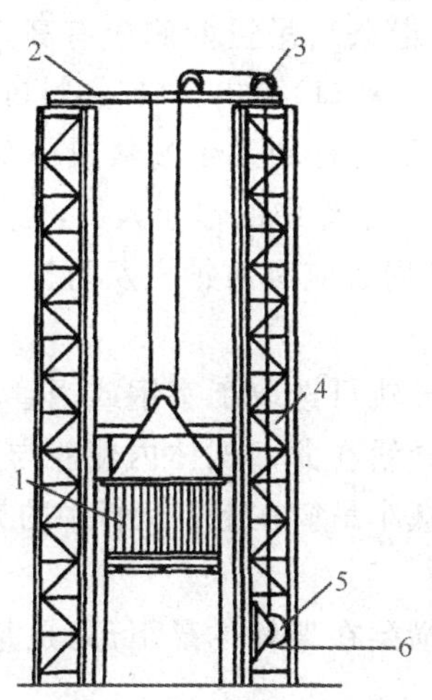

图 9-5　龙门架提升的机构

1. 吊篮；2. 天梁；3. 天轮；4. 立柱；5. 地轮；6. 卷扬机

龙门架按架设高度可分为：低架龙门架和高架龙门架，架体高度在 30 m 以下的，即为低架龙门架；高度超过 30 m 的为高架龙门架。高架龙门架因使用高度较高，不但架体受力复杂，架体需重新计算，而且由于施工作业条件不同，还要增设一定的安全装置。

二、龙门架的各部件及设施

(1)立柱。龙门架的立柱一般用角钢或钢管制作成格构式标准节，其断面组合可呈三角形、方形，具体尺寸经计算选定，按照施工的需要高度，在现场进行组装。

(2)天梁。天梁是安装在龙门架顶部的横梁，是主要受力部件，用以承受吊篮自重及其所载物料的重量。天梁的断面经计算选定，一般当载重不超过 10 kN(含吊篮自重)时，天梁可选用 2 根 14 号槽钢，背对背焊在一起，中间装有滑轮及固定钢丝绳尾端的销轴。

(3)吊篮(吊笼)。吊篮是装载物料沿提升机导轨作上下运行的部件。由型钢及连接板焊成吊篮框架，底板铺设 5 cm 厚木板(也可采用钢板但应加焊防滑条)，吊篮两侧应有高度不小于 1 m 的安全挡板或挡网，进料口(上料口)与出料口(卸料口)应装防护门(或防护栏杆)，防止吊篮在上下运行中发生物料或小车滑落事故。另外，此防护门对高处作业进入吊篮中的作业人员，也是一可靠的临边防护。高架提升机的吊篮除周边应有防护栏及防护门，还应在上部加防护顶板，形成吊笼。

(4)导轨。制作导轨可选取工字钢或钢管。龙门架的导轨可制成单滑道或双滑道，导轨在龙门架体内侧并与架体焊在一起。采用双滑道时，不仅可以减小吊篮在上下运行中的晃动，同时还可以增强架体自身刚度。

(5)底横梁。底横梁在架体的最下部，是龙门架的底盘，用于架体与基础的连接。

(6)滑轮。装在天梁上的滑轮也叫天轮，装在架体最底部的滑轮也叫地轮。钢丝绳通过天轮、地轮及吊篮上的滑轮穿绕后，一端固定在天梁的销轴上，另一端与卷扬机卷筒锚固。滑轮按照钢丝绳的直径选用，滑轮直径与钢丝绳的比值越大，则钢丝绳产生的弯曲应力越小，当其比值符合有关规定时，钢丝绳的受力基本上可不考虑弯曲的影响。一般用于龙门架提升机滑轮与钢丝绳直径的比值不小于25。选用滚动轴承的滑轮，禁止使用拉板开口的滑轮。滑轮与架体固定应采用刚性连接，禁止使用钢丝绳绑扎的柔性连接方法。

(7)卷扬机。卷扬机的位置应选择在视线良好，远离危险作业区域的地方。一般卷扬机距第一个导向轮的水平距离为15 m左右。有关规程规定，从卷筒中心线到第一导向滑轮的距离，带槽卷筒应大于卷筒长度的15倍，无槽卷筒应大于20倍。当钢丝绳在卷筒中间位置时。滑轮的位置应与卷筒轴心垂直。

卷筒上的钢丝绳全部放出后，至少要保留3～5圈。

为防止工作中卷扬机受力后产生位移和倾翻，应在卷扬机后部埋设地锚，用钢丝绳将卷扬机底座拴牢。在卷扬机的前部，打两根桩，进行固定。

(8)附墙架。附墙架或称连墙杆，是固定提升机，保障龙门架工作稳定的必要措施。在龙门架搭设过程中，沿提升机架体高度方向，每间隔一定距离，装设一道附墙杆件与建筑结构进行连接，达到将水平力传递给建筑物，确保架体稳定的目的。

龙门架的两立柱由于是细长的杆件，因其稳定性差，不利于承受弯曲和水平荷载，而在实际工作中，常常由于吊篮的偏重，吊篮与导轨之间的间隙过大以及风力等荷载的影响产生水平力，不利于龙门架的工作稳定。附墙架的作用就是把这些不稳定的水平力传递给建筑物，由建筑物承担，减轻龙门架的受力。制作附墙架杆件的材料和断面形式应与架体相适应，以利于节点的连接。禁止将木杆件与金属的架体使用8#铅丝绑扎的连接方法。

附墙架的具体位置，应视建筑物层高和结构情况定。在施工方案中预先设计附墙架与建筑物的连接方法，并将连接件预埋在混凝土梁等结构部位。不能采用一些临时性的措施，将附墙杆与脚手架等非刚性结构连接，否则容易产生局部变形造成架体弯曲。

(9)缆风绳。当无条件设置附墙架时，应用缆风绳固定架体。有些工程像多层砖混工程的施工，从主体开始就依靠龙门架作为垂直运输的主要设备，所以最迟应在首层施工完毕，就需要搭设龙门架。这时，建筑物的二层以上结构尚未施工，没有条件设置附墙架，龙门架竖立后，就要采用缆风绳进行固定。

使用缆风绳应注意以下事项：

①缆风绳的材料：按照缆风绳的受力情况，应该采用直径不小于9.3 mm的钢丝绳，不能使用钢筋或8#铅丝代替。因为使用钢丝绳，不但承受拉力大，同时受冲击抗弯性能好。特别是在缆风绳的两端，当使用钢筋时，受弯后容易折断，若钢筋直径太小，则承受的拉力不够，如果直径过大，则操作不便。若使用8#铅丝，其拉力不能满足要求，即使采取多根铅丝合股使用，实际上仍是单根先受力破断。如果缆风绳的受力按8～10 kN计算，其安全系数为3.5。当选取用9.3 mm钢丝绳时，其破断拉力为38 kN(＞35 kN)，满足安全使用要求。

②地锚：缆风绳的末端应该与地面的地锚进行连接，地锚位置的选择应视缆风绳的分布和地面的夹角而定。地锚的形式和做法，一般可分为桩式地锚和水平的地锚。

桩式地锚：在承载力小，土质又好的情况下，可用圆木、型钢或钢管直接打入地中，桩的长度2 m左右，入土深度不小于1.5 m。桩式地锚做法简单，受力较小，必须选择土质坚实地势较高处。有些施工单位为取材方便，采用脚手钢管直接打入土中。由于钢管直径过细，一般承载力6～7 kN，不满足缆风绳的受力要求，使用时，必须平行打入两根钢管，两管间距1 m左右，上面用一横管，将两管用扣件扣牢。当缆风绳受力时，使两管同时工作均衡受力，但不可将两管前后打入，否则仍然是一根管先受力易被破坏。

水平地锚：这是由一根或几根道木，用钢丝绳绑捆在一起，横放埋入坑内，然后回填夯实，地面露出钢丝绳套与缆风绳进行连接。水平地锚承载力大，可用于较高龙门架的缆风和其他起重吊装作业的锚固。

使用地锚时应注意以下事项：

a. 应查清土质及地下物情况，必须按要求尺寸施工；

b. 地势高，不积水不潮湿，否则会降低承载力；

c. 使用时间较长的地锚，木料应做防腐处理，钢丝绳的捆绑处应有保护，防止将木料剪断；

d. 地坑回填需逐层夯实，使用时有专人检查，发生变形应立即采取加固措施；

e. 利用建筑物作地锚时，必须经过核算，并应对建筑物采取保护措施，否则不能使用。

(10)基础。应根据龙门架的类型及土质情况，确定基础的做法，基础应能可靠地承受其上面的全部荷载。一般架体高度在30 m以下的提升机，在原土夯实后，可作灰土或混凝土基础，基础表面应平整以保证龙门架底盘的良好接触，为防止基础积水应有排水措施。当龙门架体高度超过 30 m 时，应对基础进行设计并绘制施工图纸。

三、安全防护装置

无论龙门架提升机还是井字架提升机，都不属于大型工具，也不是一般的脚手架，而是提升机械的架体。它在工作中要承受吊篮运行的动荷载，其工作情况完全属于起重机械，所以应按照升降机的有关规定，设置必要的安全限位和安全防护装置。目前的安全防护装置有以下几种。

(1)安全停靠装置。吊篮在架体内上下运行，必须在吊篮运行到预定高度位置时，有一种装置能使吊篮稳定牢固地停靠住，使卸料人员进入吊篮内作业时有安全感。此装置承受吊篮、吊物及作业人员的荷载，此装置工作时，起升钢丝绳不再直接受力，只起保险作用。

(2)吊篮安全门。吊篮工作时，经常装有物料或运输小车，在架内沿轨道上下运行。由于种种原因，有时发生物料或小车从篮内滑落事故。所以必须在吊篮的进料口处，装一活动栅门，在进料时门开启，在起升吊篮之前门关闭。这种装置不但可以防止吊篮运行中物料的滑落问题，同时当吊篮运动到高空停靠后，卸料人员进入吊篮作业时，安全门还起到吊篮临边防护的作用。

(3)楼层口停靠栏杆。当吊篮运行尚未到预定楼层时，各楼层的卸料通道尽端，都形成了一个危险的边缘，容易发生高处坠落事故，必须采用栏杆进行临时封闭。此栏杆应是可以开启的活动栏杆，当吊篮运行到本楼层需进出物料时，栏杆打开，当吊篮不在本楼层时，栏杆应处于关闭状。

(4)上料口防护棚。提升机地面的进料口处，是运料人员经常出入和停留的地方，又靠近提升机和建筑物的各楼层运料通道，容易发生落物伤人，为此，要在距地面一定高度处，搭设防护棚，防止物料伤人事故。防护棚顶材料必须坚固，一般可用 5 cm 厚的木板或相当强度的其他材料搭设，防护棚的尺寸、宽度应大于提升机的架体，其长度应视提升机高度情况，不小于坠落半径。

(5)超高限位器。为了防止吊篮运行中，因司机误操作，或因机械电气故障而引起的吊篮失控、到位不停机、继续上升与天梁碰撞等事故，必须装设一种限位装置，限定吊篮运行的最高高度。当超过此高度时，限位装置报警，提醒司机采取紧急措施，或在报警的同时，可以对卷扬机紧急制动，使吊篮停止运转。

(6)信号装置。该装置是由司机控制的一种音响装置，其作用是当司机启动吊篮前，能与各层作业人员通话和使用音响提醒附近作业人员离开，避免发生事故。

四、龙门架的安装与拆除

安装龙门架的方法可分为整体安装与分体安装两种。

首先应根据建筑施工工艺及现场条件，选定龙门架的位置。要尽量远离架空线路，立好后应符合安全距离的规定，龙门架的位置还应避开现场人员活动频繁的场所，如锅炉房、临街、通道等处。

1. 分体安装程序

(1)将底盘放置在基础上并与基础上的预埋螺栓紧固，将吊篮放置在底盘中央。

(2)安装立柱底节，每安装两节(一般不大于 8 m)，要做临时固定。当采用临时缆风绳做固定时，必须使用钢丝绳。临时缆风绳的材料选择应与正式缆风绳一样，不允许用其他材料代替。立柱标准节之间的拼装，必须使用螺栓连接，不能作铅丝绑扎。

(3)两边立柱的安装应交替进行。注意螺栓规格必须与孔径相匹配。不得有漏装。当发现孔径位置不对时，不能随意扩孔，更不能以铅丝绑扎代替螺栓紧固，以免节点松动变形。

(4)安装各立柱标准节时，应注意导轨的垂直度，各节导轨相接处不能出现折线和过大间隙，防止因导轨间隙过大或折线硬弯而产生的吊篮运行中的撞击现象。

(5)立柱组装过程中凡未采取与建筑物固定方法的，应及时安装附墙杆件，保证组装过程中的稳定。在尚未到下一步附墙杆时，应视架体高度情况，增加临时水平支撑以解决架体的稳定。

(6)立柱组装到预定高度时，安装天梁。

(7)架体安装后，如果采用缆风绳固定的，应及时将缆风绳与地锚紧固找正架体。

(8)最后穿绕钢丝绳。固定在天梁处的钢丝绳末端，应有保护措施，不允许将绳与带有棱角的型钢直接捆绑，避免受力后将钢丝剪断。

2. 整体安装程序

在施工现场条件许可时,可将龙门架在地面按预定尺寸进行组装,然后整体吊起,这样可以减少高处作业。

(1)在地面将龙门架预先就位组装,安装好缆风绳以及滑轮等。

(2)用梢径不小于 8 cm 的杉杆对门式架进行加固,以增强架体刚度,杉杆加固方法如图 9-6 所示。由于架体设计时,一般只考虑架体垂直时的受力情况,当采用整体搬起时,用立杆、横杆、剪刀撑对架体加固,以增强架体的抗弯能力。

(3)注意选择和绑好吊点,应该按照安装图纸给定的位置,一般选在架体顶部横梁处,当架体完全起吊离地后,应使架体保持垂直。

(4)起吊应缓慢进行,随时观察架体立柱的弯曲变形,不能过大,防止节点拉坏。

(5)龙门架吊起后进行就位,并进行初步校正垂直度。紧固底脚螺栓和缆风绳。在有条件时可与建筑结构部分用杆件连接。

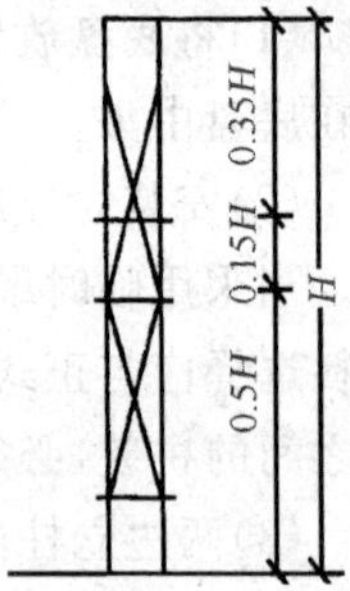

图 9-6 龙门架加固图

(6)待一切工作就绪后,才能放松起吊索具摘除吊钩。

3. 安装精度检查

(1)新制作的提升机,架体安装的垂直偏差,最大不超过架体高度的 15/10000;多次使用过的提升机,在重新安装时,其偏差不超过 3/1000,并不大于 200 mm。

(2)导轨接点截面错位不大于 1.5 mm。

(3)吊篮与轮轨安装间隙,应控制在 10 mm 以内。

(4)检查钢丝绳、滑轮、各结点螺栓以及地锚的情况,确认符合要求。

4. 架体拆除

架体拆除工作比架体安装工作危险因素更多。由于施工期间的使用,带来的架体变形、节点松弛以及附墙杆件、缆风绳的变化等,给架体的拆除工作带来困难。特别是整体拆除龙门架时,往往因缆风绳的拆除方法不当,造成了架体倒塌事故,应特别引起注意。在拆除工作之前应做好以下工作:

(1)拆除工作前,必须察看施工现场环境,包括架空线路、外脚手架、地面设施等各种障碍物,凡影响作业范围的都应提前采取措施或将障碍物拆除。

(2)拆除作业前,应对地锚、缆风绳、连墙杆以及被拆架体的各节点等进行检查,必要时应进行加固。

(3)架体拆除前,应断开电源,拆除包括安全防护装置在内的各种附件,凡可以提前拆除的,都应提前拆除掉。

(4)拆除前要根据施工条件制定拆除方案,确定人员,工作开始前应划定危险作业区域。

(5)分体拆除时,应特别注意两点:第一,被拆下的部件不能向下乱扔,防止损坏和伤人;第二,拆除过程中剩余部分架体的稳定性不能被破坏。例如连墙杆被动拆除之前,可以增加临时支撑等。

(6)整体拆除前,应对龙门架进行加固(加固方法同整体安装)。将起重机吊钩挂在吊点外,拉紧索具,使索具与吊钩钢丝绳成垂直位置(防止起吊后产生水平位移,可在龙门架底梁上拴一拉绳控制),再将底盘连接螺栓松开。最后将缆风绳与地锚的连接处松开,拆掉附墙杆件,使龙门架完全成自由状态,然后放松吊钩慢慢放倒架体。

(7)架体拆除后,就进行及时检修,特别对标准节弯曲、开焊、锈蚀以及吊篮、滑轮、天梁等件进行检查,质量标准参照表 9-1。

表 9-1 龙门架提升机质量标准

项目		质量标准
立柱标准节	弯曲度	不大于 2/1000，无变形，无扭曲
	锈蚀	无严重锈蚀。钢管壁厚减薄量不大于 0.5 mm 表面氧化坑深不大于 1 mm
	焊缝	无开焊、夹渣、未焊透现象，咬边深度不大于 1 mm，且长度不超过焊缝总长的 25%
	节点	节点法兰角焊无夹渣、未焊透现象，且角焊缝高度不小于 3 mm，法兰孔径不大于螺栓直径 2 mm
天梁	弯曲度	不大于 1/1000
	焊缝	无开焊、夹渣、未焊透现象，咬边深度不大于 1 mm，且长度不超过焊缝总长的 25%
吊篮	停靠装置	动作灵活，支撑可靠
	钢结构	焊缝质量，参照立柱标准，结构无严重锈蚀变形
滑轮	外观	轮缘无破损、裂纹，轮缘厚度减薄量不大于 10%，滑轮槽径磨损深不超过绳径 1/3

第六节 井架提升机

提升机架体的形式除呈门式外，也可做成井字式，井架比门架的架体更具稳定性。

井架可采用型钢，按设计图纸制作成定型杆件，运到施工现场进行组装。目前也有许多工地采用脚手钢管及扣件，按照脚手架的搭设方法，搭成井字架。采用钢管扣件搭设，取材方便。但是由于井架提升机的架体不同于一般脚手架的使用工况，对有关计算设计问题目前尚未有明确规定，再加上由于安装条件差异较大，不宜搭设过高。一般可控制在井架高度低于 30 m、提升重量不超过 10 kN。井孔的尺寸一般可搭设为 1.9 m×1.9 m 及 4.2 m×2.4 m，井内安装导轨，吊篮在井内沿轨道上下运行。

井架采用缆风绳固定时，高度在 15 m 以下的井架，在顶部设一道缆风绳，每角 1 根，不少于 4 根；高度在 15 m 以上、25 m 以下的。设两道缆风绳。

井架式提升机的要求及应设置的安全防护装置与龙门架提升机基本相同。

(1)井架的搭设方法，应在施工方案中确定，绘制图纸并说明，不能在施工前由架子工随意搭设。搭设后，由施工负责人按图纸验收。

(2)井架由缆风绳稳固时，必须与地锚连接；由连墙杆稳固时，必须与建筑的结构部分连接，不允许与脚手架连接。

(3)钢管扣件井架搭设的基本要求，按照钢管扣件式脚手架安全技术规定。井架四面由底部到顶部设剪刀撑。底盘和天梁用型钢制作，天梁两端搁置在井架立杆与横杆的节点处。节点应进行核算，并采取加强措施。除横杆采用双杆外，还要加绑八字支撑，防止天梁受力后支承点下沉。

(4)井架的导轨必须单独设计连接方法。导轨与井架的连接处，应有足够的支承强度，防止因架体变形时给导轨带来的水平位移。

(5)井架的外侧三面用安全立网封闭。

思考题

1. 安装维修登高架设作业常用设施有哪些？
2. 搭设移动式脚手架的安全技术要求是什么？
3. 简述门架提升机的安全防护装置的种类及其作用。

第十章 电力建设安装作业

第一节 组立杆塔作业安全技术

一、一般规定

(1)组立杆塔应设安全监护人。

(2)非施工人员不得进入作业区。

(3)组立杆塔时,应及时拧紧塔腿地脚螺栓,其垫片规格必须符合设计规定。

(4)组立杆塔过程中,吊件垂直下方严禁有人。

(5)作业现场除必要的施工人员外,其他人员应离开杆塔高度的1.2倍距离以外。

(6)在受力钢丝绳的内角侧严禁有人。

(7)使用卧式地锚时,地锚套引出方向应开挖马道,马道与受力方向应一致。

(8)不得利用树木或外露岩石作牵引或制动等主要受力锚桩。

(9)组立的杆塔不得用临时拉线过夜;需要过夜时,应对拉线采取安全措施。

(10)临时拉线必须在永久拉线全部安装完毕后方可拆除,拆除组应由现场负责人统一指挥。严禁采用安装一根永久拉线、拆除一根临时拉线的做法。

(11)调整杆塔倾斜或弯曲时,应根据需要增设临时拉线;杆塔上有人时,不得调整临时拉线。

(12)拆除受力构件必须事先采取补强措施。

二、排杆

(1)排杆处若地形不平或土质松软,应先平整或支垫紧实,必要时应用绳索锚固。

(2)杆段应支垫两点,支垫处两侧应用木楔掩牢。

(3)滚动杆段时应统一行动,滚动前方不得有人;杆段顺向移动时,应随时将支垫处用木楔掩牢。

(4)用棍、杠撬拨杆段时,应防止滑脱伤人;不得用铁撬棍插入预埋孔转动杆身。

三、焊接

(1)焊接人员作业时应着专用劳动防护用品。

(2)作业点周围 5 m 内的易燃易爆物应清除干净。

(3)对两端封闭的钢筋混凝土电杆,应先在其一端凿排气孔,然后施焊。

(4)高处焊接作业除应遵守本规程高处作业的有关规定外。还应遵守下列规定:

①焊接人员不得携带电焊软橡胶电缆或气焊软管登高。

②软橡胶电缆或软管应在无电源或无气源情况下用绳索吊送。

③作业时地面应有人监护和配合。

(5)电焊机的接地必须可靠,其裸露的导电部分必须装设防护罩。电焊机露天放置应选择干燥场所,并加防雨罩。

(6)电焊机一次侧的电源线必须绝缘良好;二次侧出线端接触点连接螺栓应拧紧。

(7)电焊把线应使用软橡胶电缆,焊钳应能夹紧焊条,钳柄应具有绝缘、隔热功能。

(8)电焊机倒换接头、转移工作地点或发生故障时,必须切断电源。

(9)工作结束后必须切断电源,检查工作场所及其周围,确认无起火危险后方可离开。

(10)气瓶严禁烈日暴晒;乙炔气瓶应有固定措施,严禁卧放使用。

(11)气瓶必须装设专用减压器,不同气体的减压器严禁换用或替用。

(12)瓶阀冻结时,严禁用火烘烤,可用浸40℃热水的棉布解冻。

(13)乙炔管冻结时,严禁用火烘烤。

(14)焊接时,氧气瓶与乙炔气瓶的距离一般应大于5 m;气瓶距明火不得小于10 m。

(15)气瓶内的气体不得用尽。氧气瓶应留有不小于0.2 MPa (2 kgf/cm²)的剩余压力;乙炔气瓶必须留有不低于表10-1规定的剩余压力。

表10-1　乙炔气瓶内剩余压力与环境温度的关系

环境温度(℃)	<0	0～15	15～25	25～40
剩余压力(MPa) (kgf/cm²)	0.05 (0.5)	0.1 (1.0)	0.2 (2.0)	0.3 (3.0)

(16)氧气软管为黑色、乙炔软管为红色;氧气软管与乙炔软管严禁混用;软管连接处应用专用卡子卡紧或用软金属丝扎紧。

(17)软管不得横跨交通要道或将重物压在其上。

(18)软管产生鼓包、裂纹、漏气等现象应切除或更换,不得采用贴补或包缠等方法处理。

(19)软管内有积水应排出后使用;严禁用氧气吹通乙炔软管。

(20)乙炔软管着火时,应先将火焰熄灭;然后停止供气;氧气软管着火时，应先关闭供气阀门，停止供气后再处理着火软管；不得使用弯折软管的方法处理。

(21)点火时应先开乙炔阀、后开氧气阀，嘴孔不得对人；熄火时顺序相反。发生回火或爆鸣时，应先关乙炔阀，再关氧气阀。

四、地面组装

(1)组装场地应平整，障碍物应清除。

(2)在成堆的角钢中选料应由上往下搬动，不得强行抽拉。

(3)组装断面宽大的塔身时，在竖立的构件未连接牢固前，应采取临时固定措施。

(4)严禁将手指伸入螺孔找正。

(5)传递小型工具或材料不得抛掷。

(6)分片组装杆塔时，带铁应能自由活动，螺帽应出扣；自由端朝上时，应绑扎牢固。

五、杆塔分解组立

(1)吊装方案和现场布置应符合施工技术措施的规定；工器具不得超载使用。

(2)钢丝绳与铁件绑扎处应衬垫软物。

(3)塔片就位时应先低侧后高侧；主材和侧面大斜材未全部连接牢固前，不得在吊件上作业。

(4)抱杆提升前，应将提升腰滑车处及其以下塔身的辅材装齐，并拧紧螺栓。

(5)铁件及工具严禁浮搁在杆塔及抱杆上。

(6)临时拉线的设置应遵守下列规定：

①使用钢丝绳单杆(塔)不少于4根，双杆(塔)不少于6根。

②绑扎工作由技工担任。

③一根锚桩上的临时拉线不得超过2根。

④未绑扎固定前不得登高。

(7)钢筋混凝土门型双杆采用单杆起立时,邻近拉线的布置不得妨碍另一根杆的起吊,亦不得妨碍高处组装横担。

(8)用外拉线抱杆组立铁塔应遵守下列规定:

①升降抱杆必须有统一指挥,四侧临时拉线应均匀放出并由技工操作。

②抱杆垂直下方不得有人;塔上人员应站在塔身内侧的安全位置上。

③抱杆根部与塔身绑扎牢固,抱杆倾斜角不宜超过15°。

④起吊和就位过程中,吊件外侧应设控制绳。

(9)用悬浮内(外)拉线抱杆组立杆塔应遵守下列规定:

①提升抱杆应设置两道腰环;采用单腰环时,抱杆顶部应设临时拉线控制。

②起吊过程中腰环不得受力,控制绳应随时放松。

③抱杆拉线应绑扎在塔身节点下方,承托绳应绑扎在节点上方,且紧靠节点处。

④双面吊装时,两侧荷重、提升速度及摇臂的变幅角度应基本一致。

(10)用座地式摇臂抱杆组立杆塔应遵守下列规定:

①抱杆组装应正直,连接螺栓的规格必须符合规定,并应全部拧紧。

②抱杆应座落在坚实稳固的地基上。

③提升抱杆不得少于两道腰环,腰环固定钢丝绳应呈水平并收紧。

④用两台绞磨机时,提升速度应一致。

⑤每提升一次、抱杆倒装一段,不得连装两段。

⑥抱杆升降过程中,杠段上不得有人。

⑦抱杆吊臂上设保险钢丝绳;停工或过夜时,吊臂应放平。

⑧吊装时,抱杆应由专人监视和调整。

⑨拆除抱杆应事先采取防止拆除段自由倾倒的措施,然后逐段拆除;严禁提前拧松或拆除部分连接螺栓。

六、杆塔整体组立

(1)整体组立杆塔和分解组立杆塔施工方法相同的部分,应按分解组立杆塔的安全规定执行。

(2)起吊前,施工负责人必须亲自检查现场布置情况,作业人员应认真检查各自操作项目的现场布置情况。

(3)总牵引地锚、制动系统中心、抱杆顶点及杆塔中心四点必须在同一垂直面上,不得偏移。

(4)杆搭起立前应挖马道;双杆两个马道的深度和坡度应一致。

(5)用人字倒落式抱杆起立杆塔应遵守下列规定:

①两根抱杆的根部应保持在同一水平面上,并用钢丝绳相互连接牢固。

②抱杆支立在松软土质处时,其根部应有防沉措施。

③抱杆支立在坚硬或冰雪冻结的地面上时,其根部应有防滑措施。

④受力后发生不均匀沉陷时,抱杆应及时进行调整。

⑤起立抱杆用的制动绳锚在杆塔身上时,应在杆塔刚离地时拆除。

⑥抱杆脱帽绳应穿过脱帽环由专人控制其脱落。

(6)起立前杆塔螺栓必须紧固,受力部位不得缺少铁件。无叉梁或无横梁的门型杆塔起立时,应在吊点处进行补强,两侧用临时拉线控制。

(7)杆塔顶部吊离地面约 0.8 m 时,应暂停牵引、进行冲击试验,全面检查各受力部位,确认无问题后方可继续起立。

(8)杆塔侧面应设专人监视,传递信号必须清晰。

(9)根部监视人应站在杆根侧面,下坑操作时应停止牵引。

(10)倒落式抱杆脱帽时,杆塔应及时带上反向临时拉线,随起立速度适当放出。

(11)杆塔起立约 70°时应减慢牵引速度;约 80°时应停止牵引,利用临时拉线将杆塔调正、调直。

(12)带拉线的转角杆塔起立后,在安装永久拉线的同时,应在内角侧设置半永久性拉线,该拉线只有在架线结束后方可拆除。

(13)用两套倒落式抱杆同时起立门型杆塔时,现场布置和工、器具配备应基本相同,两套系统的牵引速度应基本一致。

七、杆塔倒装组立

(1)现场布置和工、器具的选用必须按施工技术措施的规定进行。主要设备、工器具和主要受力锚桩除应按计算选用外,还应进行强度和稳定性试验。

(2)现场应设统一的指挥系统,指挥信号必须畅通可靠。指挥台应设置能直接切断牵引设备电源的开关。

(3)液压提升用的高低压油泵如设在塔身附近时,其上方应搭设保护棚。

(4)接装塔段的落地位置应事先测定,并垫实、找平;塔段落地后不得偏移。

(5)塔段吊离地面约 20 cm 时,应暂停提升进行调平,使提升段保持正直并位于塔位中心后,方可继续提升。

(6)提升时的临时拉线,应由绞磨或卷扬机控制、拉力表监视;提升段的倾斜和偏移应用经纬仪监测。

(7)提升系统滑车组的规格必须相同,穿绳方式和悬挂方向应对称;接装时,牵引系统必须封牢。

(8)提升合拢时,作业人员应站在塔身外侧,塔材相互碰撞或卡住时,应用撬棍拨正。

(9)停工或过夜时,提升段应落地,并收紧操作拉线和保险拉线,封死绞磨机。如提升段不能落地时,必须采取可靠的安全技术措施。

八、起重机组塔

(1)司机应参加道路和桥梁的踏勘。施工前应清除障碍物,起重机工作位置的地基必须稳固。

(2)起重机作业必须按安全施工技术规定进行;起重臂及吊件下方必须划定安全区,地面应设安全监护人。

(3)整体吊装前应对杆塔进行全面检查,螺栓应紧固;起吊速度应均匀,缓提缓放。

(4)分段吊装时,上下段连接后,严禁用旋转起重臂的方法进行移位找正。

(5)分段分片吊装时,必须使用控制绳进行调整。

第二节　架线作业安全技术

一、越线架搭设

(1)越线架的型式应根据被跨越物的大小和重要性确定。重要的越线架及高度超过 15 m 的越线架应由施工技术部门提出搭设方案,经审批后实施。

(2)搭设或拆除越线架应设安全监护人。

(3)搭设跨越重要设施的越线架,应事先与被跨越设施的单位取得联系,必要时应请其派人员监督检查。

(4)越线架的中心应在线路中心线上,宽度应超出新建线路两边线各 1.5 m,且架顶两侧应装设外伸羊角。

(5)越线架与铁路、公路及通信线的最小安全距离应符合表10-2的规定。

(6)跨越多排轨铁路、宽面公路时，越线架如不能封顶，应增加架顶高度。

(7)越线架的立杆应垂直，埋深不应小于 50 cm，杆坑底部应夯实；遇松土或无法挖坑时应绑扫地杆。越线架的横杆应与立杆成直角搭设。

表 10-2 越线架与被跨越物的最小安全距离(m)

被跨越物名称 / 越线架部位	铁路	公路	通信线
与架面水平距离	至路中心:3.0	至路边:0.6	0.6
与封顶杆垂直距离	至轨顶:6.5	至路面:5.5	1.0

(8)越线架两端及每隔 6～7 根立杆应设剪刀撑、支杆或拉线。剪刀撑、支杆或拉线与地面的夹角不得大于 60°。支杆埋入地下的深度不得小于 30 cm。

(9)木质越线架立杆有效部分的小头直径不得小于 7 cm。横杆有效部分的小头直径不得小于 8 cm；6～8 cm 的可双杆合并或单杆加密使用。

(10)毛竹越线架立杆、大横杆、剪刀撑和支杆有效部分的小头直径不得小于 7.5 cm。小横杆有效部分的小头直径不得小于 9 cm；6～9 cm 的可双杆合并或单杆加密使用。

(11)钢管越线架宜用外径 48～51 mm 的钢管。立杆和大横杆应错开搭接，搭接长度不得小于 50 cm。

(12)竹、木越线架的立杆、大横杆应错开搭接，搭接长度不得小于 1.5 m；绑扎时小头应压在大头上，绑扣不得少于三道。立杆、大横杆、小横杆相交时，应先绑两根、再绑第三根，不得一扣绑三根。

(13)各种材质越线架的立杆、大横杆及小横杆的间距不得大于表 10-3 的规定。

表 10-3 立杆、大横杆及小横杆的间距(m)

越线架类别	立杆	大横杆	小横杆
钢管	2.0	1.2	1.5
木	1.5		1.0
竹	1.5		0.75

(14)越线架上应悬挂醒目的警告标志。

(15)重要越线架应经验收,合格后方可使用。

(16)强风、暴雨过后应对越线架进行检查,确认合格方可使用。

(17)拆除越线架应自上而下逐根进行,架材应有人传递,不得抛扔;严禁上下同时拆架或将越线架整体推倒。

二、人力及机械牵引放线

(1)放线时的通信必须迅速、清晰、畅通;若采用旗语时,打旗人应站在前后通视的位置上,且旗语必须统一。严禁在无通信联络及视野不清的情况下放线。

(2)跨越大江、大河或船只来往频繁的河流,应事先制定施工方案,并与有关单位取得联系。施工期间应请航监部门派人协助封航。

(3)放线滑车使用前应进行外观检查;带有开门装置的放线滑车,必须有关门保险。

(4)线盘架应稳固、转动灵活、制动可靠。

(5)线盘或线圈展放处,应设专人传递信号。

(6)作业人员不得站在线圈内操作。线盘或线圈接近放完时,应减慢牵引速度。

(7)低压线路或弱电线路需要开断时,应事先征得有关单位的同意。开断低压线路必须遵守停电作业的有关规定;开断时应有防止杆子倾倒的措施。

(8)架线时,除应在杆塔处设监护人外,对被跨越的房屋、路口、河塘、裸露岩石及越线架和人畜较多处均应派专人监护。

(9)导线、地线被障碍物卡住时,作业人员必须站在线弯的外侧,并应用工具处理,不得直接用手推拉。

(10)穿越滑车的引绳应根据导线、地线规格选用;引绳与线头的连接应牢固。穿越时,施工人员不得站在导线、地线的垂直下方。

(11)人力放线应遵守下列规定:

①领线人由技工担任,并随时注意前后信号;拉线人员应走在同一直线上,相互间保持适当距离。

②通过河流或沟渠时,应由船只或绳索引渡。

③通过陡坡时,应防止滚石伤人;遇悬崖险坡应采取先放引绳或设扶绳等措施。

④通过竹林区时,应防止竹桩尖扎脚。

(12)机械牵引放线应遵守下列规定:

①展放牵引钢丝绳应按人力放线的安全规定进行。

②牵引绳的连接应用专用连接工具,牵引绳与穿线连接应使用连接网套。

(13)拖拉机直接牵引放线应遵守下列规定:

①行驶速度不得过快,司机应随时注意指挥信号。

②爬坡时拖拉机后面不得有人。

③不得沿沟边、横坡等险要地形行驶。

④途经的桥梁、涵洞应事先进行鉴定,不得冒险强行。

⑤行驶中作业人员不得爬车、跳车或检修部件;挂钩上严禁站人。

三、张力放线

(1)人力展放导引绳或牵引绳应遵守本节第二条的有关安全规定。

(2)导引绳、牵引绳的安全系数不得小于3。

(3)吊挂绝缘子串前,应检查绝缘子串弹簧销是否齐全、到位。吊挂绝缘子串或放线滑车时,吊件的垂直下方不得有人。

(4)牵引场转向布设时应遵守下列规定:

①使用专用的转向滑车,锚固必须可靠。

②各转向滑车的荷载应均衡,不得超过允许承载力。

③牵引过程中,各转向滑车围成的区域内侧严禁有人。

(5)转角塔的预倾滑车及上扬处的压线滑车必须设专人监护。

(6)牵引过程中,牵引绳进入的主牵引机高速转向滑车与钢丝绳卷车的内角侧严禁有人。

(7)导引绳、牵引绳的端头连接部位、旋转连接器及抗弯连接器在使用前应由专人检查;钢丝绳损伤、销子变形、表面裂纹等严禁使用。

(8)张力放线前应由专人检查下列工作:

①牵引设备及张力设备的锚固必须可靠,接地应良好。

②牵引张力放线段内的越线架结构应牢固、可靠。

③通信联络点不得缺岗。

④转角杆塔放线滑车的防倾措施和导线上扬处的压线措施必须可靠。

⑤交叉、平行或临近带电体的接地措施必须符合安全施工技术的规定。

(9)张力放线必须具有可靠的通信系统。牵引场、张力场必须设专人指挥。

(10)展放的导引绳不得从带电线路下方穿过。

(11)牵引时接到任何岗位的停车信号都必须立即停止牵引;张力机必须按现场指挥的指令操作。

(12)导线的尾线或牵引绳的尾绳在线盘或绳盘上的盘绕圈数均不得少于6圈。

(13)导线或牵引绳带张力过大必须采取临锚安全措施。

(14)旋转连接器严禁直接进入牵引轮或卷筒。

(15)牵引过程中发生导引绳、牵引绳或导线跳槽、走板翻转或平衡锤搭在导线上等情况时,必须停机处理。

(16)导引绳、牵引绳或导线临锚时,其临锚张力不得小于对地距离为 5 m 时的张力,同时应满足对被跨越物距离的要求。

四、压接

(1)钳压机压接应遵守下列规定:

①手动钳压器有固定设施,操作时放置平稳;两侧扶线人应对准位置。手指不得伸入压模内。

②切割导线时线头应扎牢,并防止线头回弹伤人。

(2)液压机压接应遵守下列规定:

①使用前检查液压钳体与顶盖的接触口,液压钳体有裂纹者严禁使用。

②液压机启动后先空载运行检查各部位运行情况,正常后方可使用;压接钳活塞起落时,人体不得位于压接钳上方。

③放入顶盖时,必须使顶盖与钳体完全吻合;严禁在未旋转到位的状态下压接。

④液压泵操作人员应与压接钳操作人员密切配合,并注意压力指示,不得过荷载。

⑤液压泵的安全溢流阀不得随意调整,并不得用溢流阀卸荷。

(3)外爆炸压接应遵守下列规定:

①外爆炸压接应使用纸雷管,不得使用金属壳雷管:在运行的发电厂、变电所、高压电力线附近或雷雨天气进行爆压时,严禁使用电雷管。

②导火索使用前应作燃速试验。在地面操作时,导火索长度不得少于 200 mm;在高处操作时,其长度必须保证操作人员能撤至安全区。

③切割太乳炸药及导爆索,必须用快刀在木板或橡皮上裁切,严

禁用剪刀或钢丝钳剪夹。

(4)在包药或安装雷管时,烟火不得接近。炸药发生燃烧时,应用水扑灭,严禁用砂石、土壤等杂物覆盖。

(5)地面爆压前,药包两端的导线、地线应用支撑固定,并应清除药包下方的碎石。点火时,除点火人外,其他人员必须撤离至药包30 m以外。

(6)在杆塔上爆压时,操作人员与药包距离应大于3 m,并系好安全带(绳)、背靠可阻挡爆轰波的杆塔构件。

(7)点火人应朝雷管开口端的反方向撤离。

(8)在运行的发电厂、变电所附近进行爆压时,应事先与运行值班人员取得联系,并应采取防止继电保护误动作的措施。

(9)在民房附近爆压时,应事先与房主取得联系,并将门窗打开。爆压点距玻璃门窗应大于50 m,不能满足时,应对药包采取缓冲措施。

五、导线、地线升空

(1)升空作业必须使用压线装置,严禁直接用人力压线。

(2)导线、地线升空作业应与紧线作业密切配合并逐根进行;在转角杆塔档内升空作业时,导线、地线的线弯内角侧不得有人。

(3)压线滑车应设控制绳。压线钢丝绳回松应缓慢。

(4)升空场地在山沟时,升空的钢丝绳应有足够长度。

六、紧线

(1)紧线的准备工作应遵守下列规定:

①按施工技术措施的规定进行现场布置及选择工器具。

②杆塔的部件应齐全,螺栓应紧固。

③紧线杆塔的临时拉线和补强措施以及导线、地线的临锚准备应设置完毕。

(2)牵引锚桩距紧线杆塔的水平距离应满足安全施工技术的规定;锚桩布置与受力方向一致,并埋设可靠。

(3)紧线前应由专人检查下列工作:

①通信畅通。

②埋入地下或临时绑扎的导线、地线必须挖出或解开;导线、地线应压接、升空完毕。

③障碍物以及导线、地线跳槽应处理完毕。

(4)分裂导线不得相互绞扭。

(5)各交叉跨越处的安全措施可靠。

(6)冬季施工时,导线、地线被冻结处处理完毕。

(7)紧线过程中,监护人员应遵守下列规定:

①不得站在悬空导线、地线的垂直下方。

②展放余线的人员不得站在线圈内或线弯的内角侧。

③不得跨越将离地面的导线或地线。

④监视行人不得靠近牵引中的导线或地线。

⑤传递信号必须及时、清晰;不得擅自离岗。

(8)紧线应使用卡线器,卡线器的规格必须与线材规格匹配,不得代用。

(9)耐张线夹安装应遵守下列规定:

①高处安装螺栓式线夹时,必须将螺栓装齐拧紧后方可回松牵引绳。

②高处安装导线、地线的耐张线夹时,必须采取防止跑线的可靠措施。

③在杆塔上割断的线头应用绳索放下。

④地面安装时,导线、地线的锚固应可靠,锚固工作应由技工担任。

(10)挂线时,当连接金具接近挂线点时应停止牵引,然后作业人员方可从安全位置到挂线点操作。导线划印前必须采取防止跑线的可靠措施。

(11)挂线后应缓慢回松牵引绳,在调整拉线的同时应观察耐张金具串和杆塔的受力变形情况。

(12)分裂导线的锚线作业应遵守下列规定:

①导线在完成地面临锚后应及时在操作塔设置过轮临锚。

②导线地面临锚和过轮临锚的设置应相互独立,工器具必须按各自所能承受全部紧线张力选用。

七、附件安装

(1)附件安装前,作业人员必须对专用工具和安全用具进行外观检查,不符合要求者严禁使用。

(2)相邻杆塔不得同时在同相位安装附件,作业点垂直下方不得有人。

(3)双钩紧线器或链、葫芦应挂在横担的施工孔上提升导线;无施工孔时,承力点位置应经计算确定,并在绑扎处衬垫软物。

(4)附件安装时,安全带(绳)应拴在横担主材上,不得拴在绝缘子串上;安装间隔棒时,安全带(绳)应拴在一根子导线上。

(5)在跨越电力线、铁路、公路或通航河流等的线段杆塔上安装附件时,必须采取防止导线或地线坠落的措施。

(6)在带电线路上方的导线上测量间隔棒距离时,应使用干燥的绝缘绳,严禁使用带有金属丝的测绳。

(7)拆除三轮或五轮放线滑车,不得直接用人力松放。

(8)使用飞车应遵守下列规定:

①导线张力应事先进行验算,其安全系数不得小于2.5。

②作业人员必须熟悉飞车使用安全规定,并经过操作培训。

③携带电量及行驶速度不得超过铭牌规定。

④每次使用前应进行检查,飞车的前后活门必须关闭牢靠,刹车装置必须灵活可靠。

⑤行驶中遇有接续管时应减速。

⑥安装间隔棒时，前后轮应卡死。

⑦随车携带的工具和材料应绑扎牢固。

⑧导线上有冰霜时应停止使用。

⑨飞车越过带电线路时，飞车最下端（包括携带的工具、材料）与电力线的最小距离不得小于表10-4的规定，并设专人监护。

表 10-4　高处作业与带电体的最小安全距离

项目 \ 带电体的电压等级（kV）	≤10	35	63～110	220	330	500
工器具、安装构件、导线、地线等与带电体的距离（m）	2.0	3.5	4.0	5.0	6.0	7.0
作业人员的活动范围与带电体的距离（m）	1.7	2.0	2.5	4.0	5.0	6.0
整体组立杆塔与带电体的距离（m）	应大于倒杆距离（自杆塔边缘到带电体的最近侧为杆塔高）					

八、平衡挂线

（1）平衡挂线应遵守本章第二节的有关规定。

（2）平衡挂线时，严禁在耐张塔两侧的同相导线上进行其他作业。

（3）待割的导线应在断线点两端先用绳索绑牢，割断后应通过滑车将导线松落至地面。

（4）高处断线时，作业人员不得站在放线滑车上操作；割断最后一根导线时，应注意防止滑车失稳晃动。

（5）割断后的导线应在当天挂接完毕，不得在高处临锚过夜。

九、预防电击

（1）为预防雷电或临近高压电力线作业时，必须按安全技术规定装设可靠的接地装置。

(2)装设接地装置应遵守下列规定:

①各种设备及作业人员的保安接地线的截面均不得小于16 mm^2;停电线路的工作接地线的截面不得小于25 mm^2。

②接地线应采用编织软铜线,不得使用其他导线。

③接地线不得用缠绕法连接,应使用专用夹具,连接应可靠。

④接地棒宜镀锌,截面不应小于6 mm^2,插入地下的深度应大于0.6 m。

⑤装设接地线时,必须先接接地端,后接导线或地线端;拆除时的顺序相反。

⑥挂接地线或拆接地线时必须设监护人;操作人员应使用绝缘棒(绳)或戴绝缘手套,并穿绝缘鞋。

(3)张力放线时的接地应遵守下列规定:

①架线前,施工段内的杆塔必须接好接地体并确认接地良好。

②牵引设备及张力设备应可靠接地;操作人员应站在干燥的绝缘垫上并不得与未站在绝缘垫上的人员接触。

③牵引机及张力机出线端的牵引绳及导线上必须安装接地滑车。

④跨越不停电线路时,两侧杆塔的放线滑车应接地。

(4)紧线时的接地应遵守下列规定:

①紧线段内的接地装置应完整并接触良好。

②耐张塔挂线前,应用导体将耐张绝缘子串短接。

(5)附件安装时的接地应遵守下列规定:

①附件安装作业区间两端必须装设保安接地线;

②作业人员必须在装设保安接地线后,方可进行附件安装;

③地线附件安装前,必须采取接地措施;

④附件(包括跳线)全部安装完毕后,应保留部分接地线并做好记录,竣工验收后方可拆除。

第三节　不停电跨越与停电作业

一、不停电跨越的一般规定

（1）不停电跨越220kV及其以下高压线路，必须编制施工方案报上级批准，并征得运行单位同意，按规定履行手续；施工期间应请运行单位派人到现场监督施工。

（2）起重工具和临时地锚应根据其重要程度将安全系数提高20％～40％。

（3）在带电体附近作业时，人身与带电体之间的最小安全距离必须满足表10-4要求。

（4）绝缘工具必须定期进行绝缘试验，其绝缘性能应符合要求；每次使用前应进行外观检查。

（5）绝缘工具的有效长度不得小于表10-5的规定。

（6）被跨越的带电线路在施工期间，其自动重合闸装置必须退出运行，发生故障时严禁强行送电。

表10-5　绝缘工具的有效长度

工具名称 \ 带电体的电压等级（kV）	10	35	63	110	220	330	500
绝缘操作杆（m）	0.7	0.9	1.0	1.3	2.1	3.1	4.0
绝缘承力工具、绝缘绳索（m）	0.4	0.6	0.7	1.0	1.8	2.8	3.7

注：传递用绝缘绳索的有效长度，应按绝缘操作杆的有效长度考虑。

（7）临近带电体作业时，上下传递物件必须用绝缘绳索，作业全过程应设专人监护。

（8）遇浓雾、雨、雷以及风力在5级以上天气时应停止作业。

二、有越线架不停电架线

(1)越线架的搭设或拆除,应在被跨越电力线停电后进行。越线架的搭设应遵守本章第二节的有关规定。

(2)越线架的宽度应超出新建线路两边线各 2 m;跨越电气化铁路和 35 kV 及以上电力线的越线架,应使用绝缘尼龙绳(网)封顶。

(3)越线架与带电体之间的最小安全距离在考虑施工期间的最大风偏后不得小于表 10-6 的规定。

表 10-6 越线架与带电体的最小安全距离

越线架部位 \ 带电体的电压等级 (kV)	≤10	35	63~110	220
架面与导线的水平距离(m)	1.5	1.5	2.0	2.5
无地线时,封顶网(杆)与带电体的垂直距离(m)	1.5	1.5	2.0	2.5
有地线时,封顶网(杆)与带电体的垂直距离(m)	0.5	0.5	1.0	1.5

(4)跨越电气化铁路时,越线架与带电体的最小安全距离,必须满足对 35kV 电压等级的有关规定。

(5)跨越不停电线路时,作业人员不得在越线架内侧攀登或作业,并严禁从封顶架上通过。

(6)导线、地线通过越线架时,应用绝缘绳作引绳;引渡或牵引过程中,架上不得有人。

三、无越线架不停电架线

无越线架带电跨越电力线施工,必须按 DIA 09《电业安全工作规程(电力线路部分)》的有关规定执行,并由带电作业专业人员承担。

四、停电作业

(1)停电作业前,施工单位应向运行单位提出停电申请,并办理工作票。

(2)停电、送电工作必须指定专人负责,严禁采用口头或约时停电、约时送电的方式进行任何工作。

(3)在未接到停电工作命令前,严禁任何人接近带电体。

(4)在接到停电工作命令后,必须首先进行验电;验电必须使用相应电压等级的合格的验电器。验电时必须戴绝缘手套并逐相进行;验电必须设专人监护。同杆塔设有多层电力线时,应先验低压、后验高压,先验下层、后验上层。

(5)验明线路确无电压后,必须立即在作业范围的两端挂工作接地线,同时将三相短路;凡有可能送电到停电线路的分支线也必须挂工作接地线。同杆塔设有多层电力线时,应先挂低压、后挂高压。先挂下层、后挂上层。

(6)工作间断或过夜时,施工段内的全部工作接地线必须保留;恢复作业前,必须检查接地线是否完整、可靠。

(7)施工结束后,现场作业负责人必须对现场进行全面检查,待全部作业人员(包括工具、材料)撤离杆塔后方可命令拆除停电线路上的工作接地线:接地线一经拆除,该线路即视为带电,严禁任何人进入带电危险区。

思考题

1. 简述组立杆塔作业的安全技术要求。
2. 简述越线架搭设作业的安全技术要求。
3. 简述不停电跨越高压线路作业的安全技术要求。

第四编　高处悬挂作业

第十一章 高处悬挂作业吊篮的结构形式和安全技术

第一节　吊篮的构造形式及基本组成

对于高层建筑的外装修作业,采用悬挂的、自上而下的吊篮,要比自下而上搭设外脚手架经济和方便。因此,它已经成为高层建筑施工中最普遍使用的脚手架形式之一。它也是高层建筑平时进行维修保养的常备设备。一般在高层建筑的设计中,就应考虑吊篮在屋顶上的安放位置和所增加的楼面荷载,以便在施工阶段安装装修吊篮和在使用阶段装修吊篮(平时放置在屋顶上,需要时可放下)。

早期使用的简单吊架和吊篮已逐步为更为完善的吊篮设备所代替。

一、吊篮的构造形式

吊架和吊篮的构造形式应根据脚手架的用途、建筑物结构情况和采用的悬吊方法而定。常用的有下列几种。

1. 桁架式工作台

其构造与桥式脚手架的桥架相同。主要用于工业厂房或框架结构建筑的围护建筑,在屋面或柱子上设置悬吊点。

2. 框式钢管吊架

其基本构件是用 ϕ51 mm×3.5 mm 式中 ϕ48 mm×3.5 mm 钢管焊成的矩形框架。搭设时以 3～4 榀框架为一组,按 2～3 m 间距排列，用扣件连以钢管大横杆和小横杆，铺设脚手架，装置栏杆、安全网和护墙轮，即成为一组可以上下同时操作的双层吊架。栏杆和护墙轮支杆也用扣件与框架连接。这种吊架主要用于外装修工程，在屋面上设置悬吊点，用钢丝绳吊挂框架。

3. 小型吊篮

常用于局部外装修工程。一般为侧面开口或顶、侧两面都开口的箱型构架，长 3～4 m，宽 0.8～1 m，高 2 m，由两个吊架和底盘、护栏及顶盖五大部分用螺栓连接或乘插结合方式组装而成。

吊架是用 40 mm×3 mm 角钢焊成的矩形框架，并附设有吊筋、吊环及护墙轮装置等。

底盘为二根大梁，上面铺设 30 mm×40 mm 木搁栅及 25 mm 厚木板；并附设有可伸缩的顶墙杆，以增强吊篮在工作中的稳定性。底盘大梁搁置在吊架的横梁上，并用螺栓连接。

护栏用 40 mm×3 mm 角钢焊成的边框，木板用螺栓与吊架连接。顶盖做法也可用角钢框铺顶钢丝网。在不进行交叉作业的情况下也可不设顶盖，但两个吊架的上端要设水平拉杆。

4. 组合吊篮

吊篮架由吊篮片和扣件钢管组合而成。吊篮片采用 ϕ48 mm 钢管焊接。吊篮需要封闭的一端应采用“日”型或“目”型吊篮片。作业层高一般取 1.8 m，片宽一般取 0.8～1.2 m。当阳台宽度大于 1.2 m时，毗邻阳台的吊篮采用与阳台大致同宽的吊篮片，以满足阳台侧面的装修要求。

吊篮片用 ϕ48 钢管扣接成整体吊篮，除大横杆外，还需设置立杆与斜杆，以构成受力合理的桁架体系和框架体系。桁架的节间长度以 2.0 m 左右为宜，不宜超过 2.5 m。吊篮的长度也不宜超过 8 m，以免吊篮的重量过大。

吊篮应进行强度验算。在计算桁架时，所有均布荷载均应化成作用于节点的集中荷载。

二、作业吊篮的基本组成

(一)悬挂机构

通过钢丝绳悬挂平台,架设在建筑物或构筑物上,又作为有动力的装置。悬挂机构一般安装于建筑物的顶部(如屋面、女儿墙、檐口、梁等)部位,其前端伸出墙外,通过吊臂挂有绳索吊篮(用以悬挂吊篮平台),悬挂机构的后端则往往装有一定重量的配重块,或者有绳索(锚固索)或其他连接件挂在建筑结构合适的部位,以防悬挂机构发生倾覆。

(二)吊篮平台

四周装有护栏,以进行高处作业的悬挂式装置。不同形式的吊篮平台可按不同规定挂在双悬挂机构的前端垂下的单根或数根吊索上。如升降作业吊篮,则吊篮平台上还设有操纵装置,提升机构如不设在悬挂机构上,则也可设在该平台上。

(三)提升机构

提升机构是使吊篮平台上下运行的传动机构。如上所述,它既可安装于悬挂机构上,也可以安装于吊篮平台上,可以采用不同的动力和不同的传动机构,通过吊索使吊篮平台升降。不同形式的吊篮平台又采用一台或数台提升机构,通过操纵装置进行升降操纵。

(四)安全保护装置

安全保护装置是保证作业吊篮安全的专门自动装置,按其功能需要的不同,安全保护装置有多种不同的类型,并分设于悬挂机构、吊篮平台、提升机构或操纵、控制装置的不同部位。

(五)操纵、控制装置

指用以操纵或自动控制作业吊篮的各种运动联销控制和安全控制的部分。吊篮平台升降的操纵装置设于该平台上,由作业人员自行操纵，而屋面的悬挂机构横移动作的操纵装置则设于屋面或吊篮平台上或两者同时设置。

第二节　提升机构的结构形式及运作

吊篮的升降方法是吊脚手架使用中最重要的环节。在选择采用何种升降方法时，必须注意以下事项：

(1)具有足够的提升能力，能确保吊篮(架)平稳的升降；

(2)提升设备易于操作并且可靠；

(3)提升设备便于装拆和运输。

大量承担高层建筑施工的单位，应当把吊脚手架及其提升设备作为常备设备。

根据吊索及使用机械工具的不同，表 11-1 列出了常用的升降方法。

表 11-1　常用升降方法

升降方法	吊索	升降用机具
手扳葫芦连续升降	钢丝绳	0.8～3.0 t 手扳葫芦
电动机械升降	钢丝绳	电动卷扬机
液压提升	ϕ25 钢筋爬杆	液压千斤顶
手动工具分节提升	钢筋吊钩	倒链、手摇提升器、滑轮

一、手扳葫芦连续升降

手扳葫芦携带方便，操作灵活，牵引方向和距离不受限制，水平、垂直、倾斜都可使用。常用手扳葫芦有 0.8t、1.5t 和 3.0t 三种。

使用手扳葫芦升降吊脚手架时，在每根悬吊钢丝绳上各装置一个手扳葫芦。将钢丝绳通过手扳葫芦的导绳孔向吊钩方向穿入、压紧、往复扳动前进手柄，即可下落或放松。在操作中要注意：

(1)切勿超载使用，必要时增加适当的滑轮组；

(2)前进手柄及倒退手柄绝对不可同时扳动；

(3)工作中严禁扳动松卸手柄(拉簧手柄)，以免葫芦下滑；

(4)在任何情况下，机体结构不能发生纵向阻塞，务使钢丝绳能顺利通过机体中心，机壳不得有变形现象；

(5)选用钢丝绳长度应比建筑物高度长 2～3 m，并注意使绳子脱离地面一小段距离，以利于保护钢丝绳；

(6)使用时应经常注意保持机体内部和钢丝绳的清洁和润滑，防止杂物进入机体；

(7)扳动手柄时，葫芦如遇阻碍，应停止扳动手柄，以免损坏钢丝绳；

(8)几台扳手同时升降时应注意同步升降。

使用手扳葫芦升降时，必须增设一根直径 12.5 mm 的保险钢丝绳，以保证手扳葫芦发生打滑或断绳时的安全。为避免钢丝绳打滑脱出，可将钢丝绳头弯起，与手扳葫芦导绳孔上部的钢丝绳合在一起用轧头夹紧，同时在手扳葫芦导绳孔上口增设一个压片，葫芦停止升降时，用制动螺栓通过压片压紧钢丝绳。

二、卷扬升降

1. 分类

这是吊脚手架最常用的升降方法，按其动力和组合方式来分，大致有以下四种。

(1)手动工具卷扬

在挑梁的前端设置定滑轮，在尾部设置卷筒，悬吊吊篮的钢丝绳经过定滑轮后缠绕在卷筒上。卷筒应装设摇把、手动棘爪式刹车装置和安全插销。在吊篮下降时，用手动刹车装置控制其下降；当下降到作业位置时，插入安全插销，而不能解决吊篮的上升。吊篮可以先在地面上将钢丝绳拴好，用塔式起重机将其吊至最高作业位置并随即转(摇)动卷筒，收起钢丝绳。

用下述方法也可解决吊篮的提升问题:将卷筒作成长短两个卷筒并用螺栓连接,吊篮钢丝绳绕于长筒,用一段较短的钢丝绳按相反方向绕于短筒,并与设于屋面上的倒链连接。操作倒链将短钢丝绳拉出时,即带动卷筒转动并将吊篮提升。当倒链的起重链收至最小长度后,用刹车停住,把连接螺栓去掉,将倒链的起重链放出,并将短钢丝绳卷入卷筒上,而后装上连接螺栓重新提升直到达到要求的位置。

(2)电动卷扬

采用“电动提升器”插入卷筒轴内,带动卷筒达到升降的要求。电动提升器实际上就是从普通卷扬机分离出来的电机及其传动和控制装置。其作业步骤如下:①将提升器插入卷筒,卡紧插头;②摇动手柄微调以使提升器承载后取出安全插销;③送电启动,使作业台在7.7 m/min 的速度下平稳起升或降落;④升降完毕后摇动手柄使插销孔对准,插入安全插销。继续摇动手柄使荷载完全落在插销上后。将提升器取下。

采用电动卷扬升降时,宜使用转向滑轮将吊篮两端的钢丝绳分别绕在一个卷的两端,用一台提升器启动。

(3)卷扬式电动吊篮

这是一种单机式的吊脚手架设备。卷扬机构安装到屋顶上,实际上就是使用一台双筒卷扬机的电动升降作业台,只适合于局部墙面装修。因此常需要增设移动装置(成为电动吊篮传动车,即电动升降车),以便完成一竖条带外装修后,可以移动到另一位置上。

另有一种带有旋转臂杆的在轨道上行走的移动式吊篮。吊篮一面围护杆(罩)高 1.0 m,另一面的围护杆(罩)高 1.2 m。吊篮中设有保险设备,在吊篮与建筑物凸出部分相碰的情况下可使卷扬机停车。车架上的臂杆相当于悬挑梁(架),其根部设有小平台,导向滑轮则固定在小平台上。臂杆的管体上焊有支脚,管子中都焊有一伸臂支托,支托上的专设螺帽与臂杆起落机构上的丝杠协同动作。吊篮的钢丝绳经过臂杆顶部的转向滑轮、穿经臂杆立柱之间、绕过导向滑轮，最后穿过支座空心套筒和钢丝绳敷设器的滑轮，绕到卷筒上。臂杆可以转动和调变其倾角（变化臂杆的伸出长度）。不用时将吊篮置在车架尾部的折叠式托座上；使用时则可根据作业面的需要调整臂杆的伸出长度。调臂机构由电动机、蜗轮减速器、丝．杆和伸臂支托组成。丝杆的一端与臂杆螺母协同动作，另一端穿过减速器空心低速轴后支在托座支架的轴承上。减速器轴的转动借助键槽接合传给丝杆。丝杆转动时，臂杆支托上的螺母沿丝杆做轴向移动，引起臂杆倾斜角的改变。行走机构由主动轮、从动轮和行走装置（电驱动）组成。车架在靠近车轮处装有轨道夹钳以防车架意外脱轨，车架上设两套制动装置，其夹具能可靠地撑住车架，以避免车架沿轨道自行滑移。平衡重挂在车架下面。轨道采用 15 kg/m 的钢轨，沿屋顶周边敷设，四角设置转盘，转盘上设有定位装置，以保证小车在转盘上转向时，能使车架制动。

这种移动式吊篮的技术性能列于表 11-2。它既适合于在房屋建造过程中使用，更适合用作高层建筑的常备维修设备。

表 11-2　移动式吊篮的技术性能

项目名称	甲型	乙型
载重量(kg)	250	300
提升高度(m)	80	100
提升速度(m/min)	10	10
沿轨道行驶速度(m/min)	12	12
轨距(mm)	800	1000
电动机总功率(kW)	3	3
吊篮重(kg)	120	120
总重(不计轨道)(kg)	3250	3860

(4)爬升式吊篮

爬升式吊篮的卷扬机构设在吊篮上，屋顶上只设挑梁(架)和配重，从挑梁垂下的钢丝绳作为吊篮爬升的轨道。它与卷扬式吊篮的区别在于钢丝绳不是绕在卷筒上，而是穿过卷扬机构靠压绳机构及钢丝绳与卷筒之间的摩擦力锁紧钢丝绳。为了确保吊篮两端平衡，以使吊篮运动平稳，在吊篮的两端应设置结构相同的卷扬机构。

对卷扬机构的要求为：①具有可靠的传动性能；②对钢丝绳的磨损小；③机构紧凑，减小体积和重量。

下面介绍几种卷扬机的原理：

“Z”形卷扬机由一对槽轮构成。上面为主动轮，下面为从动轮，两轮之间以齿轮啮合。齿轮旋转时槽轮也相应旋转。钢丝绳卡在槽轮的槽中，在摩擦作用下，钢丝绳随同槽轮一起转动。当主动轮的旋转方向改变时，钢丝绳的移动方向也随之改变而实现吊篮的提升或降落。

“3”形卷扬机只有一个轮子，钢丝绳在卷筒缠 4 圈后从两端的相反方向伸出，绕过张紧轮分别固定在挑梁(架)和吊篮之上，由张紧轮将钢丝绳张紧，对卷筒造成压力，由压力造成的摩擦力确保吊篮的升降。

“a”形卷扬机是通过行星齿轮减速机构驱动卷筒旋转，减速机构的机壳固定在吊篮上，带动吊篮沿钢丝绳升降。在这种卷扬方式下，钢丝绳在卷筒上承受的压力均匀，磨损也均匀，因而对延长钢丝绳的使用寿命有利。

爬升式吊篮的操纵设备设在吊篮中，由作业人员自行操纵。它避免了卷扬式吊篮因卷扬机操作机构设在屋顶所存在的一些问题。

2. 结构特点

上海市房屋管理科学技术研究所研制的 LGZ 300—3.6 A 型高层维修吊篮，是一种爬升式吊篮，其设计的构造特点如下。

(1)吊架结构特点

①采用自重和配重来平衡吊重；

②采用拆装式。可拆成20件，最大件尺寸为1.5 m×15 m，重量70 kg；

③吊架的起重臂为分段式。全长5.3 m，分为1.9 m、1.5 m和1.9 m三段，可根据需要拼装成三种不同的长度（在长度减小时应增加配重）；

④吊架下设有行走轮，可在屋面上移动；

⑤起重臂的吊重小车采用液压油缸驱动，并由吊篮中的工人自行操纵。可调整吊篮与墙面的距离（最大调整量为600 mm），以逾越外墙凹凸线脚、台口、柱棱、半阳台等障碍物，同时为吊篮进行稳定拉结提供方便。

(2)吊篮的结构特点

①由三节（每节长1.2 m）拼接而成，可组成3.6 m和2.4 m两种长度；

②吊重钢丝绳采用国产航空钢丝绳7×19-ϕ8.25 mm，其受载安全系数不小于12；

③在靠墙面设置有4个支撑轮，以减小吊篮的摆动。

(3)提升机构特点

①采用“Z”形缠绕摩擦传动方式，沿钢丝绳自行爬升；

②采用三级圆柱齿轮减速器，体积小、重量轻；

③配有离心限速机构，手动制动机构和停电时松开电磁制动的装置，以使平台自行落下（通过人工控制使其徐徐下降）；

④机构驱动采用电动和手动两用，两侧电机可同时或单独驱动，以调整平台的水平位置。

3. 技术安全措施

①设有上下限位装置，在发生冲顶或碰到障碍物时，使电机停动；

②离心限速装置，停电和失控时使平台下降速度不大于5～7 m/min；

③手动制动装置和手摇机构，使用手摇机构可使平台上下；

④装有两个安全钢丝绳和超速锁，当吊重钢丝绳突然断裂时，超速锁能将吊篮紧紧夹持在安全钢丝绳上，不致坠落。

三、使用倒装液压千斤顶升降

在装配式厂房或框架结构建筑的围护墙砌筑工程中，有不少工地将滑升模板使用的液压提升装置运用于吊脚手架，利用屋顶挑架和钢筋爬杆悬挑桁架式工作台，并用液压千斤顶提升。这种方法有助于提高质量，保证安全，降低劳动强度和提高工效，采用这种方法的施工要点如下。

承重挑架置于屋顶上时应顺屋架的方向布置，支点要置于柱顶或檐口大型屋顶板的板肋上。挑架之间要设置横向拉杆互相拉结。挑架尾部用螺栓固定在屋顶上。安装在山墙顶部的挑架，其尾部应延至可固定的屋架、大梁等处加以固定。

爬架用 ϕ25 圆钢。爬架上端通过爬件卡具或连接螺栓固定在挑架上，下端穿入千斤顶。爬杆的接长一般采用对焊。焊接接头处先用乙炔火焰初步切光，再用手提砂轮机磨光。接好的爬杆必须保持同中心、等强度，经检验合格后方准使用。

千斤顶座与工作台的连接要构成铰链，以便在千斤顶提升不同步、工作台发生倾斜时，千斤顶不会跟着工作台倾斜而始终保持铅直。这样千斤顶的上下两卡头的中心便总与爬杆的轴心相一致，保证千斤顶沿爬杆正常上升。如果采用固接，平台稍有倾斜，千斤顶也随着倾斜而与爬杆轴心间产生一个角度，滑升必然困难并损坏设备。

千斤顶铰座固定在千斤顶底座上，通过桁架上的钢筋插销把工作台挂在铰座上。

如因工作台之间的升差过大无法继续操作时，必须把工作台调平后再继续向上滑升。调平的方法是：把钢筋卡子卡在爬杆上，作为提升工作台的着力点，卡子上挂倒链（或手扳葫芦）把工作台吊起调平。

个别千斤顶发生故障需要更换时,也可以采用上述的方法将工作台提起,把千斤顶上部的爬杆切断,取下坏的千斤顶,换上好的千斤顶。更换千斤顶时为使提升不受影响,可用倒链或手扳葫芦暂时代替千斤顶的工作。

液压管路较长,油泵应尽量放在中心位置;液压管路按内、外两排分为两个系统,最好不要将内、外两排千斤顶接在一个管路上。为了便于个别调整,在千斤顶与油泵间宜多设针型阀。

吊脚手架的支撑系统、工作平台、爬杆和液压提升系统安装完毕后,在正式使用以前要进行荷载试验,经检查合格才能使用。

采用液压提升方法时,最好选用能上爬又能下爬的千斤顶,以便砌筑和装修都能使用。

另外有的工地将液压提升系统安设在承重挑架上,通过两个交替使用的短爬杆连接钢丝绳悬吊工作台。这样可节约爬杆又减轻了工作台上的荷载,但需增加更换爬杆的工作。

四、手动工具分节提升

吊脚手架采用钢筋吊钩或铁链悬吊时,可用倒链、手摇提升器、滑轮等手动工具进行分节提升。具体方法是在钢筋吊钩上绑横木或钢横杆,横木离吊篮 3～4 m,横木两端系钢丝绳,在钢丝绳上挂倒链,利用倒链提升吊篮。当吊篮升到一定高度后,将吊篮挂在上一节吊钩上,然后摘下倒链、横木和钢丝绳以备再用。

手扳葫芦上穿一短钢丝绳也可作为分节提升时的起重工具。

采用钢筋吊钩做吊篮吊索时,不安全的因素较多,出现较多的问题有:①吊钩被拉开;②4 个吊索的长度不易控制一致,造成吊篮不平;③升架时,如 4 角吊钩连接不够协调,会造成吊篮倾斜。因此,应尽量不采用此种升降手段;如不得不采用时,须严格采取安全保障措施。

第三节　悬挂机构的结构形式及设置

一、挑梁(架)

吊脚手架的悬吊结构应根据工程结构情况和脚手架的用途而定。普遍采用的是在屋顶上设置挑梁；用于高大厂房的内部施工时则可悬吊在屋架或大梁之下；在没有上述两种条件时，亦可搭设专门的构架来悬挂吊篮。

1. 一般要求

(1)在屋顶上设置挑架或挑梁必须控制平衡，保证其抵抗力矩大于倾覆力矩的三倍，即 $P \cdot a > 3W \cdot b$。在屋顶上设置的电动升降车采用动力驱动时，其抵抗力矩应大于倾覆力矩的四倍。

确保挑梁(架)不发生倾覆的措施为(参见图 11-1)：

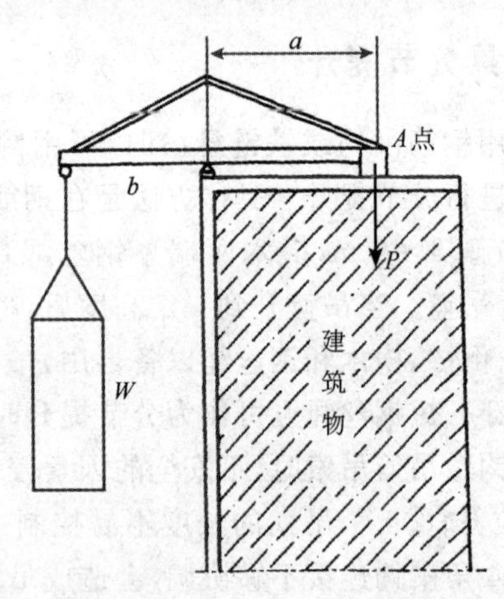

图 11-1　确保挑梁(架)不发生倾覆的措施

①A 点加配重；

②挑梁架 A 点与建筑结构连接起来，利用结构抵抗倾覆力矩；

③增加力 a 的长度。

(2)挑梁(架)本身具有可靠的承载能力。

(3)应满足装设提升设备的要求。

(4)便于装拆。

2. 单梁式挑梁

单梁式挑梁由型钢制作。其装设方式有:

①固定在屋面结构上;

②与柱子或墙体拉结;

③加设配重。

无论哪一种方式,支点均需可靠。以砖砌的女儿墙作支点时,可在女儿墙里加设混凝土柱墩。柱墩上设预埋铁以固定挑梁。挑梁的支点避免设在接近女儿墙的外边缘上,以确保安全。

挑梁的支臂(从悬挂点到支点的距离)长度一般为 0.6～0.8 m,但在有阳台的部位可以达 2 m 左右(如果支点设得靠里的话,则此长度还要加大)。在不同的荷载 Q(＝吊篮荷载的一半)和支臂长度下挑梁应选用的型钢或钢管规格也是不同的。

3. 双梁式挑梁

即用两根单梁组合而成,可以使用小规格钢材,支撑面加大(有利于支点安全),但重量增加。

4. 斜撑式和桁架式挑梁

当吊篮的荷载和挑梁的支臂较大时,采用斜撑式挑梁和桁架式挑梁可以减小梁的断面。但由于杆件内力情况随之改变,应注意对有关问题的处理。

(1)斜撑式挑梁

斜撑式挑梁的一般构造有两种:

①平拉式斜撑杆受压,水平梁受拉,用在有能承受水平力作用的结构上(如伸出屋面的较大断面钢筋混凝土柱子、现浇钢筋混凝土女儿墙等)。挑梁在撑杆支点外面的悬挑长度一般控制在 1.0 m 以

内。挑梁在撑杆断面可根据其悬吊荷载和悬挑长度选取。斜撑杆可用小号槽钢或 $\phi48 \sim \phi76$ 钢管，亦可采用 100 mm×100 mm 方木。但端部应加连接铁件，以便与挑梁连接。

②竖拉式用在只能承受垂直力作用的情况下，采用对称的斜撑杆，其根部固定在屋面上。挑梁的里端用拉绳拉于屋面结构上，或悬挂配重。若将挑梁作成“⌐”形，则结构更为合理。

(2)桁架式挑梁

桁架式挑梁(架)的一般形式见有关规定。当吊篮长超过 6 m 时，桁架梁的杆件应通过设计确定。

5. 自稳式挑梁

这类挑梁放置在平屋顶上，梁上有两个支座，梁的两端悬出；一端挂吊篮，一端加配重。支座下面应加 35～50 mm 厚木垫板，以扩大支承面。利用双支座和配重使挑梁自行稳定，不需要与结构进行连接。除梁末端悬挂配重外，在两支座之间亦可悬挂配重。

6. 移动式挑梁

在自稳式挑梁的支座下加设脚轮和轨道，就构成了移动式挑梁。这类挑梁是现代高层建筑的常用设备之一。在施工阶段用于外装修作业，在楼房建成以后用于维修。挑梁上应带有小型起重拔杆，以便在不用时把吊篮吊置在屋面上，使用时则把吊篮放下来。挑梁亦需作成伸缩式，用时伸出，不用时收回。不用时，应在挑梁的脚轮和轨道之间用卡具把挑梁固定住，免得被风吹动。

7. 装拼式挑梁

把挑梁作成装拼式，使单件重量减小，可为挑梁的装拆提供方便。可实现装拼的项目为：

(1)设配重笼，将小块配重装于笼中。

(2)装拼式支座。用螺栓将单件连成整体支座。

(3)伸缩式挑梁。它由母梁和子梁构成，子梁下入母梁之中，用时伸出，不用时推入。母梁和子梁之间用螺栓连接，可以调节不同的伸出长度。母梁和子梁本身亦可由几节装拼而成，在对接处一定要加连接板。

二、屋面结构的处理

现行高层建筑的屋面结构，由于设计时没有考虑装设挑梁和悬挂吊篮的要求，因此常给施工带来不便。不但给装设挑梁造成一定困难，而且在使用吊篮期间，屋面工程也都不能施工。因此，在可能的情况下，可提请设计人员在设计时予以考虑。对屋面结构的处理方法大致有以下几种。

1. 对于框架结构

将边排框架柱伸出屋面 0.8～2.0 m，其里侧带 0.8～1.2 m 的悬挑梁，以便架设操作平台或移动式挑梁轨道(柱距较大时，轨道底可加焊钢筋桁架)，柱子出屋面 0.5 m 处作挡水檐。女儿墙或屋檐围板开永久性洞口，以便挑梁从洞口中伸出。

2. 对于板墙结构

在屋面之上加做高度不小于 500 mm 的两道平行于外墙的 T 形反梁，梁应居于或架于墙体之上。

采用上述屋面处理措施后，可及时施工屋面防水工程，而升降吊篮的作业人员则在脱离屋面的作业平台上进行作业。

三、挑挂构造和设置方法

(一)挑梁的型式

(1)悬挂式挑梁其型钢一端固定在结构上，另一端用拉杆或拉绳拉结到结构的可靠部位上。拉杆(绳)应有收紧措施，以便在收紧以后承担脚手架荷载。

(2)下撑式挑梁其挑梁受拉。

(3)桁架式挑梁通常采用型钢制作，其上弦杆受拉，与结构连接采用受拉构造；下弦杆受压，与结构连接采用支顶构造。

桁架式挑梁与结构墙体之间还可以采用螺栓连接。螺栓穿于刚性墙体的预留孔洞或预埋套管中，可以方便拆除其他的作业项目，也可为吊运和装拆提供方便。

（二）挑梁的间距和横梁的设置

（1）挑梁承受荷载情况：当挑梁间距与脚手架的立杆纵距一致时，它承受一排（对）立杆传下来的荷载 P，当间距分别取 $2a$、$3a$、$4a$ 和 $5a$ 时，则其荷载相应增加为 $1.5P$、$2P$、$2.5P$ 和 $3P$。因此，当脚手架较高时 P 较大，应取较小间距；较低时则取较大间距。

（2）结构条件：挑梁（架）必须装设在可以承受其荷载作用的结构部位，即板墙结构中有横隔的部位，框架结构中的柱梁接头部位等可以承受较大水平力和垂直力作用的部位。挑梁的上下受力一般应限制在上下距楼层结构不超过 500 mm 的范围内：当根据施工的需要只能设置在结构的薄弱部位时，必须对结构进行加固，或设高拉杆或压杆，将荷载传给结构的坚强部位承受。无论何种情况下，必须请结构设计人对结构进行核算，以确保挑脚手架和结构的安全。

（3）施工对挑梁装设部位的要求：既要考虑便于和不影响其他作业项目的进行，也考虑为吊运和装拆提供方便。

（4）经济效果：要对不同布置方案的工料耗用和架子效能进行综合比较后，择优选用。

在一般情况下，挑梁的间距不宜超过两个柱（或开间）或 5 倍的立杆纵距，即将横梁的跨度控制在 9 m 以内。

横梁一般采用工字钢或槽钢制作。当横梁跨度为 6 m 左右时，一般需使用 18～20 号工字钢或 20～22 号槽钢。当跨度超过 7.5 m 时，应考虑采用桁架式横梁，以降低钢材用量。

（三）脚手架立杆与挑梁（或横梁）的连接

在挑梁或横梁上焊短钢管（长 150～200 mm，其外径比脚手立杆内径小 1～1.5 mm），用接长扣件与立杆连接，同时在立杆第 1～2

道设扫地杆，以确保脚手架底部的稳定。

（四）挂置点的设置方法与构造

挂脚手架的挂置点大多设在柱子或墙上，设在柱子上的多为砌筑围护墙用，设在墙上的多为粉刷用。具体的设置方法有下列几种。

1. 在砼柱子内预埋挂环

挂环用 ϕ20～ϕ22 钢筋环或特制铁埋件，预先埋在混凝土柱子内，埋设间距根据砌筑脚手架的步距而定，首步为 1.5～1.6 m，其余为 1.2～1.4 m。

2. 在混凝土柱子上设置卡箍

常用的卡箍构造有两种：一种是大卡箍，用两根 L75×8 角钢，一端焊 U 形挂环（用 ϕ22～ϕ19 钢筋）以便挂置三角架；另一端钻 24 mm圆孔，用一根 ϕ22 螺栓使两根角钢紧固于柱子上。另一种定型卡，在柱子上预留孔穿紧固螺栓，卡箍长 670 mm，预留孔距柱外皮距离，视砖墙厚度决定，如为 240 mm 墙则此距离为 370 mm。这种小卡箍比用大卡箍方便，在工作台上既可安装卡箍，不需在厂房内另设爬梯，同时还能适应柱子断面和外墙厚薄变化的需要而不必更换卡箍。

3. 在墙体内安设钢板

外墙粉刷装修用的挂脚手架一般都在砖墙灰缝内安设 8 mm 厚的钢板。钢板有两种放法：一种是平放于水平缝内；另一种是竖放于垂直缝内。钢板两端留有圆孔，以便在墙外挂设脚手架，在采用这种挂置方法时要注意：

（1）上部要有不小于 10 m 高度的墙身压住板。

（2）砂浆要达到一定强度（不低于设计强度的 70%，同时不低于 1.8 MPa 即 18 kgf/cm^2）供放置挂架使用。

（3）在窗口两侧小于 240 mm 的墙体内和宽度小于 490 mm 的窗间墙内以及半砖墙、180 mm 墙、空斗墙、土坯墙、轻质空心砖等墙体内，均不得设置挂脚手架的钢板。

(4)安设钢板的预留孔要随拆随补。

(5)挂架式挂脚手架所用的挂架有砌墙用和装修用两种。砌筑用挂架多为单层的三角形挂架,装修用挂架有单层,也用双层的。单层的一般为三角形挂架,双层的一般为矩形挂架。

(五)挂架

1. 砌筑用挂架A

适用于装配式厂房或框架结构建筑的围护墙砌筑。在混凝土柱内预埋钢筋环,每柱挂两个挂架,用U形铁件连成整体,挂设间距60 mm,每个挂架重42 kg。在钢管和钢筋三角形截面桁架工作面上砌筑。

2. 砌筑用挂架B

适用于装配式厂房或框架结构建筑的围护墙砌筑。在混凝土柱上设卡箍,每柱挂两个挂架,挂设间距不超过60 mm,每个挂架重20 kg。在桁架式工作台上砌筑。

3. 装修用单层挂架

适用于外墙粉刷、勾缝。挂于砖墙平缝内设置的钢板上,挂高间距3 m,每个挂架重11 kg,在挂架上铺脚手板即为工作平台。

4. 装修用双层挂架

适用于外墙粉刷、勾缝。挂于砖墙平缝内设置的钢板上,挂设间距3 m,每个挂架重19～21 kg。在挂架上铺脚手板或绑扎大横杆后铺竹笆板作工作台。

第四节　吊篮、提升机构、悬挂机构的安全要求

一、作业吊篮、悬挂机构架设的安全要求

(一)架设的一般安全要求

作业吊篮悬挂机构的材料和零、部、构件的选用、制造、安装和架

设方法，均应符合我国已颁布的有关国家、部、地方标准和规范的要求。尚无统一标准的，可执行经权威部门核准的作业标准。为确保其质量可靠，各产品只适应于既定的用途。现将各种悬挂机构的安全要求叙述如下。

1. 悬挂机构通用的安全要求

悬挂机构中，钢丝绳可用于悬挂吊篮平台的吊索、保护吊篮平台和作业人员安全的安全索、悬索机构连接部位的捆索和固定悬挂机构防止倾覆的拴索等。对钢丝绳的一般要求，在起重机械有关章节中作了介绍，这里仅列述吊篮的有关要求。

钢索的材质应符合《圆股钢丝绳》的有关技术标准；当作业吊篮采用卷扬机作为提升机构时，其钢丝绳的材质应符合起重机构关于卷扬机钢丝绳材质(GB 1102)的有关规定。当作业吊篮采用爬升机作为提升机构时，其钢丝绳材质应符合(GB 8902)的有关规定。

吊索与安全索直径——选择吊索与安全索直径时，应确保其具有必要的安全系数 K。即使

$$S \geqslant \frac{K \times G}{n} \tag{11-1}$$

式中 S 为所选钢丝绳额定最低破断拉力(n)，该值在检验合格证明书上；K 为规定的最低安全系数，对动力升降吊篮，可取为≥9；G 为钢丝绳上悬挂的总载荷(N)；n 为同时承受该总载荷的钢丝绳数。

此外，当采用电动提升机构时，还应按下述情况进行验算。在电动机达到最大转矩而失速时可能达到的最大拉力 S_{max}，应小于所选用钢丝绳额定最低破断拉力 S 的 50%，即 $S_{max} \leqslant 0.5S$。

任何情况下，所选用的吊索与安全索直径均应不小于以下规定：

用于动力升降吊篮时，不小于 $\phi 8$ mm(如每一吊篮平台两端各用 2 根吊索时，则可不小于 $\phi 6$ mm)；用于人力升降吊篮时，不小于 $\phi 6$ mm。

其他用途的钢丝绳直径——选择时仍确保其具有必要的安全系

数 K。而对 K 值的规定，则根据用途不同而作不同的要求。

当拴索用以将吊臂顶部固拴于建筑物上，而承受吊索载荷的分力时，其安全系数≥6。

当做悬挂机构的防倾拴索，或使吊篮平台沿悬轨横移的牵索，或使屋面悬挂支架的捆索，或防止吊篮平台摆动的约束索等时，其安全系数应≥6。

使用钢丝绳时应注意：

①解开成卷的钢丝绳时，应使绳顺行，以免因扭结、变形影响使用。

②存放钢丝绳时，应尽量成卷排列，避免重叠堆放，保持干燥。用作吊篮吊索时，如采用卷扬式作提升机构，应定期加润滑油；如采用爬升机作提升机构或用做安全索，则应根据产品说明书的规定。决定是否加润滑油，一般不予润滑。

③钢丝绳端头应不致松散。其强度至少不应低于该钢丝绳额定最低破断拉力的80%。当吊篮平台采用动力提升或其长度>3.2 m者，应采用端部带鸡心环的钢丝绳作吊索。

④钢丝绳使用时，在某些可能与硬性物体(如钢构件或建筑物)发生摩擦或遭受尖锐棱角损伤的部位，均应衬以木板、橡胶或麻袋等软垫，并应使钢丝绳在不受载时，其衬垫也不致脱落。

⑤钢丝绳使用时，应按 GB 5972《起重机械用钢丝绳检验和报废实用规范》要求进行检验，以防因腐蚀、磨损、断丝而破断；当受载后绳股间有大量油被挤出，表明受载较大，更应经常检查，以防发生意外事故。

2. 使用纤维绳的要求

纤维绳可用做人力提升的吊索、安全索、横移牵索和非重要承载部位的一般捆索等。对使用纤维绳的一般要求，已在起重机械有关章节中作了介绍，这里仅列述吊篮的有关要求。

(1)纤维绳的材质——作用于吊篮的纤维绳，均应符合起重用绳的有关要求，全长内不得有任何损伤、磨损或腐烂的部位。纤维绳可分为天然纤维绳（由植物纤维加工而成，如麻绳）和人造纤维绳（由人造纤维加工而成，如尼龙绳），其材质要求和使用特点为：

天然纤维绳轻便、质软、易绑扎，但强度低，易磨损，受潮后又易腐烂。用于吊篮的天然纤维绳一般应采用Ⅰ级白棕绳或性能相当的纤维绳，只有用吊篮平台沿悬挂横移的牵索时才允许采用剑麻天然纤维绳。天然纤维绳不能用于可能遭受火烧、热气或化学侵蚀的场合。

人造纤维绳质轻，柔软，耐腐蚀，防潮，具有较大弹性，而强度较天然纤维绳大。用于吊篮的人造纤维绳，要求其干、湿状态的扎紧性能应与天然纤维绳相似。人造纤维在产品规定使用范围内，允许用于可能有化学侵蚀（如用于清洗有腐蚀性的清洗作业）的场合，但应避免用于可能遭受火烧或高温（如采用吹灯、强照明灯）的场合。

（2）纤维绳直径——用做吊索或安全索的纤维绳，选择其直径时，同样需按式（11-1）确保必要的安全系数 K。该 K 值基本上可参照前述钢丝绳者，但对天然纤维绳用作吊索或安全索时，其许用最小直径为 18 mm。

（3）使用注意事项

①天然纤维绳应存放在干燥、通风、不遭受高温处；洗后应晒干后收存，以防霉烂，还应避免打结（打结后强度要降低 50%以上）。

②纤维绳端头应不致松散（可采用绳头绑扎等方法）。

③用做吊索、安全索的纤维绳，必须全长连接，而不得接长。其他用途的纤维绳，必须接长时，也应采用编结连接。

④纤维绳不宜用于吊篮的动力提升结构，长期在滑车使用的纤维绳（尤其是天然纤维绳）要定期改换穿绳方向，以保持绳索磨损均匀。

⑤在纤维绳可能与硬性物体（如钢构件或建筑物）发生摩擦或遭受尖锐棱角损伤的部位，均应以木板或麻袋等软垫，并应使绳索在不

受载时，其衬垫也不致脱落。

⑥所有的纤维绳必须经检验合格，标明额定载荷重量。天然纤维绳用做吊索、安全索时，宜先作超载25%的静载试验。此外．还应按验收、检查要求进行检验，以防因磨损、腐烂而发生意外事故。

3．使用通用吊具的要求

吊索悬挂机构中所用通用吊具，包括吊钩、卡环、鸡心环与钢丝绳夹头等。通用吊具的设计和生产应符合国家、部、局有关标准(如国家建工总局建筑工人安全技术操作规程)的要求；选用时，则可根据产品说明书，或参考起重机教材中有关章节提出的资料选用。此外，还应注意：

(1)所选用的产品必须为经过检验的合格品，要标明额定荷重量。对一时无法确定者，应以1.25倍荷重作静荷试验，加载时间不短于10分钟，应无任何永久性变形，或断裂等损伤(吊钩钩口开度变形不应超过0.25%)。

(2)使用前和使用过程中，均应按起重机械有关章节和有关验收、检查要求进行检验，以防因吊具本身质量，连接安装不够牢固、可靠或使用中产生损伤而发生意外事故。

4．专用悬挂机构强度与刚性要求

专用悬挂机构，包括前述各种形式的钢式铝合金悬挂机构及其轨道、锚固件等应根据使用的具体条件，可能承受的各种载荷及相应必要的安全系数，进行应力和变形的计算或测试，应符合以下要求：

$$P_x \geqslant 1.5(W_1 + F_1) \quad (11\text{-}2)$$

式中 P_x 为作用应力，W_1 为最大总挂载应力，F_1 为50%风载应力。

所谓极限最大总挂载，即吊篮提升电动机失速前可能使悬挂机构达到了最大悬挂载荷。当采用钢材以外的其他可塑性材料时，上式的选用应力值可取为不超过该材料屈服点50%。

此外，凡选用的专用悬挂机构产品均应经法定检测机构鉴定和出厂检验合格后，方可在产品说明书规定范围内按操作规程使用，并应按本章第七节验收、检查要求进行检验，以防因本身质量或使用中产生的损伤或连接不牢固而发生意外事故。

5. 悬挂机构稳定性要求

为防止悬挂机构伸在屋面最外的支承点之外的荷重和其他外加载荷(如风载)，使其发生纵向或横向倾覆，架设吊篮时必须符合下述稳定性要求：

要保持纵向稳定的基本原则：使稳定力矩 M_S 超过倾覆力矩 M，倾覆力矩和稳定力矩计算公式如下：

$$K=\frac{M_S}{M_T}=\frac{G_4\times L_3(G_5+G_6)\times L_4}{G_1\times L_1+G_2\times L_2+G_W\times h_W+G_3}\geqslant 2 \quad (11\text{-}3)$$

式中 M_S 为纵向稳定力矩(N·m)；M_T 为纵向倾覆力矩(N·m)；K 为抗倾覆系数；G_1 为悬挂点以下的全部最大总挂载(N)；G_2 为位于最外支点处(外侧)的悬挂机构部分的自重力(N)；G_3 为位于前撑脚的悬挂机构部分的自重力(N)；G_4 为位于最外支点以内(内侧)的悬挂机构部分的自重力(N)；G_5 位于后撑脚的悬挂机构部分的自重力(N)；G_6 为配重的自重力(N)；G_W 悬挂机构可能遭受的最大风载(N)；h_W 为受风面积的重心位置距屋面支承处的高度(m)；L_1 为 G_1 作用点至悬挂机构最外支点的距离(m)；L_2 为 G_2 的重心至最外支点的距离(m)；L_3 为 G_4 的重心至最外支点的距离(m)；L_4 为(G_5+G_6)处的重心至最外支点的距离(m)。

(二)有轨式悬挂机构架设的安全要求

所谓“有轨式”悬挂机构包括：沿屋面轨道移行的常设式悬挂设备；建筑物顶部挑出部位预置悬轨的常设式悬挂设备以及屋面支架吊臂杆上装有悬轨的暂设式悬挂设备。其架设要求如下：

(1)所用钢轨一般为热轧普通工字钢，其材质应符合国家标准的规定。具体选用时，可根据载荷大小和受载条件，参照《起重机设计规范》(GB 3811—83)、《手动单梁悬挂式起重机》(GB 3755—84)等标准资料和前述专用悬挂机构强度与刚性要求进行设计计算，通常采用 12 号至 20 号普通工字钢为多。轨道面应平整，受载后最大挠度不应超过 $L/250$（L 为轨道两相邻支承点间距）。

(2)任何用以连接悬挂机构有轨式、辅助设备与屋面构件的金属零件，必须采用抗腐蚀（包括抗电解）的钢材制造。当采用锚固螺栓将悬挂机构或有轨式与建筑结构连接时，应选用适当等级的奥氏体不锈钢制造，并按建筑钢结构构件规定的许用应力设计。通常选用的锚固螺栓直径≥16 mm，并应扣紧于屋板的钢筋上，按规定的旋紧力矩旋紧，再加锁定件锁定设计时，还应考虑便于对螺栓上部进行日常检查。

(3)屋面轨道每段长一般不宜超过 9 m；对于其他装置（如转盘）相衔接的轨段，更不允许因热胀而移位，其长度则不宜超过 4.5 m；轨段应锚固于中部，以免在两端锚固时因热胀而损坏锚固装置，或严重影响悬挂机构的正常运行。

(4)屋面台车、载车或悬轨小车的横移速度一般不宜＞15 m/min（最大不应超过 20 m/min）；吊臂变幅或回转的最大线速度一般也不宜＞15 m/min（最大不应超过 20 m/min）；此外，在架设时还应采取以下措施和装置：

①屋面台车、载车与相邻建筑物、构筑物（如女儿墙）之间应保持适当的间距，或采用一些防护设施，以免发生意外伤害。

②台车、载车的吊臂及横移运行，应能使吊篮平台保持与墙面的平行位置；两独立变幅的吊臂应确保同步变幅，保持吊篮平台的水平位置，并应设置变幅极限位置的限位装置。

③全部机构及活动部分应设密闭的防水护罩，平时应予锁住，罩壳打开时应不致遮盖预先设置的危险标志和注意事项。

④应设有控制停位的装置和防止因风力或其他载荷使台车、载车从停放位置产生意外移位的可靠装置。

⑤台车、载车上各部分机构应便于安全检修和保养，并在任何停放位置都能便于维保人员进行工作，台车、载车不使用时，最好能存

放于屋面上设有遮盖的停车处，该处应设置照明灯及其他必要的维修设施。

二、作业吊篮平台架设的安全要求

(一)篮架安装的安全要求

(1)篮架两端可各采用1或2根纤维绳，通过滑车等装置人力升降或采用1或2根钢丝绳，通过动力机械装置升降，并配以相应的悬挂机构以适应其悬挂、升降或移位的要求；通常篮架长不超过3.2 m者，可采用纤维绳，人力升降。篮架长超过3.2 m者，必须采用钢丝绳悬挂。

(2)篮架长不超过2 m者一般均布额定载重定为225 kg。篮架长为2 m至3.2 m者，一般均布额定载重量为300 kg。当篮架仅供单人作业时，设计应按全部载重集中于篮架一端进行计算；当供1人以上作业时，则可按额定载重的75%作为一端的载重进行计算。

(3)篮架净作业宽度通常为不小于400 mm。

(4)对篮架护栏、挡脚板、底板等的要求见下述“各种吊篮平台通用的安全要求”有关部分。

(5)篮架的设计可靠性核查应包括：

①以额定载重的2倍均匀加载于篮架平台上，应不致使任何承载件遭受破坏。

②以4.5 kg重量从1.2 m的高度坠落于平台任何部位25 mm^2面积处，以及25 kg重的沙袋从1.2 m的高度坠落于平台任何部位，该两项冲击试验的结果均不应造成任何破坏。

③在护栏中央悬挂50 kg重量，以及使篮架从水平位置倾斜30°，该两项试验的结果均不应造成任何破坏。

(6)每台篮架出厂前或投入使用前，还应将篮架挂于固定的挂钩上(不能采用绳索)，以额定载重的1.25倍均匀加载于平台上，所有零件均不应产生永久性变形、裂纹等缺陷。

(二)吊篮平台主要材料的安全要求

吊篮平台底架、吊框、护栏的主要材料为钢、铝合金型材(角钢、槽钢或管件等)。底板与挡脚板则往往采用薄钢板或铝合金或木板,一般角钢、槽钢和钢板的材质应符合国标、部标的有关要求,其他材料的要求则如下:

(1)采用钢、铝合金板作底架铺板时,应考虑防滑要求,如采用花纹板等。

(2)在底架上采用木铺板时,应采用38 mm以上厚度的杉木或相当性能的木材。禁止使用腐朽、扭曲、斜纹、破裂和带大横透节的木板。

(3)敷设铺板时,应使铺板紧靠,相邻铺板的间隙不应大于5 mm,铺板应予牢固固定,以免发生意外移位。木铺板两端挑出吊框外的长度应不小于100 mm,而不大于200 mm。

(4)平台四周应设不低于1.1 m高的护栏。近墙一侧,为便利作业,可略降低至不低于0.8 m左右。护栏应牢固地固定在平台两端的吊框上,并应予以锁定,以防脱出或变形,护栏上如需开设出入口,其门应向内开,并应设有防止其意外开启的装置。

(5)底板四周应不低于150 mm高的挡脚板,挡脚板与底板间的空隙应不大于5 mm。栏杆下缘与挡脚板顶部的空隙应不大于760 mm,必要时可在该处加设金属安全网。

(6)吊篮平台的工作面积不超过1 m^2 者,允许采用单索悬挂。超过1 m^2 者,必须在两端各有1根或1根以上独立的吊索,其悬挂位置必须保证吊篮平台及其载荷的重心处于两端悬挂点之间;无论单索或多索悬挂,均应确保平台在任何作业情况下的稳定性。

(7)吊篮平台近墙一侧应设有防护垫或撑轮,以防其损伤建筑物。

(8)一般不宜在平台外侧或顶部加设遮板、遮篷,如确为劳动防护所需而加设时,也应避免采用全封闭的结构,以免受风面积较大使吊篮平台受风后产生晃动,或因妨碍作业人员视野而影响平台升降时的安全。

(9)在吊篮平台的显眼处，必须设置清晰而不易锈蚀的标志，以标明该平台的额定荷载重量和允许同时作业人数。

(10)对升降高度超过 20 m 的吊篮平台，建议设置与地面及屋面通讯的设备，并配置机械式警报装置。

(11)对可能着火的场合，必须在吊篮平台上设置灭火器。

三、作业吊篮提升机构的基本安全要求

提升机构有人力滑车、手摇卷扬机、电动卷扬机、手摇式爬升机、双轮、单轮爬升器，这些机构通常是专门设计制造的，不需作业人员自行组装，其基本结构要求及与吊篮平台的连接、调试、检修和验收等方面的基本安全要求如下：

(1)有关卷扬机等的通用起重设备的基本结构要求和安全要求，可参照“起重机械”的有关要求。

(2)任何形式的提升机构，在规定条件下使用均不应对吊索产生意外的损伤，或升降速度一般不应超过 20 m/min。

(3)对暂设式吊篮，其吊篮平台升降速度一般不宜超过10 m/min；对常设式吊篮，升降速度一般不应超过 20 m/min，因为前者悬挂机构的架设和可靠性均不如后者。

(4)采用动力升降时，正常情况升降动作应由动力机构操纵，而不应靠重力下降。除动力升降机构外，还必须同时设置手摇提升机构，以备动力失灵时应急之用。该机构由两人即可操作，使用时应切断升降电源。此外还应设有紧急制动器。

(5)采用电动提升机构时，其提升电机应符合以下要求：

①应选用防水电机。

②电机应直接与提升机构相连；如采用联轴节，它必须用钢质材料制成。

③电机的最小转矩应能确保提升整个吊篮平台及其 125%的额定

载重，最大转矩应确保不得超过 3 倍额定挂载(超此倍数电机发生失控)，而且也不应超过吊索额定破断载荷的 50%。

(6)主驱动机构与卷扬机构之间不应采用摩擦离合器，不得采用皮带或链传动机构，也不得采用任何变速机构，以免发生失控。

(7)动力提升机构必须同时设有两级相互独立机构。其中第一级制动器在提升机构接通电源启动时，能自动松开制动，而平时则由机械装置自动起制动作用，并应确保吊篮平台在超载 25%的情况下仍能在不超过 100 mm 的行程范围内完全停止；该制动器可采用闸瓦式或盘式，装于提升机构上；制动器的各零件均应便于检查和清洁，并能适应规定的气候条件。

第二级制动器可装于提升机构的框架或底座上。其作用是：当第一级制动器超过预定制动时间仍未能完成制动时，第二级制动器继而起制动作用，使吊篮平台在超载 25%的情况下制动时，能确保其在不超过 100 mm 的行程范围内完全停住。该制动器也可采用不能自动复位的超速锁，当平台或提升机构的卷筒达到额定线速度的 140%时及时起制动作用。该制动器应便于检查与调整，并能适应规定的天气条件。

(8)卷筒、滑轮或爬升轮节径与钢丝索径之比的最小倍数可参照表 11-3 所列，还应尽量避免在近距离内连续正反弯曲，而连续两次正反弯曲是不允许的。

表 11-3　采用的卷筒式滑轮节径(*D*)与钢索名义直径(*d*)之比(*D*/*d*)

吊篮类别	卷扬式卷筒	卷扬式滑轮	差别滑轮	导向滑轮	爬升器、爬升轮
常设式	≥20	≥23	≥15		
暂设式	≥20	≥19		≥11	≥12

(9)钢丝绳在卷扬机卷筒上必须均匀卷绕，当采用 2 台或 2 台以上卷扬机作为提升机构时，各台钢丝绳的转速必须一致，否则易发生平台倾侧的危险。在任何情况下钢丝绳在吊篮规定的行程范围内至

少应保留 3 圈作为安全圈数。

(10)提升机构采用的齿轮,应选用适宜的材质,如合金钢或青铜等,而不宜选用铸铁的承载齿轮。齿轮在下述条件下,应具有必要的强度和寿命。

①能适应电动机构的性能要求。

②能适应每小时 20 次以上频繁启停的适度冲击载荷。

③能适应特定工作环境下每天作业 10 h。此外,减速机构还应确保齿轮有良好的啮合条件,应设有油位检查装置,设有能检查整个齿轮的检查盖,设有标明“额定功率、转矩、输入和输出速度、转动比、工作条件、额定温升和适宜的润滑剂量”等的标牌。

(11)所有受载零件均应尽量采用圆、倒角,避免应力集中。

(12)提升机构必须按规定进行严格的试验和检验:新设计的产品,应经破坏性试验,以检查其设计的可靠性,已定型产品出厂及使用前应经规定的超载试验,并标以合格证明和标牌。

(13)无论哪种型式的提升机构,都必须安装在篮架平台或悬挂机构的规定部位,不得任意改动,而且必须确保各连接装置的可靠性。

第五节　吊篮操作安全要求

一、吊篮作业时的注意事项

(1)对使用的吊篮设备,除在架设后经指定人员核查、验收,具有核查合格的通知单或标牌外,每班或每天开始工作前还应对吊篮设备及现场安全设施、天气条件等主要环节进行日常检查(内容可按使用说明书规定,或参照本章节上的有关要求),检查后确认符合作业条件,才可正式投入作业(建议:对经过检查准予投入使用的吊篮挂以一定形式的标牌)。在作业期间非经主管人员核准,不得擅自拆除任何装置,或使之脱离正常状态。

(2)吊篮所架设的位置处,应考虑供作业人员安全进出平台的通道;当必须从屋面经过时,必须将平台提升至屋顶位置,而且同时只能有一人进出;当并列的相邻吊篮平台相互间无任何连接和扶栏时,不容许作业人员从一平台跨入另一平台。

(3)作业人员应按规定穿戴劳动保护衣、帽、安全带等;安全帽应予以扣紧,以防坠落致使下面的人员受到伤害;当采用带腐蚀性的化学清洗剂,可能有溅落伤人的危险时,理应选用合适材料的防护用品;作业人员还应按规定佩戴安全背带,该背带应扣于规定的部位(为使人身安全更有保证,建议安全背带一端设以专门的夹具,扣于单独悬挂于建筑物构筑物牢固部位的人身安全绳上;当作业人员随平台提升时,该夹具可沿安全绳上移,而正常下降时需放松夹具才得下降,人员不慎坠落时则能靠夹具夹紧于安全绳上)。荷重应尽量均匀分布。

(4)平台上的作业人员不应有鲁莽或大意的行为,或设制可能发生伤害事故的环境,特别应注意可能妨碍平台升降的建筑结构外伸部位或物体,并作出适当的处理。

(5)吊篮平台都应基本保持水平升降(倾角不应大于规定的要求);尤其当吊篮平台采用固接的吊框悬挂时,更应按规定要求,勿使平台有不能适应的纵向作用力。

(6)吊篮平台作上、下或左右运动时,操纵人员应当及时警告附近人员避让,在允许条件下,最好设置专门的声响讯号装置和扩音装置。

(7)在正常运行下,不应使用手动制动器控制平台的下降,也不应随意卸开各种装置的护罩、封门,更禁止在平台悬挂空中时拆卸任何装置。当平台运行至行程一端触及限位器而运动时,应随即操纵平台作反向运动,以脱离与限位器的接触。

(8)当吊篮出现故障,自动制动装置均失效时,应利用手刹车停住平台。需下降时,可采用手刹装置使平台缓慢下降。需提升时,则可采用一边松开手动制动器,一边摇动手柄提升吊篮平台的方法。但应注意防止因不慎脱手而未及刹住平台的危险。

(9)当吊篮作业时发生故障,有不正常的迹象或可疑的损伤时,一般作业人员在可能的条件下,应与指定的有关人员取得联系,并在其指导、指挥下按规定的处理程序进行妥善处理。

(10)当作业中遇停电时,应立即关闭电源开关,以防恢复供电时未及注意而发生意外。

(11)除由平台上直接操纵移位的情况外,屋面悬挂机构的移位。应由指定的人员进行,并应先放下平台,在平台上无人的情况下移位。

(12)当作业中遇到天气条件恶化,超出规定的使用条件时,应立即停止使用,并与指定进行防护处理的管理人员取得联系,对吊篮有关装置、设备的安全性进行检查。

二、吊篮作业后的安全注意事项

(1)作业后(或中途停止作业后),吊篮平台应停放于规定的位置(地面或屋面),如挂于接近地面的空中,其下面应设支撑设施,切断总电源,锁好操纵装置,并将悬挂机构按规定的方法予以锁定。

(2)对于作业后不得已而将平台挂于空中某一位置时,除必须如前述的要求,确保人员进出的安全通道外,还应将平台适当拴定,防止其作较大摆动。此外,还应检查各装置、吊篮平台等连接关键部位是否安全可靠,任何吊具是否处于随手可及的位置,任何电气装置是否处于非随手可及的位置,且绝缘良好。

(3)作业人员必须保持设备的清洁,尤其是在使用侵蚀性化学品后必须清洗干净,对可能致使人员打滑或跌落的油漆或其他物质,也必须予以清除。

(4)对于因故障待修的设备,应悬挂一定的标志。在恢复正常使用状态前禁止使用。

三、紧急情况下的安全措施

遇到断电时,首先应关闭电源,以免来电时发生意外。

1. 断电时平台下降步骤(两台提升机构同时操作)

(1)右手合上手刹装置手柄,刹住平台。

(2)左手将电机制动旋钮按逆时针方向旋转至制动释放状态。

(3)缓慢松开手刹装置手柄。

(4)平台在自重和载荷的作用下自然下降,降至所需位置时先合上手刹装置手柄,同时顺时针方向旋紧,电动机置于制动状态,平台就能安全停止,最后将手刹装置手柄向上推,放开手刹制动即可。

2. 断电时平台上升步骤(两台提升机构同时操作)

(1)打开提升机构盖上的橡皮罩,将摇手柄花键孔插入提升机构传动轴的花键轴内啮合。

(2)合上手刹装置,释放电机制动器(逆时针旋转旋钮)。

(3)缓慢松开手刹装置,以逆时针方向转动摇手柄,平台即能上升(反之下降)。上升时右手切记抓牢手柄,同时左手抓住手刹车手柄,以防不测。

(4)到达预定位置时,首先合上手刹装置,旋紧电动机制动旋钮,取下摇手柄,推上手刹车装置柄,盖上橡皮罩即可。

第六节 现场设施的维护管理和安全要求

一、建筑物的安全要求

为确保吊篮架设、拆卸和使用的安全,建筑物不致被损坏,使用吊篮进行作业的建筑物必须符合下述安全要求:

(1)应尽量在该建筑物设计时预先考虑到吊篮架设和使用的各项要求,尤其当采用常设式吊篮时,更应事先作出全面、合理、并确保安全的安排,当还不具备上述条件时,对已建成的建筑结构物应向有关设计、主管部门征询意见,并根据建筑物有关设计资料、选择适用的吊篮型式及安装、固定方法,如仍不具备这种条件时只能经实地查勘、测试来确定，否则不得随意架设、使用吊篮设备。

(2)屋面结构、形状、大小均应能适应悬挂机构在吊篮作业部位安全架设或移位的要求。对常设式吊篮还应考虑存放及人员进出方便，在对直接支承悬挂机构的屋面部位，应按所确定的支承固定方式可能承受的载荷大小和性质进行上述设计计算或实地查勘、测试。屋面悬挂机构直接作用于屋面平面上的集中载荷、屋面设锚固装置处的拉、弯载荷或女儿墙支承处的压、弯载荷。

对固定构件进行破坏性试验，实际测得破坏载荷不低于最大载荷的 2 倍。

墙面结构应能适应吊篮安全升降及设置的要求，并安全承受有关载荷的作用；必要时也可参考上述方法进行查勘、测试。

二、施工作业现场安全设施的要求

除前已述及吊篮各组成部分架设的安全要求外，在现场架设吊篮时，还应根据具体情况设置必要的其他设施，现详述如下。

(一)吊篮平台横向约束装置

当吊篮升降高度超过 40 m 或现场风力较大时高度超过 30 m，应采用下列装置之一作为吊篮的横向摇动约束装置。

1. 吊篮平台导向装置

该装置是在建筑结构物作业面上或作业面的两侧各安装一 T 形导轨、凹形竖框或其他类似导轨，使吊篮平台朝作业面一侧设置的一对导向滚轮或滑块沿其轨面移行，从而限制吊篮平台沿作业面的左右摇动和垂直于作业面的前后摇动，这种导向装置一般用于常设式吊篮，应在建筑结构物建造时预先埋入导轨。安装这种装置时应符合下列要求：

(1)导轨应采用适当的方法与建筑结构物连接，并应能承受吊篮平台上风载荷。

(2)吊篮平台上的导向滚轮装置也能承受有关风载和操作等

载荷。

(3)导轨与连接件应采用抗腐蚀材料制造。

(4)导轨不应受热或移动而妨碍导向滚轮装置在其内运动。

(5)在正常工作条件下,吊篮平台降至最低位置时应能自动限位,以免导向滚轮滑脱出导轨;如导轨的间距远大于吊篮,应考虑在紧急情况下,平台与作业人员能转移至安全位置。

(6)导轨应能便于导向滚轮装置的装入或卸出,而且当发生紧急情况时,还可不需任何专用工具即可由吊篮平台的作业人员卸下导向滚轮。

(7)当两导轨的间距远大于吊篮平台长度时,吊篮平台端部至每一导轨的中心线距离一般应大于 600 mm。

(8)导向滚轮及其连杆应能适应两导轨一定范围的变化。

(9)吊篮平台上导向滚轮或滑块应缓慢地正确套入导轨,并且套入时只采用杆件或控制装置,而不应直接用手。

2. 撑轮装置

当吊篮升降高度低于上述规定时,可不采用上述横向约束装置,而在吊篮平台朝作业面一侧装一只或多只撑轮装置,并应符合下列要求:

(1)吊篮吊索上端应尽量朝墙角的方向靠近,以使吊篮平台及其上的载荷通过该撑轮装置有不低于 15 kg 的压力作用于墙面上。

(2)当吊篮平台上的作业人员配备有安全绳和安全带时,上述压力至少不低于 5 kg。

3. 吊索约束装置

该装置是利用沿垂直方向相隔一定距离锚固于作业面上的许多绳索分别将吊篮上若干根吊索拴住,以限制吊索的摇动,从而也限制了吊篮平台的摇动,该装置应尽量满足下列要求:

(1)选用约束装置的绳索和锚固装置构件都必须能适应所要求的功能,并能承受有关载荷。

(2)在一般情况下吊篮平台至少应有两根约束装置。

(3)锚固装置的约束间距应不大于 15 m(在最初位置时为 30 m),横向间距可略大于或小于吊索间距 600 mm 左右。

(4)锚固装置应采用抗腐蚀材料制造。

(5)可将一定数量的约束绳装置存放在吊篮平台上,但应不影响平台的工作或造成任何损伤。

(6)该约束绳装置应能由吊篮平台上的作业人员装、卸,而不需要超出吊篮平台操作,避免危险操作;在装卸或平行运动中不能对悬吊约束造成任何损伤,也不致跌落于地面。最好还有自动安全保护装置,当吊篮平台升降至该装置时能自动停止。

4. 垂直张紧索装置

该装置是利用两根张紧的垂直索限制吊篮平台的摇动。这种装置采用张紧索锚固的方法,而不能采用在下端挂配重张紧,而且应注意不能使该张紧索的任何载荷传至悬挂机构上。

(二)电缆稳定装置

当吊篮平台升降高度超过 100 m 时,必须采用电缆稳定装置来减小缆索与悬吊束的转动。

三、吊篮作业人员的安全要求

吊篮架设和操作人员的安全防护用品,除应符合登高作业的有关规定外,根据吊篮的具体情况还应采用以下措施:

(1)对于仅设有 1 根或 2 根悬吊索的吊篮,当吊篮架设或使用时,其中 1 根破断时,吊篮平台虽不致跌落地面,但会导致平台改变其正常工作位置,在这种情况下,必须为吊篮平台上的作业人员另配置安全绳。

(2)对于采用 4 根以上悬吊索或两根平台安全索的吊篮,当吊篮正在运行时其中任何一悬吊索破断时,仍不致于改变平台的正常工作位置(允许有规定限度的倾侧),在这种情况下,原则上可不另设人身安全绳，而通过安全背带和挂绳联结在吊篮平台上。但为确保人身安全，建议还是加设安全绳（每根安全绳保险 2 人，3 人设 2 根安全绳）。

(3)人身安全绳及其任何部位连接装置承重应能在最大静载荷下不致产生损伤或永久性变形，其破坏载荷的安全系数应大于 10。

(4)作业人员必须正确使用安全绳和安全带。作业人员安全带的身后余绳最大长度不宜超过 1.0 mm。架设吊篮或使用吊篮平台无严密的防护网时，为防物体坠落，应在作业区下部设置防护设施（网、架、围栏）。

(5)禁止在浓雾、大风、暴雨、大雪等恶劣天气及夜间无照明时进行高处悬挂施工。不得在同一垂直方向上下施工。在距高压线 10 m 区域内无特殊安全防护措施时禁止施工。

(6)高处悬挂施工使用的工具、器材等必须有可靠的防坠措施。

第七节　吊篮设备的验收、检查和维修

验收工作，是指接收新吊篮时或旧吊篮大修、更换部件及改装之后，以及任何吊篮在现场完成架设投入使用前，由接收单位按规定的测试方法对该设备的性能可靠性进行全面检验的工作。

检查工作，是指处于使用期内的吊篮的检验、核查工作，包括日常检查和定期检查，以便提早发现吊篮在使用中可能发生的不正常与意外损坏，避免或减少发生故障。

维修工作，是指对吊篮设备材料进行的维修和保养工作，包括按规定进行的定期保养工作和对发现故障的修理工作。

以上各项工作，虽然不属架设作业，但却是确保架设的可靠性、有效性的必要手段。

一、验收手段

(1)所有吊篮设备除应有设计鉴定、具有产品检验合格证外，还必

须经验收测试，由接收单位授权的专门部门（人员）出具验收合格证时，才能够交付使用部门（人员）投入使用。

(2)验收测试内容

①对大修、改装或更换零部件应进行单独的性能测试，测试要求可以按设计、制造部门的规定或参考本书有关章节的要求。

②整机功能试验，即在架设就绪的吊篮设备的吊篮平台上加以一定的荷重，反复试验其规定的整机功能及可靠性。例如，可采用下述建议的试验方法和步骤：

a. 先对吊索和各悬挂机构、联结装置、配重块等关键零件可靠性进行试验，检验其是否符合规定的使用标准和规定的架设、安装和保养要求。

b. 在吊篮平台离地（不超过 1.5～2 m）的情况下，加以 125％额定总荷重，其上面人员应穿戴必要的防护用品，操纵各种控制开关与装置，试验其规定的升降、横移等功能，不得有任何故障或悬挂机构不稳的现象发生，同时人为的试验各种保护装置（包括制动器）的可靠性（5 次以上）均应符合规定要求。

c. 在以上试验通过的基础上，使吊篮平台离地 1.5 m，按其吊索可能受到的极限最大总载荷（参见悬挂机构稳定性计算）的 125％加载维持 5 分钟以上或做缓慢横移（当悬吊设备具有该功能），检查悬挂机构、吊篮平台、提升机构及所有受载螺栓、锚固装置、连接装置连接的可靠性能，并验算悬挂机构的倾覆系数，试验结果都应符合规定要求。

d. 在额定载荷全程升降条件下连续 5 次以上试验限位器和控制器的可靠性能，均应符合规定要求。

二、检查要求

（一）日常检查

日常检查，又称一级保养。日常检查保养不但能使吊篮各部分的功能得到充分发挥，还能延长各部件的使用寿命。

1. 每天开始吊篮作业前必须进行的检查内容

(1)悬挂机构

①悬挂机构的位置是否正确，与吊篮平台宽度距离是否正确，配重块是否放妥和放足重量。

②悬挂装置在悬臂机构上的钢丝绳绳卡是否紧固，不得有松动现象，每根钢丝绳绳卡不得少于三只。

③悬臂装置各连接螺栓是否牢固，螺母是否拧紧。

(2)钢丝绳

①断丝、磨损扭曲、腐蚀等情况(参照钢丝绳报废标准执行)。

②钢丝绳正卷、逆卷时有无相互摩擦，是否触及设备机体、结构等部件。

③钢丝绳有无缺油现象。

④末端处理是否异常。

(3)紧固件

①挂钩、螺栓、螺母、卸夹、插销等有无松动。

②上述件有无明显损伤和腐蚀。

(4)提升机构

①电动机的运行是否正常，绝缘情况是否良好。

②制动器的动作、性能(电动机内部制动片、释放手柄、棘轮摩擦片等)。

③有无异常声音及异味。

(5)吊篮平台

①吊篮底部护板有无使操作人员绊倒、滑倒的可能。

②四周护板是否完整。

③平台围栏有无缺损，是否可能脱落。

④平台上螺栓、螺母、螺钉有无松动、脱落。

(6)重锤

①钢丝绳末端是否有重锤。

②重锤离地面距离是否正确。

(7)安全绳

①安全绳的安装是否准确、安全,绳索有无异常情况。

②长度及根数是否适当。

③触及建筑物的转角处部分有无采取保护措施。

④单向夹头的安装是否正确,动作是否符合要求。

(8)操纵控制装置

①漏电开关动作是否灵活。

②各操纵开关是否灵活。

③电源、电缆的固定是否可靠,有无损伤或腐蚀,长度是否合适,有无强行固定现象。

2. 每次使用后的检查内容

①总电源是否切断,各种电源操纵点是否处于空挡位置。

②每天使用结束后,应将操作平台停放在适当位置。若在空中停留,应将操作平台临时固定在墙面上,以防止风吹摆动击伤墙面装饰和操作平台。

③将吊篮平台上建筑垃圾和其他电器控制箱、部件、安全锁以及所有对外活动件上灰尘清理干净。

④对提升机构和安全锁进行妥当遮盖。

(二)定期检查和保养

定期检查和保养,又称二级保养。在施工期内,每 2 个月或运行 280 小时,应对吊篮设备进行一次定期检查和保养,以确保操作吊篮的安全性。检查内容如下:

1. 常设式作业吊篮

(1)吊臂(伸缩机构、变幅机构、主臂部分)

①螺纹轴、紧固螺纹的磨损,不得超出原尺寸的 20%。

②各活动部件的润滑要适度。

③支撑杆件不能损伤或弯曲。

④摆动头的动作要求正常,无异常声音。

⑤主臂部分的材质要求无裂缝、变形,腐蚀部分不得超出板材厚度的10%。

⑥焊接部分不准有裂纹出现。

⑦固定螺栓要拧紧,不能有松动、脱离或腐蚀。

(2)台车(回转机构、行走机构、液压支撑架机构)

①台车底座有无变形、裂缝或腐蚀(不准裂缝、变形、腐蚀)

②回转机构的固定螺栓要求紧固。轴承的润滑要求良好,无异常声音。

③驱动装置的动作要求正常。

④车轮刹车片不准有异常磨损。

⑤车轮固定螺栓要求拧紧。

⑥固体橡胶轮胎不准有明显损伤。

⑦液压支杆伸展要求正常。

(3)道轨

①道轨连接处无异常。

②道轨固定螺栓及连接螺栓无松动和损伤。

③道轨无变形或腐蚀。

(4)钢丝绳

①一捻距断丝不准超过10%。

②直径减小不超过额定值的7%。

③无显著变形和腐蚀,没有扭曲现象。

④在卷筒上缠绕的钢丝绳至少保留3圈以上。

(5)提升机构

①卷筒无损伤,转动顺畅、无杂音。

②各齿轮及链轮咬合、润滑要求正常无过度磨损。

③螺栓、螺母、插销等无腐蚀、松动或脱落现象。

④制动器动作状态要求正常。

⑤限速装置动作要求正常。
⑥各部件的润滑要求良好,无漏油现象。
⑦各部位要求无异味和杂音。
(6)安全保护装置
①限位装置动作要求正常。
②限位装置固定部分及固定螺栓不许松动。
③报警装置动作要求正常。
④信号装置动作要求正常。
(7)操纵控制装置
①要求电源电缆顺畅、不打弯、不扭动,保存方法正常。
②插座端子不许松动、损伤。
③接地端子不脱落松动。
④电线绝缘保护不污损和老化。
⑤控制箱外壳无破损、脱落,防渗漏功能好。
⑥漏电开关动作要求正常。
⑦各按钮开关灵活正常。
(8)整机试车
①上升、下降动作正常。
②电磁制动器动作正常。
③限位制动器动作正常。
④启动、行走及停止等动作正常。
⑤变幅、伸缩动作正常。
⑥回转动作正常。
2. 暂设式作业吊篮
(1)悬挂机构
①悬挂位置的间距要等于吊篮间距。
②与机体间的固定不许有异常情况。
③配重块应加以固定,抗倾覆系数 k 不得小于 2。

④悬挂部件材质不许有变形、开裂和腐蚀现象。

⑤焊接部位不准有裂缝及腐蚀现象。

⑥螺栓、螺母、插销不许松动、损伤、腐蚀。

(2)提升机构

①检查棘轮边摩擦片是否磨损严重、需要更换。

②检查压轮架和偏心压轮是否磨损,如磨损严重应予以更换。

③检查绞盘绳槽有否磨损或打滑,如磨损严重有打滑现象应予以更换。

④检查各部位传动齿轮是否有严重磨损或齿面断痕等现象及滚珠轴承等磨损情况是否超标。

⑤润滑是否正常。

⑥提升机构无杂音和异常气味。

⑦螺栓是否松动、脱落,有无腐蚀现象。

(3)安全保护装置

①限位器的触点灵活,动作要求正常。

②吊篮平台到达位置时,限位装置要求正常动作。

③超速锁锁内润滑是否良好,检查复位是否灵活。

④离心块转动是否灵活,达到规定速度时,超速锁应动作。

⑤锁具在 100 mm 内应锁住吊篮平台。

⑥防倾斜锁锁内润滑要求良好。

⑦各转动部位应保持转动灵活。

⑧平台倾角度大于等于 4°时应能安全锁住。

⑨报警装置的动作要求正确。

⑩超载装置反应要灵活正确。

⑪各安全保护装置的固定部分及固定螺栓不可移位和松动。

(三)定期维修

定期维修,又称三级保养。高处作业吊篮除做好日常检查,定期检查保养外,经使用六个月(约 1200 小时)后,必须进厂进行三级保养

(大修),视其使用后的损坏程度进行更换零件或维修,以确保吊篮的使用安全性。

1. 三级保养项目

(1)提升机构、安全锁、电气控制箱、操纵按钮开关箱、超载限制器等全部拆卸检查,更换磨损零件,清洗、上油组装后调试。

(2)整机修复后按出厂要求进行试车,完全能达到原有技术性能和各项参数,方能出厂。

(3)对悬挂机构、操作平台,视其损坏程度进行修复或更换。

(4)对整机全部进行油漆。

2. 对检查、保养及维修人员的要求

(1)检查、保养及维修工作必须由熟练的机械、电气维修技工负责进行。

(2)班前、班后日常检查,要由主要操作人员或施工现场专职维修技工实施。

(3)吊篮在使用中的定期检查、保养工作必须由施工单位的设备安全部门组织实施。

(4)施工单位建立检查、保养和维修记录卡(一机一卡)。

(5)吊篮的大修(三级保养)应到具有能确保吊篮恢复到原有技术性能和各项参数的单位进行维修、保养。

思考题

1. 简述吊篮悬挂机构所用钢丝绳的安全技术要求。
2. 简述吊篮作业的安全操作规范。
3. 简述吊篮作业人员的安全要求。
4. 简述吊篮设备的日常检查内容。

第十二章 其他高处悬挂作业构件的结构形式和安全要求

第一节 悬挑式钢管脚手架架设安全技术

随着建筑施工技术的发展和施工水平的提高，高层建筑施工中，越来越多的工程采用悬挑式钢管脚手架。这种脚手架的立杆设在支架上，不落地，不受地基和地面条件的限制或建筑周围环境的制约，还可以把整个脚手架分成若干个高度分段搭设，分段卸荷，不像落地式扣件钢管脚手架有搭设高度的限制，特别适用于结构施工，不占地面场地，安全稳定性好，架设可超过允许搭设高度，能满足高层和超高层建筑施工需要。

一、构造特点

悬挑脚手架主要是采用型钢或定型桁架做挑架外挑梁或悬挑架，通过预埋与建筑结构固定，构成脚手架搭设的支承基础，再在这种支承架上搭设扣件式钢管脚手架。主要有以下三种形式：

(1)上挂式外挑脚手架：用型钢作梁挑出，端头加钢丝绳(或用钢筋花篮螺拉杆)斜拉，组成悬挑支承结构。其承载能力由拉杆的强度决定见图 12-1。

(2)下撑式外挑脚手架：用型钢焊接的三角桁架作为悬挑支承结构，悬出端支承杆件是斜撑受压杆件，其承载能力由压杆稳定性决定，见图 12-2。

节点 ABC 处斜杆、水平横杆、连墙杆均用扣件与预埋短钢管连接。

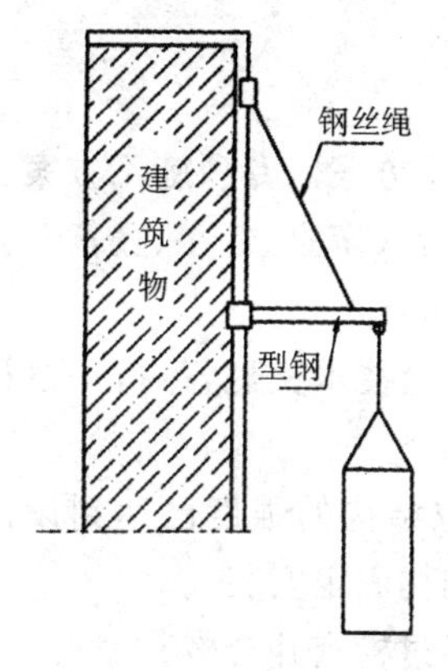

图 12-1 上挂式外排脚手架

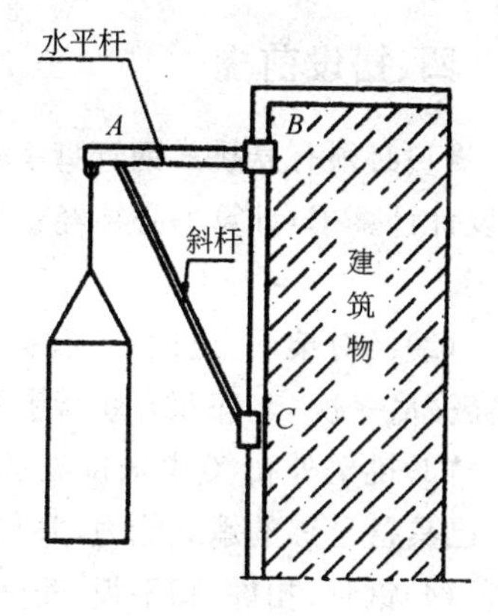

图 12-2 下撑式外排脚手架

(3)斜撑钢管加吊杆外挑脚手架,在内外两排立杆上分别设置斜撑钢管并加吊杆组成悬挑支承结构,其承载能力由斜撑钢管的强度决定。

二、脚手架材质

悬挑式扣件钢管脚手架挑支架(梁)是架体强度和稳定性的基础,所用材料必须符合脚手架设计要求和安全技术操作规程的要求,不得使用劣质和不合格钢材。型钢宜采用 Q235 槽钢或工字钢。

选用的钢管、扣件和脚手架的材质要求同落地式钢管脚手架。

钢丝绳应符合 GB 8918—96 规定,花篮螺丝应符合 GB 561—65 规定要求。

三、荷载

悬挑式钢管脚手架上施工均布荷载不得超过 3.0 kN/m^2。

四、搭设前提

(1)必须有悬挑式钢管脚手架专项施工方案。专项施工方案应包括设计计算书,计算书必须经企业技术负责人审批、签字、盖章后方可施工。

(2)已对架子工进行了有针对性的安全技术交底,每搭一段挑架均需交底一次,交底双方履行了签字手续。

(3)挑架外挑梁或悬挑架的设置部位结构的强度已达到设计要求,已具备足够的承载能力,并与已建筑结构固定安装。

(4)钢管、扣件、脚手板、安全网等已经过检查并合格。

(5)架子工持证上岗,并佩戴了安全帽、安全带等个人防护用品。

五、搭设安全技术要点

(1)应保证架体支承点的稳定。挑架立杆与悬挑型钢连接必须固定,防止滑移,钢管应插到支座固定件上。采用扣件式钢管桁架外挑梁的,承力架、受力架、受力斜杆和水平横杆用扣件与建筑物结构梁内预埋短钢管连接牢固。悬挑架搭设好后,必须认真对照方案自检。只有经过安全技术部门检验合格后,方可开始搭脚手架。

(2)架体搭设方法与一般落地式扣件钢管脚手架基本相同。在搭设之前必须编制好施工方案图,各杆件按编号顺序搭设。

(3)分段搭设,分段卸荷,确保脚手架的承载能力。用作卸荷的支承架和拉杆,应设置在建筑物结构上。每段搭设后,由公司组织验收,合格后挂合格牌方可投入使用。验收人员须在验收单上签字。资料存档。

(4)按规定设置连墙件。架体与建筑结构进行刚性拉结,按水平方向不小于 7 m,垂直方向等于层高设一拉结点,架体边缘及转角处 1 m 范围内必须设拉结点。拉结点处,应先在钢筋混凝土结构中预埋铁件,连接短管一端用角铁与预埋件焊接,另一端用扣件与立杆扣牢。

(5)悬挑脚手架步距不得大于 1.8 m,横向立杆间距不大于 1 m,纵向间距不大于 1.5 m。挑脚手架与建筑物之间的间距一般为 200 mm;大于 200 mm 间距处应铺设站人片。

(6)架体防护网采用密目式安全网,设置在挑架外侧,全封闭围护。安全网挂在挑架立杆里侧,不得将网围在或绑扎在纵向横杆上。

(7)挑脚手架外侧应设置防护栏杆、踢脚杆或踢脚板,其要求同落地式扣件钢管脚手架。内侧遇门窗洞,也应设置同样防护。

(8)挑脚手架的作业层和底层应用密目式安全网或铺脚手板,进行分段封闭式防护。脚手板应满铺、铺稳,与大横杆绑扎牢固。

(9)竖立杆时要先竖里排立杆,后竖外排立杆,及时校正立杆垂直度,按规定设置好剪刀撑。其搭设质量要求同落地式双排钢管脚手架。

(10)由于悬挑脚手架本身是悬空的,架子工在架子施工时更要注意安全,严格遵守操作规程。

(11)脚手架上的建筑垃圾或不用的物料必须及时清除,但不得采用向下抛扔的方式。

第二节　附着式升降脚手架架设安全技术

在高层、超高层建筑的施工中,外脚手架是关键的技术决策项目之一。搭设传统的落地式外脚手架,不但费工、费料、费时和不经济,而且在搭设高度上也受到限制,不能很好地满足施工的需要。在这种情况下,附着升降外脚手架(简称爬架)获得了迅速的应用与发展。它的主要特点是搭设一定高度的外脚手架,并将其固定(附着)在建筑物上,脚手架本身带有升降机构和升降动力设备,随着工程的进展，脚手架沿建筑物升降，外脚手架的材料用量与建筑物的高度无关，仅与建筑物的周长有关。材料用量少，造价低廉，使用经济，而且建筑物越高经济效益越好。因此，爬架一经出现即受到施工单位的青睐，使用面越来越广，其结构形式也越来越多，并逐步完善形成了一整套较为成熟的爬升脚手架技术，使其在高层建筑施工中发挥越来越重要的作用。

需要说明的是，设计、生产爬架的单位一般都有专利，因此，在选用爬架时，应注意处理好专利问题。

一、附着式升降脚手架的分类和基本要求

（一）附着式升降脚手架的分类

1. 按爬升的方式分类

（1）套管式爬升脚手架：其主要特征是固定框和套在固定框上的滑动框分别固定在建筑物上，滑动框套可沿固定框上下滑动，通过固定框和滑动框的交替升降完成架子的升降。

（2）挑梁式爬升脚手架：其主要特征是通过固定在建筑物上的挑梁提升脚手架。

（3）互爬式爬升脚手架：其主要特征是两相邻的单元架互为升降的支承点和操作架，相互交错升降。

（4）导轨式爬升脚手架：其主要特征是脚手架沿固定在建筑物上的导轨升降，而且提升设备也固定在导轨上。

2. 按组架的方式分类

（1）单片式爬升脚手架：其主要特征是爬升脚手架沿建筑物周长由若干片爬升脚手架组成，每片仅有两个提升点，且能独立升降。

（2）多片（或大片）式爬升脚手架：其主要特征是爬升脚手架沿建筑物周长由若干片爬升脚手架组成，每片有两个以上的提升点，每片均能独立升降。

（3）整体式爬升脚手架：其主要特征是爬升脚手架沿建筑物周长

封闭搭设,整体升降。

3. 按使用的提升设备分类

(1)手拉葫芦式爬升脚手架:即提升设备为手拉葫芦(倒链);

(2)环链电动葫芦式爬升脚手架:即提升设备为环链式电动葫芦;

(3)升板机式爬升脚手架:即提升设备为升板机;

(4)卷扬机式爬升脚手架:即提升设备为卷扬机;

(5)液压式爬升脚手架:即提升设备为液压设备。

(二)附着式升降脚手架的基本要求

附着式升降脚手架固定在建筑物上,并随工程的进展,脚手架沿建筑物升降。因此,附着式升降脚手架的技术关键是脚手架同建筑物的附着固定方式和脚手架的升降方式。衡量爬架的安全先进与否,应从以下5个方面来考虑:

(1)有无与建筑物牢靠的固定方式和措施。

(2)脚手架升降过程中有无可靠的防倾覆装置和措施。

(3)有无安全的防坠落装置和措施。

(4)脚手架升降过程中的同步性控制。

(5)安装、升降是否易于操作。具体来讲有以下9点要求:

①脚手架应满足结构施工和装修作业的要求,便于操作;

②脚手架爬升时,新浇混凝土的强度应能满足爬升固定点对它的要求,需严格控制爬升的时间;

③脚手架应设置密眼安全网,底部应全封闭,与建筑物之间不应留任何缝隙,以防止任何物件掉落下去;

④对于分段搭设,分片爬升的脚手架,升降后应在断开处及时封闭;

⑤爬架应有可靠的防倾覆(包括外倾和内倾)装置和措施,防止脚手架在升降过程中发生倾覆;

⑥爬架应有安全可靠的防坠落装置和措施;

⑦应有控制脚手架各提升点同步性的措施。当使用电动提升时，应使用控制柜控制单个提升点及整体提升，并应有过载保护装置；

⑧当进行升降作业时，应设置警戒线，并注意清除升降障碍；

⑨对于超过 100 m 的超高层建筑，当使用爬架时，应考虑风荷载对脚手架上浮力的影响。

二、套管式爬升脚手架

(一)套管式爬升脚手架的基本结构

套管式爬升脚手架的种类很多，根据建筑结构形式的不同，套管式爬升脚手架分为剪力墙、框架和阳台三种不同的结构形式和节点构造。其基本结构由脚手架系统和提升设备两部分组成。脚手架系统由升降框和连接升降框的纵向水平杆、剪刀撑、脚手板以及安全网等组成。其主要构配件的构造及设置情况为：

1. 升降框

升降框由固定框、滑动框、附墙支座、吊钩等组成。其中滑动框套在固定框上，并可沿固定框上、下滑动，滑动框和固定框均带有附墙支座和吊钩。固定框一般由普通的 $\phi48\times3.5$ 焊接钢管焊接而成，包括两根竖向导杆和若干根横向连杆。其中，安装滑动框的上下两根横向连杆之间的距离由滑动框高度、楼层层高和每次需要提升的高度来确定。

滑动框一般由立管和横杆焊接而成，通常用 $\phi63.5\times4$ 无缝钢管作立管，套入固定架竖向导杆，用 $\phi48\times3.5$ 焊接钢管作横杆。

附墙支座的结构形式视同建筑物的固定方式而定。

吊钩一般使用不小于 $\phi18$ 的圆钢焊在固定框和活动框的横杆上。

2. 横杆

横杆包括纵向平杆(即大横杆)和横向平杆(即小横杆)，均采用普通的 $\phi48\times3.5$ 焊接钢管。大横杆用于连接升降框，小横杆用于连接大横杆。

3. 脚手板

在每步架上均应铺脚手板,脚手板种类很多,可用钢制脚手板、木脚拖把板或竹笆片,但在爬架最底步架必须密铺没有孔眼的脚手板,并且要封闭脚手架同建筑物之间的间隙,以防止砂浆及其他物体坠落。

4. 安全网

安全网的设置对爬升脚手架非常重要,必须用密眼安全网从脚手架外侧的顶部开始向下绕过脚手架底部后到墙边架子处扎结,对于框架结构可扎结后再固定到建筑物楼板上。

(二)套管式爬升脚手架的升降原理

套管式爬升脚手架的升降通过固定框和滑动框的交替升降来实现。固定框和滑动框可以相对滑动,并且分别同建筑物固定。因此,在固定框固定的情况下,可以松开滑动框同建筑物之间的连接,利用固定框上的吊点将滑动框提升一定高度并与建筑物固定,然后,再松开固定框同建筑物之间的连接,利用滑动框上的吊点将固定框提高一定高度并固定,从而完成一个提升过程。

(三)性能特点及适用范围

1. 性能特点

(1)结构简单,便于掌握。

(2)造价低廉,经济实用。

(3)只能组装单片或大片爬升脚手架。

2. 适用范围

套管式爬升脚手架特别适用于剪力墙结构的高层建筑,对于框架结构及带阳台的高层建筑也能适用。

(四)安装操作步骤及使用注意事项

1. 施工前的准备

(1)布架设计

施工前应根据工程的特点进行具体的脚手架设计,绘制有关图纸，编制脚手架施工组织计划，编写设计说明、施工安全操作规定等文件。

附着式升降脚手架的设计一般可按以下参数选取：

组架高度2.5～3.5倍楼层高；架子宽度一般不大于1.2 m。

一般由2～3片升降框组成一个爬升单元。当由两个升降框组成一个爬升单元时，两升降框之水平间距宜小于4 m；当由多个升降框组成一个爬升单元时，两升降框之水平间距宜小于4.5 m。大横杆可向两端升降片适当外伸，各升降单元体之间应留有100 mm左右的间隙，以防止升降时相互碰撞。在墙体拐角处，可将一个墙上的爬架大横杆伸至墙面拐角处，将另一墙面的爬架大横杆伸与其接通。且外伸量不宜大于1200 mm。

每次爬升高度为0.5～1.0倍楼层高（爬升高度取决于固定框中安装滑动框的节间内上下两横杆之间距）。

施工荷载按三层考虑，每层为2 kN/m^2。

(2)组织机构

施工前应成立爬架班子，并派专人负责统一指挥；对操作人员应进行技术交底和技术培训。每个提升单元所需操作人员见表12-1。

表12-1　每个提升单元所需操作人数

组成人员	工作阶段		
	安装	升降	拆除
指挥	1	1	1
架子工	4	2 n	4
起重工	1	—	1

注：n为提升单元的提升点数。

(3)施工准备

施工前应根据设计将爬架所用材料按要求加工准备好；其次，应在建筑物的设计位置预留穿墙螺栓孔或预埋螺栓。

2. 爬架的组装

架子的安装应根据爬架的设计图进行，宜采用现场拼装的方法，其组装顺序如下：

地面加工组装升降框→检查建筑物预留连接点的位置和质量是否符合要求→用吊装设备吊装升降框就位并与建筑物连接→校正升降框并与建筑物固定→组装横杆→铺脚手板→组装扶手栏杆→挂安全网。

组装要求如下：

上下两预留连接点的中心线需在一条直线上，其垂直度偏差应控制在 5 mm 以内。

升降框固定后应即刻组装横杆，先装大横杆，大横杆连接升降框的数量根据设计而定。

其他组架要求同普通扣件式钢管脚手架。

3. 爬架的升降

爬架升降前应进行全面检查，检查内容主要有：下一个预留连接点的位置是否符合要求；架子立杆的直线度是否符合要求；吊钩及主要承力杆件等自身和连接焊缝的强度是否符合要求；所升降单元与周围的约束是否解除，升降有无障碍；架子上是否有杂物；所使用的提升设备是否符合要求等。当确认都符合要求时方可进行升降操作。

升降操作应统一指挥，其步骤为：

(1)将葫芦挂在固定框上部横杆的吊钩上，其挂钩挂在滑动框的上吊钩并将葫芦张紧；

(2)确认葫芦已受力后，松开滑动框同建筑物的连接；

(3)各提升点均匀同步地拉动葫芦，使滑动框同步上升；

(4)提升到位后，将滑动框同建筑物固定；

(5)确认滑动框固定承力后，松开葫芦；

(6)将葫芦下滑并挂至滑动框的下吊钩上，将其挂钩挂在固定框的下吊钩上，并将葫芦张紧；

(7)确认葫芦受力后，松开固定框同建筑物的连接；

(8)各提升点均匀同步地拉动葫芦，使固定框同步上升；

(9)提升到位后，将固定框同建筑物固定，至此即完成一次提升过程。如此循环即可完成架子的爬升，架子爬升到位后应及时同建筑物及周围爬升单元连接。

爬架的下降原理与上升相同，只不过反向操作，即先下降固定框后，再下降滑动框。

4. 爬架的拆除

拆除爬架时，应设置警戒区，由专人监护，统一指挥。拆除前应先清理架子上的垃圾和杂物，然后，按照自上而下的顺序逐步拆除，最后拆除升降框。拆下的杆件应及时清理整修并分类集中堆放。

三、挑梁式爬升脚手架

(一)挑梁式爬升脚手架的基本构造

挑梁式爬升脚手架是目前应用面较广的一种爬架，其种类也很多，基本构造由脚手架、爬升机构和提升系统三部分组成。

1. 脚手架部分

脚手架可以用普通扣件式钢管脚手架或碗扣式钢管脚手架搭设而成，其搭设高度依建筑物标准层高而定，一般为3.5～4.5倍楼层高。脚手架为双排，架宽一般为0.8～1.2 m，立杆纵距和横杆步距不宜超过1.8 m。架子最底下一步架称为基础架(或承力桁架)，用以将脚手架及作用在脚手架上的荷载传递给承力托盘，基础架仍用普通钢管扣件同脚手架整体搭设，仅在底步架增加纵向横杆和纵、横向斜杆，以增强架体的整体刚度。脚手板、剪刀撑、安全网等构件的设置要求同普通外脚手架。

2. 爬升机构

爬升机构由承力托盘、提升挑梁、导向轮及防倾覆防坠落安全装置等部件组成。

(1)承力托盘

承力托盘是脚手架的承力构件,其结构形式很多,一般由型钢制作而成,其靠近建筑物一端可以通过穿墙螺栓或预埋件同建筑物外墙边梁、柱子或楼板固定,另一端则用斜拉构件(长度可调的斜拉杆或斜拉钢丝绳)同上层相同的部位固定;其上搭设脚手架,脚手架及作用在脚手架上的荷载通过基础架传递给承力托盘,继而传递给建筑物。

(2)提升挑梁

提升挑梁是爬架升降时,用于安装提升设备的承力构件。提升挑梁由型钢制作,与建筑物的固定位置同承力托盘上下相对,与承力托盘相隔两个楼层,并且利用同一列预留孔或预埋件,与建筑物的固定方式同承力托盘。

(3)导向轮

导向轮是为了防止爬架在升降过程中同建筑物发生碰撞而设计的构件,其一端固定在爬架上,轮子可沿建筑物外墙或柱子上下滚动。导向轮一般在建筑物转角处的两个墙面上各设置一组,以便更好地保证爬架同建筑物的间距。

(4)导向杆

导向杆是为了防止爬架在升降过程中发生倾覆而新设计的一种构件,通常是在架子上固定一钢管,在钢管上套一套环,再将套环固定在建筑物上。

3. 提升系统

挑梁式爬升脚手架的提升设备一般使用环链式电动葫芦和控制柜,电动葫芦的额定提升荷载一般不小于 70 kN,提升速度不宜超过 250 mm/min。各提升点同控制柜之间用电缆连接起来。

(二)挑梁式爬升脚手架的升降原理

将电动葫芦(或其他提升设备)挂在挑梁上,葫芦的吊钩挂在承力托盘上,使各电动葫芦受力,松开承力托盘同建筑物的固定连接,开动电动葫芦,则爬架即沿建筑物上升(或下降),待爬架升高(或下降)一层,到达预定位置时,将承力托盘同建筑物固定,并将架子同建筑物连接好,则架子即完成一次升(或降)过程。再将挑梁移至下一个位置,准备下一次升降。

(三)性能特点及适用范围

1. 性能特点

(1)脚手架沿建筑物四周封闭搭设,增强了脚手架整体稳定性和作业安全感。

(2)挑梁和承力托盘受力明确,便于设计计算。

(3)电控柜控制整体同步升降,能较好地控制升降的同步性。

(4)升降原理简单,易于掌握。

(5)构造简单,造价较低。

2. 适用范围

特别适用于可整体提升的框架或剪力墙结构的高层、超高层建筑外脚手架。

(四)安装操作步骤及使用注意事项

1. 施工前的准备

(1)布架设计

施工前应根据工程的特点进行具体的布架设计,绘制脚手架布架设计图,编制脚手架施工组织设计等,挑梁式爬升脚手架的设计参数可参照以下说明确定:

①组架高度视施工速度和具体施工需要而定,一般搭设 3.5～4.5 倍楼层高;

②组架宽度一般不超过 1.2 m;

③两相邻提升点之间的间距不宜超过 8 m；

④在建筑物拐角处，应相应增加提升点；

⑤每次升降高度为一个楼层层高；

⑥在塔吊及人货两用电梯等需将脚手架断开处，应相应增加脚手架的导向约束。

(2)施工组织机构

为确保爬架的施工安全，必须成立爬架施工的专业队伍，由专人负责，并经培训和详细的技术交底后，持证上岗。

爬架班子建议由以下人员组成：

①总负责 1 名，要求具有中级职称以上的管理人员；

②技术人员或工长 2 名，负责具体的组织指挥工作；

③熟练电工 1 名，负责电控柜的操作；

④架子工若干，视工程大小而定。

(3)施工准备

施工前应按照设计要求加工制作出承力托盘、挑梁、斜拉杆、花篮螺栓、穿墙螺栓（或预埋件）、导向轮、导杆滑套等；准备好钢管、扣件、安全网、脚手板等脚手架材料；准备好电动葫芦、电控柜、电缆线等提升机具；备好扳手、榔头、钳子等作业工具；在建筑物上按设计位置预埋螺栓或预留穿墙螺栓孔，上下两螺栓孔中心须在一条垂线上。

电动葫芦必须逐台检验，并在机位上编号。

2. 爬架的组装

挑梁式爬升脚手架在安装阶段即可作为结构施工的外脚手架，即自使用爬架楼层开始，先搭设爬架，再进行结构施工，待爬架搭设至设计高度后，再随结构施工进度逐层提升。

(1)组装的顺序

确定爬架的搭设位置→安装或平整操作平台→按照设计图确定提升承力托盘的位置→安装承力托盘→在承力托盘上搭设基础架（承力桁架）→随工程施工进度逐层搭设脚手架→在比承力托盘高两

层的位置安装挑梁→按照设计要求安装导杆及导向轮→安装电控柜并布置电缆线→在挑梁安装电动葫芦并连接电缆线。

(2)组装的要求

①爬架适用于立面无变化的建筑物,因此,对无裙房的建筑物爬架可在地面搭设,对有裙房的建筑则在裙房上搭设,或自建筑立面无变化处开始搭设,搭设前应按脚手架的搭设要求提供一个搭设操作平面。

②承力托盘应严格按照设计位置设置,里侧应用螺栓同建筑物固定,外侧用斜拉杆与上层建筑物相同位置固定,通过花篮螺栓将承力托盘调平。在开始组架时,若基础能够承受爬架全高的荷载,则仅需按设计位置将承力托盘放平即可,待提升后再与建筑物固定。

③在承力托盘上搭设脚手架时,应先安装承力托盘上的立杆,然后搭设基础架。

④基础架用钢管扣件搭设时,若下层大横杆钢管用对接扣件连接,则须在连接处绑焊钢筋,两承力托盘中间的基础架应起拱。

⑤脚手板、扶手杆、剪刀撑、连墙撑、安全网等构件按照脚手架的搭设要求设置,但最底层脚手板必须用木脚手板或无网眼的钢脚手板密铺,同建筑物之间不留缝隙。安全网除在架体外侧满挂外,还应自架体底部兜过来,固定在建筑物上。

⑥位于挑梁两侧的脚手架内排立杆之间的横杆,凡是架子在升降时会碰到挑梁或挑梁斜拉杆的,均应采用短横杆,以便升降时随时拆除,升降后再连接好。

3.爬架的升降

(1)爬架的检查

爬架升降前应进行全面检查,检查内容主要有:

挑梁同建筑物的连接是否牢靠;挑梁斜拉杆是否拉紧;花篮螺栓是否可靠;架子垂直度是否符合要求;扣件是否按规定拧紧;导向轮安装是否合适;导杆同架子的固定是否牢靠;滑套同建筑物的连接是

否牢靠；电动葫芦是否已挂好；电动葫芦同控制柜之间是否连接好，电缆线的长度是否满足升降一层的需要；通电逐台检查电机正反向是否一致，电控柜工作是否正常，控制是否有效等。

以上内容检查合格后方可进行升降操作。

(2)操作步骤

先开动电控柜，使电动葫芦张紧承力；清除架子同建筑物之间的障碍；解除架子同建筑物之间的连接件；解除承力托盘及其拉杆同建筑物的连接；操作电控柜，各吊点电动葫芦同时启动；带动架子在导向轮的约束下升降；当位于挑梁处的脚手架横杆要碰到挑梁时，则将该横杆拆除，待通过后再及时连接好；第一次升降高度一般不宜超过500 mm；而后停机检查，确信一切正常后，再继续升降；一般每升降一层楼高，停2～3次；架子升降到位后，立即将承力托盘同建筑物固定，将斜拉杆拉紧，并及时将架子向建筑物拉接固定，至此即完成一次升降。

在升降过程中，应随时注意观察各提升电动葫芦是否同步，若有差异立即停机，然后，对有差异的部位及时点动所在部位的电动葫芦调整，待调整后再继续升降。

确信架体同建筑物连接牢靠后，松动并摘下葫芦，将挑梁拆除并移至上一层(上升时)或下一层(下降时)，同建筑物固定好，再将电动葫芦挂好，等待下一次升降。

4. 爬架的拆除

挑梁式爬升脚手架的拆除，同普通外脚手架一样，采用自上而下顺序，逐层拆除，然后拆除基础架和承力托盘。

四、互爬式爬升脚手架

(一)互爬式爬升脚手架的基本结构

互爬式爬升脚手架有同济大学的多功能互升降脚手架和广东省技术开发公司互升降外墙脚手架等，其基本结构型式由单元脚手架、附墙支撑机构和提升装置组成。

1. 单元脚手架

单元脚手架即脚手架提升单元,可由钢管扣件式脚手架或碗扣式脚手架搭设而成,搭设高度不小于2.5倍楼层高,架宽一般不大于1.2 m,架长不大于5 m。在架子上部设有用于固定提升设备的横梁。

有些单元脚手架上设有导杆,导杆设置方式有两种:一种是架子通过固定在建筑物上的滑套导向,另一种是通过相邻的架子互为导向。

2. 附墙支撑机构

附墙支撑机构是将单元脚手架固定在建筑物上的装置,有多种方式:可通过穿墙螺栓或预埋件固定:也可通过斜拉杆(或斜拉钢丝绳,斜拉钢索)和水平支撑将单元脚手架吊在建筑物上;还可在架子底部设置斜撑杆支撑单元脚手架等。

3. 提升装置

提升设备一般使用手拉葫芦,其额定提升荷载不小于20 kN,手拉葫芦的吊钩挂在与被提升单元相邻架体的横梁上,挂钩则挂在被提升单元底部。

(二)升降原理

互爬式爬升脚手架的升降原理是每一个单元脚手架单独提升,当提升某一单元时,先将提升葫芦的吊钩挂在与被提升单元相邻的两架体上,提升葫芦的挂钩则钩住被提升单元底,解除被提升单元约束,操作人员站在两相邻的架体上进行升降操作;当该升降单元升降到位后,将其与建筑物固定好,再将葫芦挂在该单元横梁上,进行与之相邻的脚手架单元的升降操作。相隔的单元脚手架可同时进行升降操作。

(三)性能特点及适用范围

1. 性能特点

(1)结构简单、易于操作控制。

(2)架子搭设高度低,用料省。

(3)操作人员不在被升降的架体上,增加了操作人员的安全性。

(4)一次升降幅度不受限制。

(5)对升降同步性的要求不高。

(6)只能组装单片升降脚手架。

2. 适用范围

互爬式爬升脚手架适用于框架或剪力墙结构的高层建筑。

(四)安装操作步骤及注意事项

1. 施工前的准备

(1)布架设计

施工前应根据工程特点和施工需要进行布架设计,绘制设计图,编制施工组织设计,编写施工安全操作规定。

爬架的设计可参考以下设计参数:

①组架高度2.5～4倍楼层高,组架宽度不宜超过1.2 m;

②单元脚手架长度不宜超过5 m;

⑧两单元脚手架之间的间隙不宜超过500 mm;

④每次升降高度1～2倍楼层高。

(2)组织机构

施工前应成立爬架班子,固定作业人员,并由专人负责,施工前对操作人员进行技术培训和技术交底。

每个升降单元所需操作人员5名,其中1人指挥,2人拉葫芦,2人负责架子升降过程中的安全及架子到位的固定。

(3)施工前的准备

施工前首先应将爬升脚手架所需要的脚手架材料和施工机具准

备好,并按照设计位置预留穿墙螺栓孔或设置好预埋件。

2. 爬架的组装

互爬式爬升脚手架的组装可有两种方式,一是在地面组装好单元脚手架,再用塔吊吊装就位;一是在设计爬升位置搭设操作平台,在平台上逐层安装。

脚手架的组装顺序及要求同常规落地式脚手架。

爬架组装固定后的允许偏差不宜超过下列规定数值:

(1)架子垂直度:沿架子纵向 30 mm;沿架子横向 20 mm;

(2)架子水平度:30 mm。

3. 爬架的升降

(1)爬架升降前应全面检查,检查的主要内容有:下一个预留连接点的位置是否符合要求,预埋件是否牢靠;架体上的横梁设置是否牢固;所升降单元的导向装置是否可靠;所升降单元与周围的约束是否解除,升降有无障碍;架子上是否有杂物;所使用的提升设备是否符合要求等。当确认都符合要求时方可进行升降操作。

(2)升降操作应统一指挥,首先将葫芦吊钩挂在被升降单元两侧相邻的架体横梁上,将葫芦挂钩挂在被升降单元脚手架的底部,张紧葫芦,拆除被升降单元同周围的约束,拉动葫芦,架子即被升降。到位后,及时将架子同建筑物固定;然后,用同样的方法对与之相邻的单元脚手架进行升降操作,待两相邻的单元脚手架升降至预定位置后,将两单元脚手架连接起来,并在两单元操作层之间铺设脚手板。

4. 爬架的拆除

爬架拆除前应清理脚手架上的杂物,拆除有两种方式:

(1)同常规脚手架拆除方式一样,采用自上而下的顺序,逐步拆除;

(2)用起吊设备吊至地面拆除。

第三节 大跨度钢架悬吊电动提升平台安全技术

(1)如某一现浇框架的高层建筑,在其中采用了大跨度网架悬吊的电动提升平台。在建筑物周围安装了8个钢塔,其高度为56 m,并在塔顶安装了固定回转塔吊,臂长为12 m,塔与塔之间用钢横梁将塔的上部(在52 m处)连接起来,再用12根缆风绳将塔的顶部拉牢,使整个钢架形成一个整体,稳定性比较好。

(2)在每两个钢塔之间,钢横梁下面悬吊三个长度为7~11 m的桁架式工作平台。这些平台在主体结构施工时吊运模板、钢筋(混凝土用安装在钢架内的料斗运输);装修工程施工时,除用来运输围护结构和装修材料外,还可作为外墙面施工的操作平台。每个平台可装载2 t材料。

(3)全部钢塔用若干个断面尺寸为1000 mm×1000 mm、节长为4000 mm的定型钢井架节构成,上下用螺栓连接。钢井架节用100×10角钢作立柱,用50×5角钢作平撑和斜杆焊成。钢横梁也是用1000 mm×1000 mm×4000 mm的钢井架标准节拼接作为上弦,并用2根直径为21.5 mm钢丝绳作为下弦,采用绑扎方法连接而成的桁架梁。钢横梁与钢塔的连接是用钢丝绳绑扎的,因此结构简单,安装方便,整个钢架既是空间整体,又是柔性连接,接点允许有一定量的变形,保证了稳定性而又有韧性。

(4)采用这种钢架平台施工,每1000 m^2 墙面的钢材用量约为9 t,每吨钢材可以代替脚手架用工料20 m,因此在现浇、现砌的高层建筑施工中采用是适宜的。

第四节 底座登高板作业安全技术

一、施工前

(1)安全检查员必须亲自检查高空下吊施工人员的安全准备情况(包括绳扣、座板、安全带、自锁器、安全帽、工作绳、生命绳及清洗工具)。

(2)座式登高板作业人员应按先扣安全带、后坐进吊板再作业的程序操作。

(3)作业人员在施工或定点操作前,必须按规定着装。

二、施工中

(1)有关每一次高空下吊施工前,安全检查员都必须按安全准备情况的内容仔细地、认真地再检查一遍。待安全检查员确认安全后,作业人员方可下吊施工。

(2)作业区域下方应设置警戒线,并在醒目处设置"禁止入内"标志牌。

(3)不允许绳索连接后使用。

(4)作业人员发现事故隐患或者不安全因素,有权要求使用单位采取相应劳动保护措施。对使用单位管理人员违章指挥,强令冒险作业,有权拒绝执行。

(5)座式登高板的吊绳应反兜座板底面,以防座板断裂时人员坠落。

(6)座式登高板的工作绳绳扣应系死结,生命绳的结点不得与工作绳结扎在同一受力处。

(7)座式登高板下滑扣应保证作业时不会脱落,作业时应妥善保管好施工工具,防止高空坠物。

三、施工后

(1)施工结束,必须仔细、认真检查。

(2)发现不安全因素,不论原因,一律停工整改,直至符合安全操作的要求,并应得到专职安全生产检查人员的确认。

四、紧急状态

(1)作业时发生断绳,作业人员应及时安全撤离现场,并由专业人员处理。

(2)发生工伤或意外事故,立即抢救伤员,保护现场,向有关领导报告,并按规定上报安全生产管理部门。

第五节　安全带悬挂作业安全技术

建筑施工中的攀登作业、悬空作业(包括空调室外机安装等悬空作业),在没有可靠有效防护设施的情况下,操作人员必须系挂好安全带。安全带是主要用于防止人体坠落的防护用品,由带子、绳子和金属配件组成,总称安全带。安全绳是安全带上保护人体不坠落的系绳。

一、安全带的种类

安全带主要分为围栏作业安全带和悬挂作业安全带两大类。围栏作业安全带适用于电工、电信工、园林工等杆上作业,悬挂作业安全带适用于建筑、造船、安装等企业相关悬挂作业。

二、安全带的技术要求

(1)腰带必须是整根,其宽度为 40～50 mm,长度为 1300～1600 mm,腰带上附加一个小袋。

(2)护腰带宽度不小于 80 mm，长度为 600～700 mm。带子接触部分垫有柔软材料，外层用织带或轻皮包好，边缘圆滑无棱角。

(3)带子缝合线的颜色和带子一致。带子颜色主要有深绿、草绿、橘红、深黄，其次为白色。

(4)围杆带折头缝线方形框中，用直径为 4.5 mm 的金属铆钉一个，下垫皮革或金属垫圈，铆面要光滑。

(5)安全带绳子直径不小于 13 mm，捻度为 8.5～9/100(花/mm)；吊绳直径不小于 16 mm；电焊工使用悬挂绳必须全部加套，其他悬挂绳可以部分加套。

(6)安全带的带子和绳子必须用锦纶、维纶、蚕丝料。包裸绳子的套要用皮革、轻革、维纶或橡胶。

(7)金属钩必须有保险装置。金属舌弹簧有效复原次数不少于两万次。钩体和钩舌的咬口必须平整，不得偏斜。

(8)金属配件表面光洁，不得有麻点、裂纹；边缘呈圆弧形；表面必须防锈。不符合的不准使用；金属配件如圆环、半圆环、三道联等不许焊接。

(9)安全带、绳和金属配件的破断负荷指标见《安全带》(GB 6095—85)中的破断负荷指标表。

三、安全带的标志

安全带的带体上应缝上永久字样的商标、合格证和检验证；合格证上应注明产品名称、生产年月、拉力试验、冲击质量、制造厂名和检验员姓名等；安全绳上应加色线代表生产厂，以便识别；金属配件上应打上制造厂代号。

施工企业在购买安全带时，必须查看安全带的标志，购买合格的安全带。

四、安全带的使用

(1)高处作业必须使用安全带,尤其吊装作业人员在高空移动作业时,必须系挂好安全带。

(2)安全带应垂直悬挂,应高挂低用,不宜低挂高用;当做水平位置悬挂使用时,要注意摆动、碰撞;安全带严禁打结、续接,以免绳结受力后剪断。

(3)安全带不得将钩直接挂在不牢固物和非金属绳上,以防绳被割断;避免明火和刺割。

(4)架子工使用的安全带绳长限定在1.5～2.0 m。

(5)使用3 m以上的长绳应加缓冲器。

(6)安全带上的各种部件不得任意拆卸,更换新绳时要注意加绳套。

(7)安全带使用两年后,按批量购入情况,抽验一次。对抽验过的样带,必须更换安全绳后才能继续使用。

(8)使用频繁的绳,要经常做外观检查;发现异常时,应立即更换新绳。安全带的使用年限为3～5年,发现异常应提前报废。

思考题

1. 简述底座登高板作业的安全技术要求。
2. 简述安全带的技术要求及使用规范。

附 录

附录一 钢丝绳破断力换算系数 K_0

钢丝绳结构	6×7	9×19	6×37	8×19	8×37	18×7
换算系数 K_0	0.88	0.85	0.82	0.85	0.82	0.85

附录二 动荷系数 K_1

起吊或制动系统的工作方法	K_1
通过滑车组用人力绞车或绞磨牵引	1.1
直接用人力绞车或绞磨牵引	1.2
通过滑车组用机动绞车或绞磨、拖拉机或汽车牵引	1.2
直接用机动绞车或绞磨、拖拉机或汽车牵引	1.3
通过滑车组用制动器控制时的制动系统	1.2
直接用制动器控制时的制动系统	1.2

附录三 钢丝绳安全系数 K

序号	工作性质及条件	K
1	用人推绞磨直接或通过滑车组起吊杆塔或收紧导线、地线用的牵引绳和磨绳	4.0
2	用机动绞磨、电动卷扬机或拖拉机直接或通过滑车组立杆塔或收紧导线、地线用的牵引绳和磨绳	4.5
3	起立杆塔用的吊点固定绳	4.5

续表

序号	工作性质及条件	K
4	起立杆塔用的根部制动绳	4.0
5	临时用的固定拉线	3.0
6	作其他起吊及牵引用的牵引绳及吊点固定绳	4.0

附录四 不均衡系数 K_2

可能承受不均匀荷重的起重工具	K_2
用人字抱杆或双抱杆起吊时的各分支杆	1.2
起吊门形或大型杆塔结构时的各分支绑固吊索	1.2
通过平衡滑车组相连的两套牵引装置及独立的两套制动装置平行工作时，各装置的起重工具	1.2

附录五 钢丝绳报废断丝数

钢丝绳 断丝数 安全系数	钢丝绳结构(GB 1102—74)			
	绳 6W(19)，绳 6×(19)		绳 6×(37)	
	一个节距中的断丝数			
	交互捻	同向捻	交互捻	同向捻
<6	12	6	22	11
6～7	14	7	26	13
>7	16	8	30	15

注：1. 表中断丝数是指细钢丝，粗钢丝每根相当于 1.7 根细钢丝。

2. 一个节距是指每股钢丝绳缠绕一周的轴向距离。

附录六 高处作业安全用具试验标准

名称	试验静拉力		持续时间	试验周期	备注
	kN(千牛)	kgf(千克力)	min(分钟)		
安全带(大带)	2.25	225	5	半年	包括航空尼龙带
安全带(小带)	1.5	150	5		包括航空尼龙带
安全绳	2.25	225	5		
三脚板	2.25	225	5		
脚扣	1	100	5		脚扣皮带为0.85 kN(85 kgf)
竹(木)梯	1.8	180	5		

附录七 钢丝绳端部固定用绳卡的数量

钢丝绳直径(mm)	7～18	19～27	28～37	38～45
绳卡数量(个)	3	4	5	6

附录八 风级表

风力等级	名称	地面物的征象	相当风速(m/s)
0	无风	静,烟直上	0～0.2
1	软风	烟能表示风向,但风向标不能转动	0.3～1.5
2	轻风	人面感觉有风,树叶微响,风向标能转动	1.6～3.3
3	微风	树叶及微枝摆动不息,旌旗展开	3.4～5.4
4	和风	能吹起地面灰尘和纸张,小树枝摆动	5.5～7.9
5	清劲风	有叶的小树摇摆,内湖的水有波	8.0～10.7
6	强风	大树枝摇动,电线呼呼有声,举伞困难	10.8～13.8
7	疾风	全树摇动,迎风步行感觉不便	13.9～17.1
8	大风	微枝折断,人向前行感觉阻力甚大	17.2～20.7
9	烈风	烟囱顶部及屋瓦被吹掉	20.8～24.4
10	狂风	内陆很少出现,可掀起树木或吹毁建筑物	24.5～28.4
11	暴风	陆上很少,有大规模破坏	28.5～32.6
12	飓风	陆上绝少,很大规模的破坏	>32.6

参考文献

1.《全国特种作业人安全技术培训考核统编教材》编委会. 登高架设作业. 北京:气象出版社,2004

2. 王志来,苏娜,颜翠巧等. 高处作业安全防护措施. 北京:中国劳动社会保障出版社,2009

3. 王晓斌,焦静,宋爱民等. 架子工安全技术. 北京:化学工业出版社,2005

4.《建筑施工高处作业安全技术规范》(JGJ 80—91)

5.《建筑施工安全检查标准》(JGJ 59—99)

6.《安全网》(GB 5725—97)

7.《安全标志使用导则》(GB 16179—1996)